L . de Launay

L'argent.

Géologie - Métallurgie -

Rôle economique .

ENCYCLOPÉDIE DE CHIMIE INDUSTRIELLE

L'ARGENT

PROPRIÉTÉS PHYSIQUES ET CHIMIQUES — GÉOLOGIE

MÉTALLURGIE

ÉLABORATION — RÔLE ÉCONOMIQUE

DU MÊME AUTEUR

Traité des gîtes minéraux et métallifères (par Fuchs et De Launay). 2 vol. in-8. Baudry, 1893.

Formation des gîtes métallifères. 1 vol. Gauthier-Villars, 1894.

Statistique de la production des gîtes métallifères. 1 vol. Gauthier-Villars, 1894.

L'industrie du cuivre dans la province d'Huelva (92 p. et 3 pl., Annales des Mines, 1889).

Les mines d'or du Transvaal (36 p. et 1 pl., Annales des Mines, 1891).

Histoire de l'industrie minière en Sardaigne (28 p., Annales des Mines, 1892).

Les richesses minérales de la Nouvelle-Zélande (36 p. et 1 pl., Annales des Mines, 1894).

Le fer dans l'antiquité (Ferrum). (Dictionnaire des antiquités grecques et latines. Hachette.)

L'avenir géologique de l'or et de l'argent (Revue générale des sciences, 10 avril 1895).

Les gîtes métallifères des Alpes (Monde moderne, 1895).

Les sources minérales de Bourbon-l'Archambault (64 p. et 3 pl., Annales des Mines, 1888).

Les eaux minérales de Pfaefers-Ragatz (12 p. et 2 pl., Annales des Mines, 1894).

Les eaux minérales de Néris et d'Evaux (Annales des Mines, 1895).

La géologie des îles de Mételin et de Thasos (50 p. et 2 pl., Archives des missions scientifiques, 1890).

Un alchimiste du XIIIᵉ siècle, Albert le Grand (Revue scientifique, 1889).

Les roches de la région de Commentry (50 p. et 3 pl., Bull. Soc. Ind. Min., 1888).

Réunion de la Société géologique dans l'Allier (62 p. et 1 pl., Bull. Soc. géol., 1888).

Le terrain permien de l'Allier (38 p. et 1 pl., Bull. Soc. géol., 1888).

Les porphyrites de l'Allier (18 p., Bull. Soc. géol., 1887).

La vallée du Cher dans la région de Montluçon (40 p. et 6 pl., Baudry, 1892).

Le massif de Saint-Saulge (Nièvre) (24 p. et 4. pl., Baudry, 1895).

Cartes géologiques. Feuilles au $\frac{1}{80,000}$ de Moulins, Montluçon, Gannat, etc., Baudry.

L. DE LAUNAY

INGÉNIEUR AU CORPS DES MINES
PROFESSEUR A L'ÉCOLE SUPÉRIEURE DES MINES

L'ARGENT

GÉOLOGIE — MÉTALLURGIE

ROLE ÉCONOMIQUE

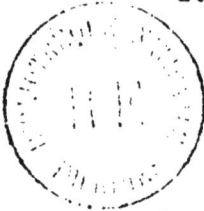

Avec 80 figures intercalées dans le texte

PROPRIÉTÉS PHYSIQUES ET CHIMIQUES
Dosage

GÉOLOGIE
Minerais — Gisements

MÉTALLURGIE
Procédés de voie sèche, d'amalgamation et de lixiviation

ÉLABORATION
Alliages — Frappe des monnaies

ORFÉVRERIE — ARGENTURE

ROLE ÉCONOMIQUE
Commerce — Statistique — Avenir

PARIS

LIBRAIRIE J.-B. BAILLIÈRE ET FILS

Rue Hautefeuille, 19, près du boulevard Saint-Germain

1896

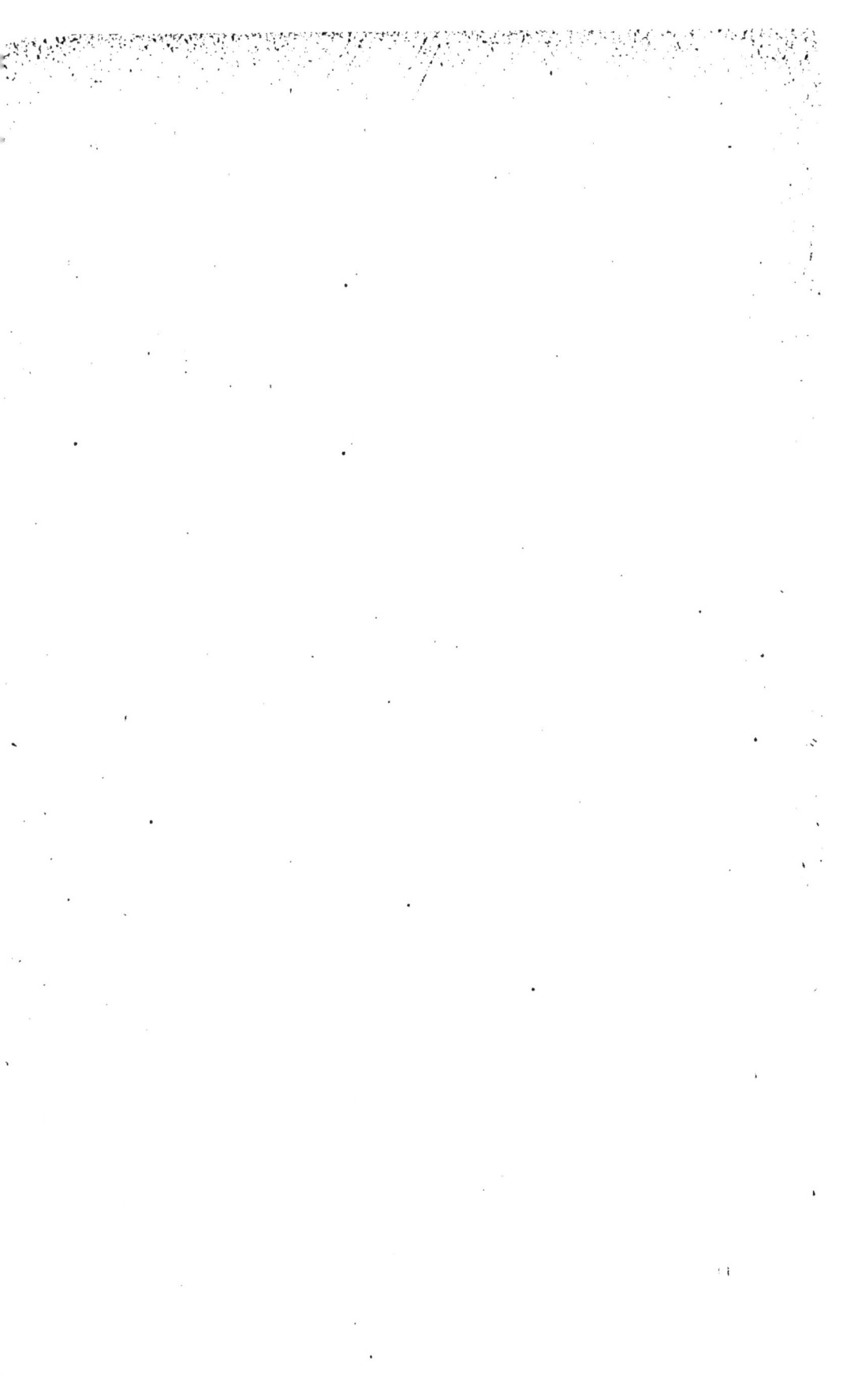

PRÉFACE

L'argent a subi, depuis quelques années, une baisse de prix, dont les conséquences économiques sont graves et nombreuses. Le rôle spécial, qu'on a longtemps attribué à ce métal précieux dans la plupart des pays, et que quelques-uns continuent à lui accorder comme étalon monétaire, fait que toute variation dans sa valeur a son contre-coup dans la fortune des États et des particuliers, dont il est, dans une certaine mesure, le signe représentatif. Les questions économiques, qui se rattachent à l'argent, présentent donc un intérêt aigu d'actualité, et ces questions ne peuvent guère se traiter convenablement sans la connaissance succincte des gisements qui le produisent, des procédés qui servent à l'élaborer et des industries, autres que la fabrication des monnaies, qui le consomment. Notamment, les hypothèses plus ou moins probables que l'on peut formuler sur l'avenir des gisements d'argent connus et les chances actuelles d'en découvrir de nouveaux sont le fondement le plus sérieux qui puisse servir à asseoir un jugement sur l'avenir de ce qu'on a appelé le *métal blanc*. C'est ce côté du sujet qu'il nous a paru intéressant de traiter dans un ouvrage spécial, et c'est pour pouvoir le faire, ainsi que pour avoir l'occasion d'exprimer sur la géologie de l'argent certaines vues nouvelles, que nous avons cru devoir accepter l'offre d'écrire un livre sur ce métal, sans, d'ailleurs, avoir beaucoup à ajouter à ce qui a été dit déjà dans diverses langues sur sa métallurgie et sa chimie, si ce n'est peut-être d'y apporter un peu d'ordre et de clarté.

Nous commencerons par rappeler, d'une façon générale, les *propriétés physiques et chimiques* de l'argent, qu'il est indispensable d'avoir présentes à l'esprit, avant d'étudier aussi bien sa géologie que sa métallurgie et son élaboration.

Puis, nous irons chercher l'argent à sa source dans ses *gisements* qui, avec ses *minerais*, formeront l'objet d'une seconde partie ; dans la troisième, nous verrons à l'extraire de ces gisements par la *métallurgie ;* dans la quatrième nous apprendrons à le *façonner* en vue de ses diverses applications. Enfin, dans la cinquième, nous profiterons des connaissances acquises par les précédentes pour examiner ce qui, croyons-nous, est l'essentiel de notre sujet, c'est-à-dire le *rôle économique de l'argent,* son *commerce* et son *avenir.*

Les grandes divisions de notre ouvrage seront donc les suivantes :

1ʳᵉ partie : L'argent. — Ses propriétés physiques et chimiques, ses alliages, son dosage.

2ᵉ partie : Géologie de l'argent. Minerais, gisements.

3ᵉ partie : Métallurgie. — Procédés de voie sèche, d'amalgamation et de lixiviation.

4ᵉ partie : Travail de l'argent. — Argenture, etc.

5ᵉ partie : Rôle économique de l'argent. — Son commerce et son avenir.

Nous donnons ci-joint une liste des principaux ouvrages que nous avons consultés pour notre travail et où le lecteur, qui le désirerait, en trouverait le complément. Parmi ceux, où nous avons le plus largement puisé pour la partie métallurgique, nous citerons les livres de Schnabel, Roswag et Eggleston.

DE LAUNAY.

OUVRAGES A CONSULTER

I. *Propriétés physiques et chimiques.*

1885. Roswag. Métallurgie de l'argent. 1 vol. in-8 de 484 p. Dunod.

II. *Géologie.*

1883. A. d'Achiardi. I metalli, loro minerali e miniere. Milano, Ulrico Hœpli, p. 128 à 211.

1893. Fuchs et De Launay. Traité des gites minéraux et métallifères. 2 vol. in-8, Baudry, t. II, p. 729 à 856. — Nous avons, dans ce livre, donné une bibliographie détaillée des ouvrages antérieurs.

1894. De Launay. Formation des gites métallifères, 1 vol. Encyclopédie Léauté.

III. *Métallurgie.*

1870. Percy. Silver and Gold. Londres, Murray.

1873. Raymond Rossiter. Silver and Gold. New York.

1884. Roswag. Désargentation des minerais de plomb, 1 vol. in-8 de 382 p. Encyclopédie chimique, Dunod.

1885. Roswag. Métallurgie de l'argent, 1 vol. in-8 de 484 p. (avec bibliographie, p. 6). Encyclopédie chimique, Dunod.

1887. Eggleston. The Metallurgy of Gold, Silver and Mercury in the United States. New York, t. I, p. 62 à 544.

1889. Roswag. L'argent et l'or. Production, consommation et circulation des métaux précieux, 2 vol in-8. Dunod.

1893. Hofman. The Metallurgy of Lead and the desilverization of Base Bullion. New York.

1894. Schnabel. Handbuch der Metallhütten Kunde, Band I, p. 462 à 777. Berlin, Julius Springer.

IV. *Travail de l'argent : bijouterie, orfèvrerie, argenture, etc.*

1866. Roseleur. Guide pratique du doreur, de l'argenteur et du galvanoplaste. Paris.

1878. Wagner. Traité de chimie industrielle, trad. Gautier. Paris, Savy.

1880. Bernard (Martial). La joaillerie et la bijouterie à l'exposition de 1878.

1882. Lami. Article Argenture (Dict. de l'Industrie et des arts industriels).

Wurtz. Article Argenture (Dictionnaire de Chimie.)

1885. Fontaine (H.). Electrolyse, 1 vol. in-8 de 296 p. Baudry, Paris.

1888. Péligot. Sur la composition des alliages monétaires. Mémoire de la Société philomathique.

1889. Champier. MM. Christofle et Cie à l'Exposition universelle de 1889.

1889. De Forcrand. L'argent et ses composés. Encyclopédie chimique. Dunod.

1889. Paul Lacroix. Histoire de l'orfèvrerie-joaillerie.

1889. Riche (A.). Monnaie, médailles et bijoux. Essai et contrôle des ouvrages d'or et d'argent. Paris, J.-B. Baillière et fils.

Havard (H.). Dictionnaire de l'ameublement (articles Argenterie, Orfèvrerie, etc.). Librairie Quantin-May.

(Plusieurs figures de cet ouvrage ont été obligeamment mises à notre disposition).

1892. Knab. Traité des alliages et dépôts métalliques, 1 vol. in-8 de 834 p. Paris, Steinheil.

V. *Rôle économique de l'argent.*

1877. Suess. Die Zukunft des Goldes, 1 vol. in-8. Wien, Braumüller.

1879. Sœtbeer. Edel Metall gewinnung. Gotha.

1880. A. del Mar. A history of the precious Metals, in-8. London.

1883. Sœtbeer. Materialen.

1889. Roswag. L'argent et l'or. 2 vol. Dunod.

1890. Laveleye. La monnaie et le bimétallisme. Enquête sur la Valuta.

1892. Suess. Die Zukunft des Silbers. Wien, Braumüller, 1 vol. in-8 de 228 p.

(Nous avons beaucoup puisé dans cet important ouvrage tout en arrivant à une conclusion très différente).

1894. De Launay. Statistique générale de la production des gîtes métallifères, 1 vol. de 196 p. Encyclopédie Léauté, avec bibliographie, p. 189.

1894. Bamberger. Le métal argent à la fin du XIXe siècle. 1 vol. chez Guillaumin.

Collection des journaux : l'Économiste français, The economist, Bulletin de statistique du ministère des finances, Journal de la Société de statistique, etc.

L'ARGENT

PREMIÈRE PARTIE

L'ARGENT, SES PROPRIÉTÉS PHYSIQUES ET CHIMIQUES SES ALLIAGES, SON DOSAGE

I.

Propriétés physiques.

L'argent est un métal d'un blanc éclatant quand il est frais, qui réfléchit la chaleur et la lumière avec une intensité extrême et peut recevoir un très beau poli. En lames minces, sa couleur est jaune.

Son pouvoir rayonnant est si considérable qu'on ne peut le fondre au foyer d'un miroir où le platine entre en fusion.

Son pouvoir absorbant, lorsqu'il n'est pas à l'état poli, est de 12 (celui du noir de fumée étant 100) : ce qui fait qu'un vase d'argent retient la chaleur d'un liquide plus longtemps qu'un vase de tout autre métal, hormis l'or, et justifie son emploi pour les théières, cafetières, etc...

Sa conductibilité pour la chaleur est représentée par 973, celle de l'or étant 1000 ; sa conductibilité électrique est 91,5, celle du cuivre étant 100. Il est plus dur que l'or, mais moins que le cuivre, dont on lui incorpore une certaine quantité pour le durcir dans les monnaies, bijoux, etc...

Il est, après l'or, le plus malléable et le plus ductile des métaux; on peut le réduire en feuilles de 16 dix-millièmes de millimètre d'épaisseur et 5 centigrammes d'argent peuvent être étirés en un fil de près de 100 mètres de long.

L'argent est très sonore et donne une qualité de son spéciale qui a pris son nom. Son poids spécifique est de 10,47, supérieur à celui du fer (7,84), du cuivre (8,85), de l'étain (7,29), et du zinc (7), peu inférieur à celui du plomb (11,35), qui doit peut-être à ce rapprochement sa propriété caractéristique de se concentrer en même temps que lui dans les bains de fusion. Par l'écrouissage et le martelage, on augmente la densité jusqu'à 10,542.

Son point de fusion est de 1040 à 1070 degrés centigrades, tandis que celui du cuivre est de 1150 à 1200, celui du plomb de 330°, celui de l'or de 1200°.

Après fusion, il présente une certaine volatilité, moindre qu'on ne le croit généralement, mais qui est très accentuée par la volatilisation du plomb et du zinc entraînant de l'argent dans leurs vapeurs. Le danger de volatiliser de l'argent, qui présente une grande importance en métallurgie, ne se produit donc réellement que lorsqu'on a dépassé le point d'ébullition du plomb et du zinc qui est de 1040° et par un effet mécanique. Cependant l'antimoine, qui bout vers 560°, peut en entraîner un peu.

II.

Propriétés chimiques.

L'argent, dans la notation atomique, est représenté par 108, l'oxygène étant 16; dans l'ancienne notation par équivalents, son coefficient était également de 108, l'oxygène ne correspondant qu'à 8; c'est un point qui le distingue de la plupart des métaux, dont le poids atomique (sauf pour les métaux alcalins) est double de l'équivalent.

Les notations adoptées dans le cours de cet ouvrage seront les notations atomiques [1].

D'une façon générale, les réactions chimiques que l'on reproduit dans le laboratoire donnent à la fois la clef des procédés métallurgiques qui servent industriellement à extraire les métaux de leurs minerais et de cette métallurgie naturelle qui, dans les gisements géologiques, a amené, d'abord le dépôt sous une forme déterminée, puis la concentration de ces métaux, ainsi que leur association habituelle avec telle ou telle substance plutôt qu'avec telle autre.

Nous étudierons donc surtout, parmi les propriétés chimiques de l'argent, celles qui ont une application dans sa distribution géologique, sa métallurgie, son travail industriel ou ses emplois.

Action de divers réactifs sur l'argent.

L'argent a très peu d'affinité pour l'oxygène et ne s'altère à l'air dans aucune circonstance. Il faut, pour l'oxyder, que la température soit très élevée (plus de 2500 degrés), et l'oxygène à l'état naissant, par exemple sortant d'un azotate.

Mais, si l'argent ne se combine pas avec l'oxygène, il a la propriété de l'absorber quant il est à l'état liquide, dans une proportion qui va jusqu'à 20 ou 22 fois son volume ; quand il se solidifie, le gaz se dégage brusquement en perçant la première croûte formée et projetant,

---

1. Pour passer de la notation atomique à la notation en équivalents, on sait qu'il suffit de diviser par deux les symboles de l'oxygène, du carbone, du silicium, du soufre et de tous les métaux, sauf les métaux alcalins, l'argent, l'antimoine et l'arsenic, en ne changeant rien à ces derniers, ainsi qu'à ceux de l'hydrogène, du chlore, de l'iode, du brome, du fluor, du bore et du phosphore.

au dehors du bouton d'argent, des espèces de boursouflures ou de végétations. C'est le phénomène connu sous le nom de *rochage*, dont nous aurons à tenir compte dans l'opération de la coupellation. Le rochage naturel est un indice de pureté de l'argent; mais on peut le déterminer artificiellement sur de l'argent brut.

En dehors de l'oxygène, l'argent peut se combiner directement avec tous les métalloïdes, l'azote excepté.

L'acide azotique, même étendu, le dissout facilement; l'acide sulfurique ne le dissout que s'il est concentré et bouillant, et même alors il ne dissout pas l'or: ce qui permet de séparer ces deux métaux précieux par l'opération connue sous le nom de *départ*; l'acide chlorhydrique l'attaque à peine; mais les chlorures alcalins peuvent le ternir et donner une pellicule de chlorure d'argent.

L'acide sulfhydrique le noircit rapidement en donnant du sulfure d'argent. C'est un fait que l'on constate fréquemment pour les couverts d'argent mis au contact des œufs ou de certains champignons, et pour les bijoux soumis, d'une façon quelconque, à l'action d'un gaz d'éclairage incomplètement débarrassé de matières sulfureuses. On peut nettoyer ces taches noires avec une lessive alcaline, avec le caméléon minéral (oxyde de manganèse fondu avec un alcali caustique et dissous dans l'eau), ou encore par un mélange de borax ou de potasse en présence du zinc métallique.

Soumis à l'action du nitre et des alcalis, l'argent leur résiste mieux que tout autre métal (l'or excepté); aussi se sert-on en chimie de capsules et de creusets d'argent dans la préparation de la potasse et de la soude, ou pour fondre certains corps en présence des alcalis (conditions où le platine serait dissous).

Oxydes d'argent. — On connaît trois oxydes d'argent, le sous-oxyde Ag^4O, le protoxyde Ag^2O et le peroxyde AgO. Le protoxyde, obtenu en précipitant l'azotate d'argent par la potasse, donne avec l'ammoniaque un corps noir pulvérulent (l'argent fulminant) qui est extrêmement dangereux à manier ; car il détone sous les plus légères influences.

Chlorure d'argent (AgCl). — Les réactions du *chlorure d'argent* demandent à être étudiées avec quelques détails ; car elles sont le fondement de la plupart des traitements métallurgiques de l'argent par voie humide.

Il convient, d'abord, de remarquer que le chlorure d'argent subit, par l'action de la lumière, des altérations qui ont pour effet de le noircir et de le réduire partiellement et qui sont le point de départ de nombre d'applications photographiques.

Le chlorure ainsi altéré n'a plus les propriétés du chlorure intact, auquel seul s'applique ce que nous allons dire :

Nous examinerons successivement : 1° les dissolvants du chlorure d'argent ; 2° les cas où il se forme ; 3° ceux où il se réduit en argent métallique ; 4° ses réactions en présence du mercure.

1° *Dissolvants.* — Le chlorure d'argent est tout à fait insoluble dans l'eau pure, à moins que cette eau ne soit légèrement acidulée d'acide chlorhydrique ; mais il est soluble dans un certain nombre de réactifs, dont les principaux sont l'ammoniaque, l'hyposulfite de soude, le cyanure de potassium et les solutions concentrées de sel marin ou, généralement, de chlorures (sauf le chlorure de plomb). Avec l'hyposulfite de soude, on doit remarquer qu'il y a décomposition partielle du chlorure. Dans un litre de solution saturée de sel à la température ordinaire, la quantité d'argent dissoute est toujours au minimum de 0^{gr},807.

2° *Formation des chlorures d'argent.* — L'argent

métallique est chloruré par les chlorures de cuivre, de fer, ou de mercure

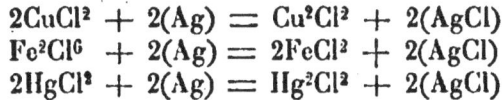

$$2CuCl^2 + 2(Ag) = Cu^2Cl^2 + 2(AgCl)$$
$$Fe^2Cl^6 + 2(Ag) = 2FeCl^2 + 2(AgCl)$$
$$2HgCl^2 + 2(Ag) = Hg^2Cl^2 + 2(AgCl)$$

Quant au sulfure d'argent, à la température ordinaire, il ne se chlorure pas en présence du sel, de l'air et de l'eau, mais se chlorure en présence du chlorure de cuivre, de l'air et de l'eau (réaction importante dans l'amalgamation) :

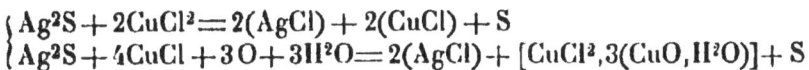

$$\begin{cases} Ag^2S + 2CuCl^2 = 2(AgCl) + 2(CuCl) + S \\ Ag^2S + 4CuCl + 3O + 3H^2O = 2(AgCl) + [CuCl^2, 3(CuO, H^2O)] + S \end{cases}$$

À l'ébullition, le sulfure d'argent se chlorure, soit dans une solution concentrée de chlorure de cuivre, avec ou sans la présence de l'air, soit dans une solution contenant du sel marin avec du sulfate de cuivre ou du sulfate de peroxyde de fer, même sans intervention de l'air.

3° *Réduction du chlorure d'argent.* — Le chlorure d'argent peut être réduit par un grand nombre de réactifs, dont le principal est le mercure que nous étudierons bientôt.

Comme autres métaux, on peut employer le zinc ou le fer, accessoirement le cuivre et le plomb sur le chlorure d'argent dans l'eau.

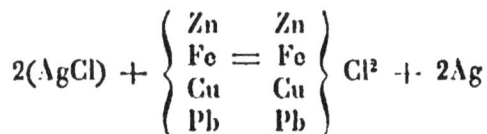

$$2(AgCl) + \begin{cases} Zn & Zn \\ Fe & = & Fe \\ Cu & Cu \\ Pb & Pb \end{cases} Cl^2 + 2Ag$$

La réaction la plus rapide se produit avec le zinc ; avec le fer, il est bon d'ajouter un peu de sulfate de fer ou d'alun ; avec le cuivre, il est nécessaire de chauffer pour l'accélérer : c'est la base du procédé Augustin ; enfin, avec le plomb, il faut se servir d'eau ammoniacale.

On peut encore réduire le chlorure d'argent à sec par un courant d'hydrogène à 260°, par la vapeur d'eau au-dessus de 260°, par la chaux et le charbon ou par le bichlorure de cuivre ; ces deux dernières réactions s'expriment ainsi :

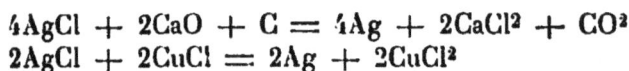

$$4AgCl + 2CaO + C = 4Ag + 2CaCl^2 + CO^2$$
$$2AgCl + 2CuCl = 2Ag + 2CuCl^2$$

4° *Action du mercure.* — Le mercure en excès ramène l'argent à l'état métallique, puis le dissout en amalgame. C'est la réaction fondamentale de tous les procédés d'amalgamation.

On peut accélérer l'amalgamation en ajoutant certaines substances, telles que l'alun, le sulfate de fer ou le sulfate de cuivre. En opérant sur un mélange constant de 2 grammes de chlorure d'argent avec 100 grammes d'argile et 190 grammes de mercure, MM. Durocher et Malaguti ont constaté que la proportion d'argent amalgamée en 24 heures était :

Sans addition étrangère. . . . de	4,42	%
Avec 50 gr. de sulfate de cuivre de	6,73	
Avec 50 gr. de sulfate de fer. . de	9,48	
Avec 50 gr. d'alun. . . . . de	13,65	

Bromure d'argent AgBr **et Iodure** AgI. — Le bromure et l'iodure d'argent, qui, seuls ou associés entre eux ou avec du chlorure, constituent des minerais naturels, ont des propriétés très analogues à celles du chlorure, en particulier au point de vue de l'altération par la lumière et de la réduction par divers agents ; cependant l'altération de l'iodure d'argent à la lumière est très lente.

Le cyanure d'argent, insoluble dans l'eau froide, est très soluble dans les cyanures alcalins et constitue alors des cyanures doubles, qui trouvent une application importante en argenture galvanique.

Sulfure d'argent Ag^2S. — Les propriétés du *sulfure d'argent*, qui constitue un des minerais d'argent les plus abondants, ont, pour nous, un intérêt tout spécial. Nous rappellerons les plus usitées en métallurgie.

Chauffé avec le sel marin, le sulfure d'argent se réduit partiellement; il y a formation de chlorure d'argent, de sulfate de soude et d'acide sulfureux.

Traité par le chlore à sec, ou l'eau de chlore, le sulfure donne également du chlorure d'argent; dans le second cas, plus rapidement et avec production de chlorure de soufre.

L'acide chlorhydrique dilué n'a point d'action sur lui; le même acide concentré ne l'attaque qu'incomplètement à cause du chlorure d'argent formé qui protège le sulfure d'argent restant.

Chauffé avec du nitre, du carbonate de soude ou de la potasse, le sulfure d'argent donne de l'argent métallique; la proportion d'argent perdue dans la scorie est presque nulle dans le premier cas, de 4,6 pour 100 dans le second et de 11,3 dans le troisième.

Avec la litharge ou le protoxyde de cuivre on a également réduction et formation d'un alliage, dans le premier cas avec le plomb, dans le second avec le cuivre.

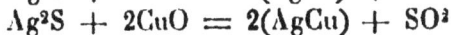

$$Ag^2S + 2PbO = 2(AgPb) + SO^2$$
$$Ag^2S + 2CuO = 2(AgCu) + SO^2$$

Le mercure décompose le sulfure d'argent d'autant plus facilement qu'il est plus isolé, moins mélangé de sulfures complexes; il n'a plus d'action sur le sulfure d'argent combiné aux sulfures de plomb, de zinc, de fer ou de cuivre. La présence de l'alun, des sulfates de fer et de cuivre précipite, au contraire, son attaque.

Le sulfate d'argent Ag^2OSO^3 est obtenu directement par l'action de l'acide sulfurique sur l'argent, ou encore par double décomposition en mélangeant des solutions

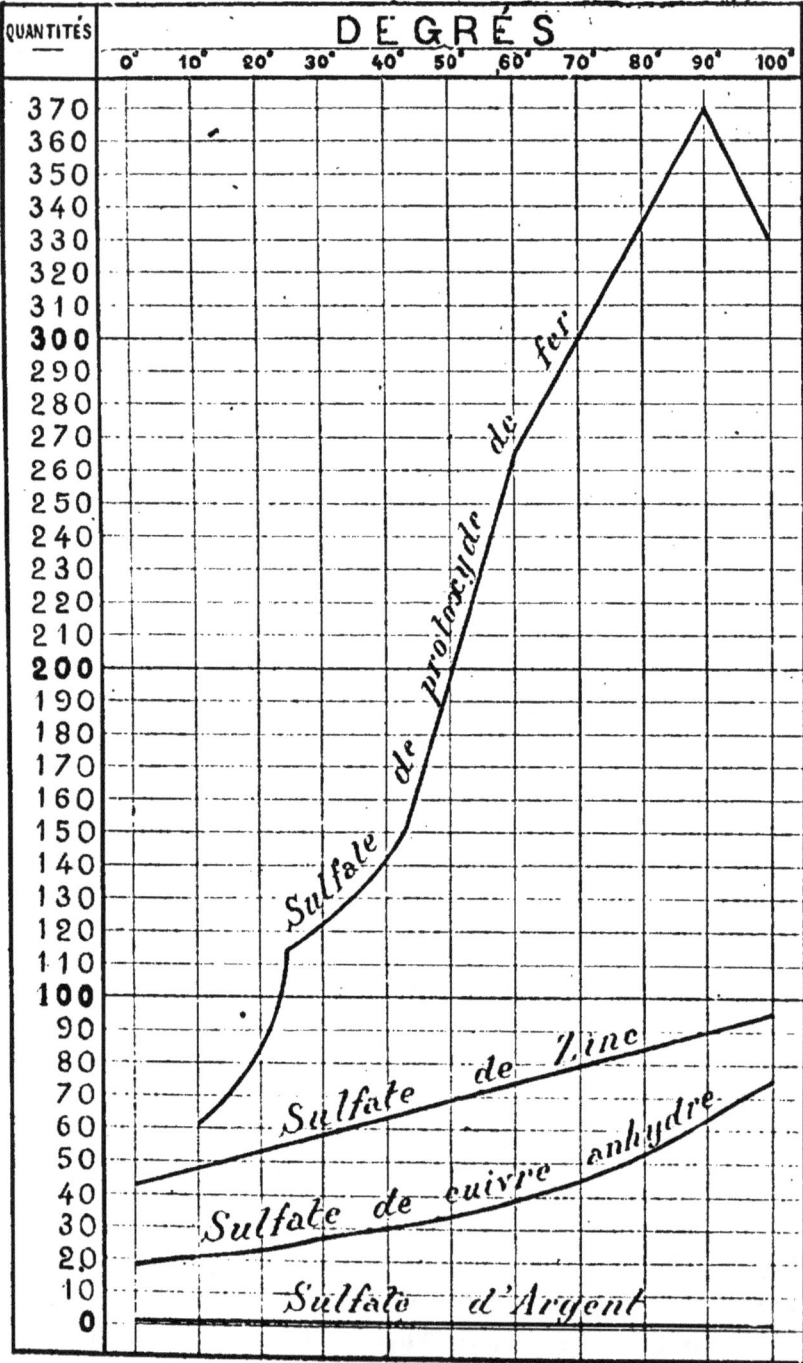

FIG. 1. — Quantités pondérales des sels dissoutes par 100 parties d'eau de 0 à 100 degrés.

d'azotate d'argent et d'un sulfate soluble. Il est très soluble dans l'acide sulfurique concentré et chaud et soluble également dans l'ammoniaque (comme tous les sels d'argent), mais fort peu soluble dans l'eau froide.

Un graphique ci-joint (fig. 1) met en évidence les solubilités très différentes des sulfates de plomb, d'argent, de cuivre, de zinc et de fer à diverses températures ; ces différences de solubilité ont joué, dans l'action des eaux superficielles sur les affleurements d'argent et, par suite, sur les modifications qui en sont résultées pour ces filons, un rôle essentiel dont nous aurons à reparler.

Hyposulfites d'argent. — L'argent ne forme pas d'hyposulfite libre, mais toute une série d'hyposulfites doubles qui peuvent trouver une application en métallurgie.

Azotate d'argent. — L'argent se dissout facilement dans l'acide azotique pur de concentration moyenne. L'azotate d'argent obtenu a un certain nombre d'emplois qui tiennent à sa réduction facile sous l'influence des matières organiques; une goutte de sa dissolution produit sur la peau une tache noire d'argent divisé; en même temps, l'acide azotique et l'oxygène mis en liberté en corrodent lentement le tissu ; d'où l'application comme pierre à cautères.

III.

Essais et analyses des matières d'argent.

Les essais des minerais ou alliages d'argent se font par voie sèche (coupellation), par voie humide (procédé Gay Lussac au chlorure de sodium), ou par voie mixte, au mercure, dans les usines d'amalgamation.

A l'exception des essais par voie humide, ces méthodes ne sont que la reproduction en petit de procédés que nous retrouverons appliqués en grand pour l'extraction de l'argent.

A. — Essais par voie sèche.

a. — Coupellation.

L'opération courante dans le laboratoire d'une usine d'argent est la coupellation; nous verrons cette opé-

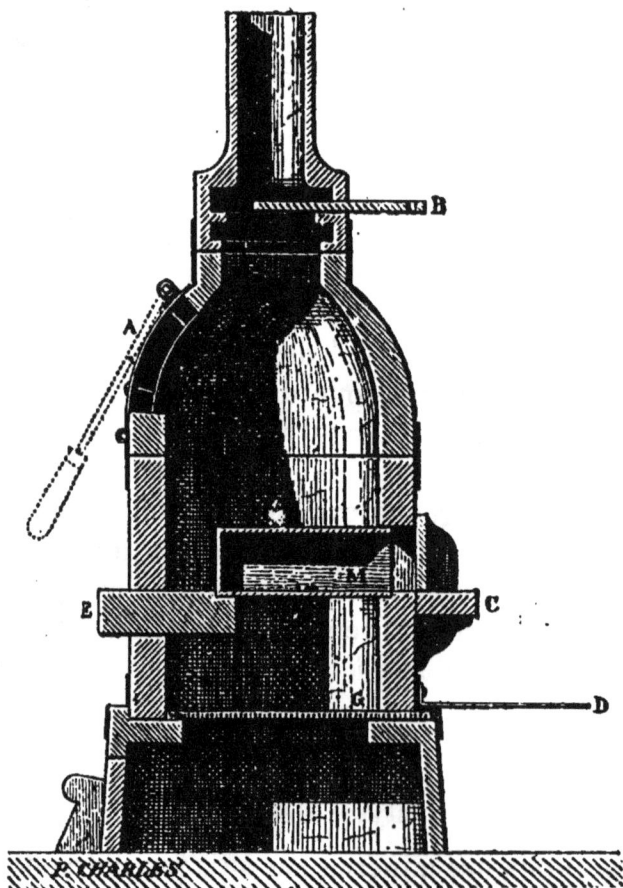

Fig. 2. — Fourneau à moufle ouvert.

ration pratiquée en grand comme mode de traitement industriel des plombs argentifères ; un certain nombre de détails que nous allons donner ici, auront donc leur application plus tard, à cette occasion.

La coupellation est fondée sur l'oxydabilité facile du plomb, tandis que l'argent reste inoxydable, et sur la propriété qu'ont certaines substances poreuses comme les cendres d'os, d'opérer une véritable filtration entre les oxydes de plomb qu'elles absorbent, et le plomb et l'argent métalliques qui restent à leur surface.

Elle consiste donc à chauffer le plomb argentifère dans une atmosphère oxydante sur une coupelle en os, en cendres de fougères, en cendres de savonniers ou en marnes. A 800 ou 900 degrés, le plomb s'oxyde et forme des litharges qui disparaissent dans la coupelle (ou s'écoulent au dehors dans l'opération en grand), tandis que l'argent et l'or, inoxydables à cette température, se concentrent en un lingot métallique.

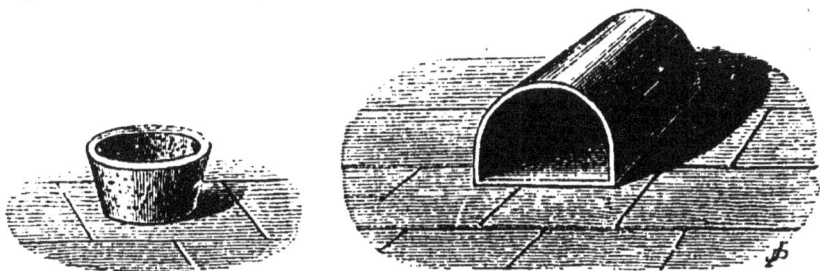

Fig. 3. — Coupelle. — Coffret de moufle.

Le moufle M employé pour cette opération est une petite voûte en terre réfractaire formée par un demi-cylindre appuyé sur une partie plane (fig. 3), et fermé à un bout. Il est percé, sur ses côtés, d'ouvertures destinées à laisser entrer l'air et doit être placé sur des taquets, de façon que sa base soit bien horizontale pour éviter un écoulement du plomb hors des coupelles.

Les coupelles que l'on introduit dans le moufle sont de petits godets en os calcinés (fig. 3), de 0^m,026 de diamètre à la partie supérieure et $0^m,022$ à la base, présentant, à la partie supérieure, une surface évidée d'environ $0^m,008$ de profondeur, où l'on place le morceau de plomb à essayer. Ces coupelles doivent être fabriquées avec grand soin, au moyen d'os très fins et très poreux agglutinés par une dissolution potassique et séchés lentement, d'abord à l'air, puis à un feu doux.

On calcule en pratique qu'une coupelle peut s'incorporer aisément son poids de plomb. Le poids sur lequel on opère varie de 5 grammes pour des plombs très argentifères à 25 et même 50 grammes pour des plombs très pauvres.

Ce morceau de plomb, introduit dans la coupelle préalablement portée au rouge cerise, y fond rapidement en restant couvert d'une fine croûte noire dont l'aspect est un des signes qui permettent au coupelleur de reconnaître certaines impuretés.

C'est ainsi qu'une faible quantité de zinc se décèle par la présence d'une cupule d'oxyde de zinc jaune clair, par des fumées floconneuses, etc. ; quand il y a du fer, l'oxyde de fer forme des pellicules brunes d'aspect métallique, qui sont longues à disparaître et laissent un anneau scoriacé sur les bords de la coupelle ; le cuivre gêne également l'opération et donne un bouton aplati n'adhérant pas au fond; l'antimoine produit un antimoniate de plomb brun, etc.

Quand le plomb est pur, au bout de peu de temps, la croûte noire se fendille et laisse apercevoir le plomb brillant ; les fragments de la pellicule disparaissent peu à peu : on dit alors que le bain est découvert, et l'oxydation commence.

Il se produit, par l'action de l'air arrivant à travers les trous du moufle, des oxydes de plomb ou litharges, qui disparaissent peu à peu dans la coupelle. En même temps, il se dégage des fumées blanches qu'on cherche à éviter le plus possible, car elles entraînent toujours une certaine volatilisation de l'argent. Quand l'opération marche bien, on voit se déplacer, à la surface du bain fondu, des irisations formées par une très mince pellicule de litharge.

A la fin, les irisations se précipitent ; l'argent devient visible sous le plomb : le bouton sphérique tournoie rapidement et, tout à coup, jette une lumière brillante qui dure quelques secondes, phénomène connu sous le nom de l'éclair ; la coupellation est alors terminée.

Le bouton d'argent obtenu renferme souvent de l'oxygène emprisonné et, s'il vient à se refroidir brusquement, cet oxygène, en se dégageant, peut amener un *rochage* qui entraîne des pertes d'argent. Pour éviter ce rochage, on emploie souvent du sel marin ou du carbonate de potasse : et, surtout, on rapproche peu à peu la coupelle de l'orifice du moufle, en la couvrant, soit avec une rondelle de fer rougie, soit avec une coupelle incandescente vide.

Quand la coupelle est refroidie, on en détache le bouton d'argent, on le nettoie et on le pèse.

b. — Scorification et réduction.

Cette opération de la coupellation demande, pour réussir, que l'argent soit incorporé dans une proportion donnée de plomb qui varie avec la présence de l'or et avec celle du cuivre.

Il est donc nécessaire, en général, de commencer par concentrer l'argent dans un bouton de plomb qu'on coupellera ensuite. C'est le but des opérations préalables consistant, soit dans une oxydation au moufle dite scorification, soit dans une réduction au creuset. Il va de soi que, si le minerai ne contient pas assez de plomb, on en ajoute (en général sous forme de litharge).

Dans le premier cas, qui se présente lorsque les matières à essayer ont besoin d'une oxydation suivie d'une réduction, on emploie de petits vases en terre réfractaire dits scorificatoires, analogues aux coupelles.

On charge, en général, pour 10 grammes de matière argentifère à essayer, 25 grammes de litharge (oxydant), 5 grammes de charbon en poudre (réducteur) et un peu de borax. Plus la matière est réfractaire, plus on exagère la proportion de litharge : c'est ainsi que le zinc, à l'état de blende ou de métal, exige 15 fois son poids de plomb pour se scorifier. — Si la matière est sulfureuse, antimonieuse ou arsenicale, on commence par expulser le soufre, l'arsenic ou l'antimoine par un grillage. Puis on introduit le scorificatoire dans le moufle, où il se produit une fusion rapide ; quand la scorie est tout à fait fluide (ce qu'on facilite au besoin par une addition de borax), et qu'on a constaté qu'il ne reste plus de matière solide au fond du vase, on l'amène vers l'orifice du moufle, on laisse reposer et, par une décantation, on sépare le bouton de plomb argentifère de la scorie plus ou moins vitreuse.

Quand on n'a besoin que d'une réduction, on opère dans des creusets en terre réfractaire ou en fer sur un mélange du minerai argentifère, grillé ou non, avec du carbonate de soude, du charbon de bois et, si le plomb manquait, de la litharge.

Le grillage préalable est nécessaire quand le minerai contient du soufre, de l'arsenic ou de l'antimoine, surtout quand il renferme de la blende ou des arsenio-antimoniures. Parfois on ajoute dans le creuset un peu de fer pour activer la désulfuration.

Cet essai au creuset donne lieu à de plus grandes

pertes que l'essai au scorificatoire ; mais il est bon pour des minerais très pauvres (parce qu'il permet d'opérer sur des quantités plus fortes) ou pour des minerais complexes.

B. — Essais par voie humide.

Le procédé Guy Lussac, fondé sur l'insolubilité du chlorure d'argent, s'applique couramment pour des alliages d'argent ou des minerais très riches (fig. 4). Il devient défectueux quand le minerai tient moins de 1 kilo à la tonne, ou si l'argent est associé à l'étain, à l'antimoine, au mercure ou au plomb.

Le principe consiste à dissoudre un poids constant de substance (1 gramme) dans l'acide nitrique ; après quoi, on ajoute une liqueur titrée de chlorure de sodium (telle que 1 décilitre précipite 1 gramme d'argent pur à 15°), en proportion convenable pour précipiter exactement 1 gramme d'argent (c'est-à-dire 1 décilitre), proportion trop forte puisque l'argent essayé n'est pas pur : on détermine l'excès de liqueur salée en revenant en arrière au moyen d'une liqueur titrée d'argent, jusqu'au moment où cette addition ne produit plus de précipité et l'on précise avec une liqueur décime salée, telle que 1 centimètre cube de celle-ci corresponde exactement à 1 centimètre cube de la liqueur d'argent et précipite 10 fois moins d'argent que la première liqueur salée (fig. 5). La facilité avec laquelle le précipité caillebotté d'argent se rassemble par une secousse au fond des vases rend ce mode d'essai très précis.

Nous ne faisons que mentionner d'autres modes d'essai par voie humide, tels que le *procédé Pisani* fondé sur la précipitation de l'argent par l'iodure de potassium qui, dès qu'il est en excès, colore en bleu une solution d'amidon ajoutée à la liqueur, ou le *pro-*

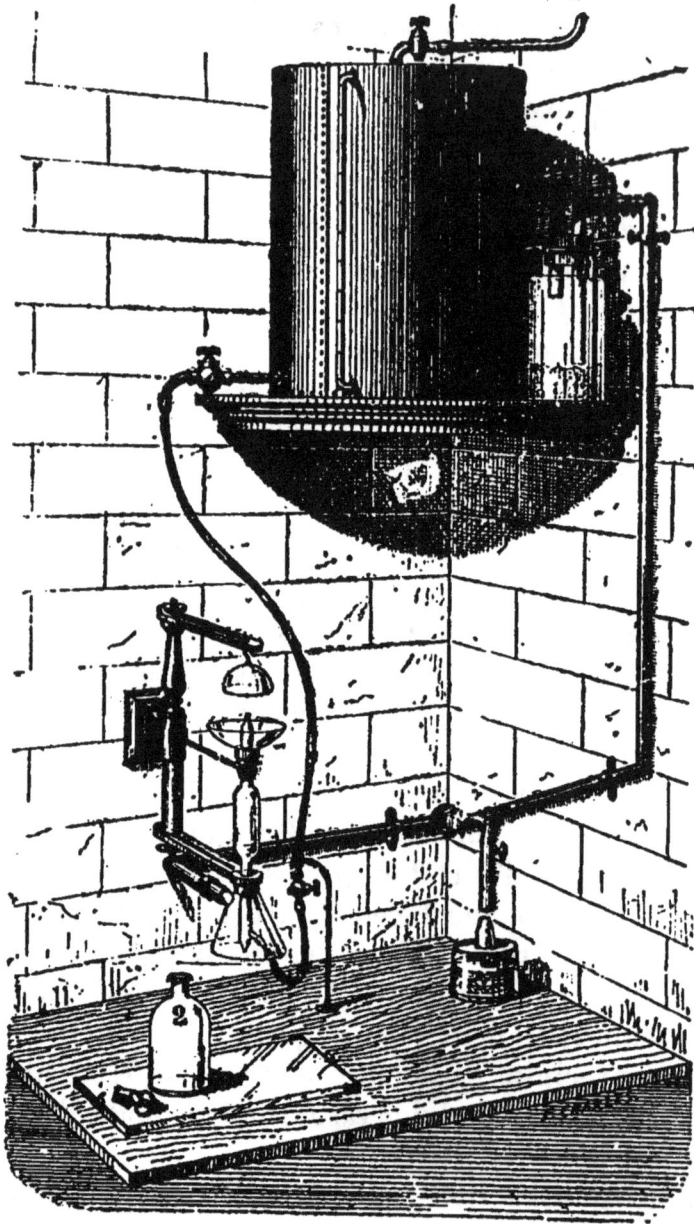

Fig. 4. — Appareil pour les essais d'argent par le procédé Gay-Lussac
et pipette Stas.

cédé Volhard, dans lequel on précipite l'argent par du sulfocyanure de potassium qui, lorsque tout l'argent est précipité, mais alors seulement, colore en rouge quelques gouttes de nitrate de fer versées dans la solution d'argent.

Fig. 5. — Pipette pour la liqueur décime.

M. Roswag a également préconisé l'essai au zinc, applicable en présence du plomb, soit que le minerai en contienne, soit qu'on lui en ait ajouté à l'état de chlorure, d'acétate, de litharge ou de céruse.

On dissout le minerai, au besoin après grillage, dans l'acide chlorhydrique bouillant et on précipite le plomb par le zinc. Ce plomb, recueilli et lavé, est fondu dans un scorificatoire et coupellé.

C. — Essais par le mercure.

Les minerais, broyés et grillés avec précaution, sont mélangés intimement avec 0,50 pour 100 de sel marin et autant de sulfate de cuivre. Puis on introduit le magma, humecté de quelques gouttes d'acide chlorhydrique, avec 30 fois son poids de mercure et un peu de fer dans un baril pouvant tourner autour de son axe. On obtient un amalgame qu'on filtre et qu'on distille.

Quand il s'agit d'un alliage d'argent à essayer, on l'introduit à l'état de fine limaille avec 15 à 16 fois son poids de mercure, quelques billes de fer et un peu d'eau acidulée dans un baril que l'on fait tourner jusqu'à ce que l'amalgamation soit complète. On recueille cet amalgame et on le distille.

D. — Essais approximatifs usités en pratique.

On essaye souvent des alliages d'argent et d'or, au touchau, au chalumeau ou au bec Bunsen.

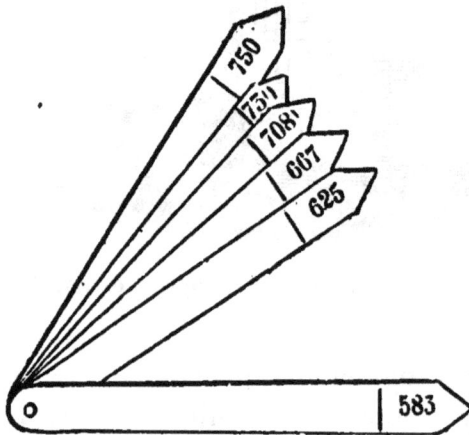

Fig. 6. — Touchau.

La pierre de touche n'est pas une roche pétrographiquement déterminée ; c'est simplement une pierre quelconque de couleur foncée, assez dure, inattaquable aux acides et pouvant prendre un aspect analogue à celui du verre dépoli : soit un bois silicifié, soit un basalte, un silex usé à l'émeri, un quartzite ou un phyllade.

On fait, sur cette pierre, quelques touches avec l'objet à essayer et on les compare avec des traces données par des touchaux de composition déterminée en traitant à l'acide chlorhydrique, puis à l'eau régale, et examinant la teinte prise par l'acide, la façon dont la trace de métal se comporte, etc.

Le touchau est peu employé pour les alliages d'argent qui ne sont pas aurifères.

Les *touchaux* qu'on trouve dans le commerce sont généralement sous forme de petits disques placés à l'extrémité d'une étoile en métal à cinq rayons, sur chacun desquels est insculpé le titre de l'alliage qui forme le touchau ; mais il est plus commode de souder ces touchaux à l'extrémité d'une tige de laiton droite et solide (fig. 6).

DEUXIÈME PARTIE

GÉOLOGIE DE L'ARGENT. — SES MINÉRAUX. — SES MINERAIS. — SES GISEMENTS.

Si l'on dressait une liste par métal de tous les gisements miniers signalés ou exploités dans le monde, sans faire entre eux aucun choix fondé sur la quantité de ce métal qu'ils contiennent, on arriverait, sans doute, à ce résultat paradoxal que les métaux les plus précieux et dont le prix n'est, en général, qu'une conséquence directe de leur rareté, figureraient un nombre de fois presque égal, peut-être même supérieur, à certains métaux de valeur infiniment moindre et réputés communs.

Sans pousser les choses aussi à l'extrème, il est une illusion d'optique contre laquelle il est essentiel de prémunir tout d'abord, quand il s'agit de minerais d'or ou d'argent, parce qu'elle est des plus naturelles : c'est celle qui consiste à oublier la quantité réelle de ces métaux, c'est-à-dire leur poids contenu dans la tonne de minerai, pour ne considérer que leur valeur et à s'imaginer que des minerais, industriellement très riches, le sont aussi minéralogiquement, c'est-à-dire renferment en certaine abondance les minéraux propres du métal considéré. En fait, il est très loin d'en être ainsi.

On remarquera, par exemple, que, pour l'argent,

un minerai à 1/2 pour 100 de métal (5 kilos à la tonne) est un minerai exceptionnel, considéré comme ayant une teneur énorme, ce qui industriellement se conçoit, puisqu'au cours actuel de 125 fr. le kilo, un semblable minerai vaut encore 625 fr. la tonne, mais ce qui, minéralogiquement, correspond fort mal à la réalité.

De même, pour le cuivre, à un degré moindre, les plus grands gisements européens, ceux de la province d'Huelva et ceux du Mansfeld n'ont qu'une teneur moyenne d'environ 3 pour 100, tandis qu'un minerai de fer à 35 pour 100, comme ceux de Meurthe-et-Moselle, demande, pour être extrait fructueusement, des conditions d'exploitation particulièrement économiques[1].

Cette restriction était nécessaire pour justifier la distinction que nous allons faire entre les minéraux et les minerais d'argent, les premiers étant les substances minéralogiquement définies dans la constitution desquels entre l'argent, et les seconds, beaucoup plus nombreux que les premiers, des mélanges plus ou moins complexes, se rapportant à un certain nombre de types caractéristiques, où les minéraux d'argent proprement dits peuvent n'entrer que pour une proportion infime, souvent à l'état d'inclusions mal définies dans d'autres corps, tels que la galène, la blende ou la chalcopyrite.

I.

Minéraux de l'argent.

Ces minéraux, dont nous n'étudierons que les principaux et ceux qui, dans la pratique des mineurs, présentent une certaine importance, peuvent, au point de vue chimique comme au point de vue géologique, se diviser en deux catégories principales : l'argent natif

---

1. Voy. P. Weiss, *Le cuivre*, Paris, 1894, p. 43.

1

Fig. 7. — Cristaux d'argent natif appartenant à l'École des Mines, provenant: 1) de Guanajuato (Mexique):
2) du Monte Narba (Sarrabus, Sardaigne). (Grandeur naturelle).

avec ses sulfures, séléniures, tellurures, antimoniures et arséniures, constituant les minerais de profondeur; les oxydes, chlorures, bromures, iodures formant les minerais d'effleurement, résultat, comme nous le verrons, d'une altération superficielle des premiers, auxquels vient parfois s'ajouter l'argent natif par suite d'une réduction des divers minéraux précédents.

A. — Minéraux de profondeur.

L'argent natif (gediegen silver, native silver, plata nativa) est, par suite de sa résistance à l'oxydation, un élément relativement important dans les filons d'argent, et certaines mines, telles que celles de Kongsberg (Norvège) où l'on en a trouvé en 1830 une masse pesant 697 kilos, ou du Lac Supérieur aux États-Unis où il est associé au cuivre, en fournissent des quantités très notables.

Cet argent natif est souvent en filaments capillaires enroulés les uns sur les autres; en fils, en rameaux, en arborescences très caractéristiques (fig. 7), d'un blanc tirant sur le jaune; parfois aussi il forme des plaques minces ou de petits grains disséminés dans la gangue, qui s'y décèlent surtout au toucher. Ses formes cristallines dérivent du cube. Il peut être allié à l'or (électrum) ou amalgamé au mercure.

Les *amalgames,* qui tous cristallisent dans le système cubique, forment des combinaisons assez mal définies, parmi lesquelles on peut distinguer les suivantes: Amalgame proprement dit, ou mercure argental, Ag^2Hg^2 ou Ag^2Hg^3, en cristaux dodécaédriques analogues à ceux du grenat (fig. 8); Domeykite $Ag^{10}H^3$; Arquérite $Ag^{12}H$; Kongsbergite $Ag^{36}H$, etc. Quand on cherche à reproduire l'amalgame d'argent artificiellement, on obtient un grand nombre de types qui, par pression énergique, se ramènent à la formule Ag^4Il^2 correspondant à 43,67 d'argent pour 10 de mercure.

Fig. 8. — Amalgame ou mercure argental.

L'argent forme, en outre, une série de combinaisons simples ou complexes, principalement avec le soufre et l'antimoine, accessoirement avec le sélénium, le tellure et l'arsenic.

Comme combinaisons simples, on a :

L'argent sulfuré (argyrose ou argentite) Ag^2S, minéral tenant 87 pour 100 d'argent, et 13 pour 100 de soufre, qui cristallise dans le système cubique. Sa couleur est le gris de plomb noirâtre, tendant souvent au brun ou au noir ; sa malléabilité est telle qu'on peut le couper au couteau ;

L'acanthite de Freiberg est aussi un sulfure Ag^2S, mais rhombique ;

La *stroméyérite* et la *jalpaïte* sont des combinaisons de Ag^2S et Cu^2S ayant une couleur gris de plomb à reflets métalliques et tenant, à l'état de pureté, 53 d'argent, 31 de cuivre et 16 de soufre ;

La *Naumannite* est un séléniure Ag^2Se, tandis que la *Hessite* est un tellurure Ag^2Te ;

Enfin *l'argent antimonial ou dyscrase* Ag^2Sb (fig. 9) cristallise dans le système rhombique (isomorphe avec la chalcosine) ; il se trouve en masses grenues ou en cristaux blancs d'argent et contient 72 à 84 pour 100 d'argent.

On trouve également de l'*arséniure d'argent* en abondance dans les minerais de l'île d'argent *(Silver islet)* près de Thunder Bay, au Lac Supérieur.

Les combinaisons complexes avec le soufre, l'arsenic et l'antimoine sont plus importantes comme minerais que les corps précédents, à l'exception de l'argent sulfuré. C'est la série des minerais riches dits gültigerze en Allemagne, série analogue à celle des cuivres gris,

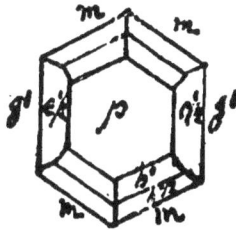

Fig. 9. — Dyscrase.

qui comprend deux catégories : les *argents noirs* et les *argents rouges*. Dans cette série, la plupart des minéraux, à l'exception de la proustite (argent rouge) et de quelques minéraux secondaires, sont antimoniaux, la combinaison de l'antimoine avec l'argent étant beaucoup plus facile que celle de l'arsenic.

Comme argents noirs, on a :

La *Polybasite* Ag^9SbS^6, qui cristallise dans le système rhombique avec symétrie limite hexagonale. En pratique, elle forme des cristaux minces tabulaires d'un noir de fer, donnant une poussière noire et facilement fusibles. Elle contient 72 à 74 pour 100 d'argent, avec 3 à 10 de cuivre, un peu de fer et de zinc ;

La *Psaturose ou Stéphanite*, Ag^5SbS^4, qui cristallise aussi dans le système rhombique en cristaux d'apparence hexagonale (fig. 10). La couleur est d'un noir de fer, la poussière noire. Ce minerai qui, à l'état de pureté, renferme 68,4 pour 100 d'argent, se trouve en

abondance dans certains filons comme celui du Comstock (Névada).

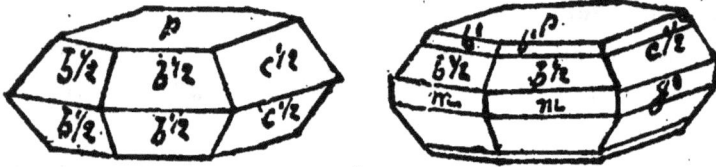

Fig. 10. — Stephanite.

Les argents rouges comprennent les *argents rouges
antimoniaux* ou pyrargyrite et miargyrite, et l'*argent
rouge arsenical ou proustite.*

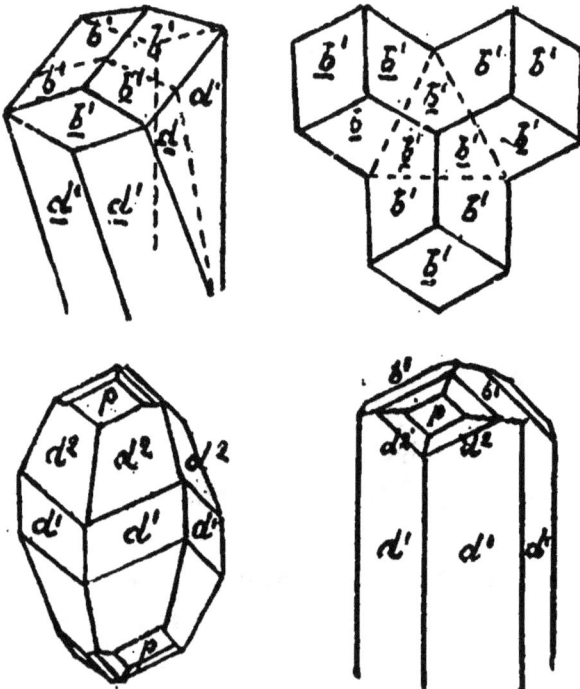

Fig. 11. — Argent rouge.

La *pyrargyrite ou argyrythrose* Ag^3SbS^3 cristallise
dans le système rhombique, souvent en prismes avec
mâcles diverses (fig. 11). La couleur varie du rouge au

gris de plomb foncé ; la poussière est toujours rouge ; la fusion est facile ; la teneur est de 60 pour 100 d'argent.

La *miargyrite* $AgSbS^2$ forme de petits cristaux d'un gris d'acier ou des lames minces rouge sang ; sa poussière est rouge cerise ; la teneur n'est que de 36 pour cent d'argent.

La *proustite* Ag^3AsS^3 est isomorphe avec la pyrargyrite ; elle est transparente, d'un éclat adamantin, rouge groseille ; c'est le minerai clair des Allemands (lichtes Rothgültigererz), la pyrargyrite étant le minerai foncé (dunkles Rothgültigererz). La teneur est de 65 pour 100 d'argent.

B. — Minéraux d'affleurement.

L'*argent chloruré* (cérargyrite ou argent corné), $AgCl$, se présente en masses compactes ou en petits cristaux cubooctaédriques d'un aspect cireux gris-perle ou verdâtre, qu'on peut fondre à la flamme d'une bougie et couper au couteau.

On connaît des combinaisons de chlorure d'argent avec le chlorure de sodium (huantajaïte), avec le chlorure de mercure, etc.

La *bromargyrite* ou *bromite*, est un bromure d'argent $AgBr$, très analogue à l'argent corné avec lequel on la rencontre à Chanarcillo (Chili) et qu'on peut également couper au couteau.

L'*iodargyrite* est un iodure AgI, tendre et flexible, d'un beau jaune de soufre ou parfois verdâtre, tantôt en cristaux prismatiques à pyramides hexagonales, tantôt en lames minces ou en masses compactes, translucides, à éclat résineux.

Enfin l'*embolite* est un chlorobromure d'un vert plus ou moins blanc ou grisâtre.

II.

Minerais d'argent.

Les minerais d'argent peuvent être divisés en deux catégories bien distinctes. En premier lieu, on peut avoir un mélange des minéraux précédemment étudiés avec une proportion de gangue plus ou moins forte, gangue dans laquelle entreront, d'ailleurs, à l'occasion, d'autres éléments métallifères ; c'est ce que nous appellerons les minéraux d'argent proprement dits.

En second lieu, l'argent peut être masqué et invisible dans un sulfure métallique où l'analyse seule décèle sa présence et s'y trouver emprisonné, sinon combiné, de telle sorte que le mercure est impuissant à l'en extraire. Tel est le cas des galènes, cuivres gris, chalcopyrites, blendes ou pyrites de fer argentifères, qui, généralement, tendent à se substituer dans la profondeur aux minerais de la première catégorie et, par suite, jouent un rôle de plus en plus important dans tous les pays où l'industrie des mines est ancienne et a déjà enlevé presque partout les parties pauvres des gîtes, comme c'est notamment le cas de l'Europe.

A. — Minerais d'argent proprement dits.

L'*argent natif* constitue un élément relativement important des gisements d'argent. C'est ainsi qu'on le trouve mêlé aux chlorures, bromures, iodures, etc. des affleurements. En profondeur, il se présente, soit seul ou associé avec d'autres minéraux de l'argent, argyrose, argent rouge ou noir, etc., comme à Kongsberg (Norvège), soit mélangé avec du cuivre natif

comme au Lac Supérieur, soit plus souvent allié à de
l'or, avec lequel il constitue l'électrum.

Cet argent natif renferme souvent des traces d'autres
substances. En voici quelques analyses d'après
M. Roswag.

	ARGENT réel	CUIVRE	AUTRES SUBSTANCES
Chili : Mine San Antonio, près Copiapo.	98,10	1	0,09 Sb.
Bolivie : Chuquiaguillo. . . .	97,84		Au=0,28; S=0,75 Sb, etc. = 1,13.
Allemagne: Johann Georgenstadt	99,00	traces	Sb = 1,00.
Norvège : Kongsberg.	99,00	traces	Hg = 0,50; traces de AgS, AgCl, PbS, ZnS, CuS, Au, As.

La présence du mercure que nous venons de rencontrer à Kongsberg est, dans l'argent natif, un élément plus fréquent qu'on ne le croit en général.
M. Hautefeuille en a trouvé également environ 1/2
pour 100 dans des échantillons du Lac Supérieur et
du Chili.

L'argent natif a formé parfois, dans certaines mines,
des masses importantes. A Kongsberg, où l'on a trouvé les plus belles, on en cite une de 253^{kg},680 (actuellement au musée de Copenhague), extraite de la mine
Nye Foorhaabing (Nouvelle-Espérance), une autre de
226^k,500 venant de la mine de Gotteshülfe ; enfin, en
1830, d'après M. Daubrée, on en a extrait un bloc de
697 kilos.

A Himmelsfürst, dans la région de Freiberg en
Saxe, on a trouvé également une chambre de l'argent,
Silberkammer, d'où l'on a extrait des fragments d'argent
natif de plusieurs kilos.

Au Mexique, à Batopilas, Nouvelle-Biscaye, on a trouvé des masses d'argent natif dépassant 148 kilos.

Au Pérou, aux mines Coronel et Loyse, près de Huantaya, deux masses d'argent natif pesaient respectivement 360 et 90 kilogrammes.

Comme type d'argent aurifère, nous citerons le fameux filon du Comstock aux Etats-Unis (Nevada).

Dans ce filon, la production a été, de 1364 à 1891, d'environ 2,3 milliards, dont 42 pour 100 en or et 58 pour 100 en argent, ce qui correspond environ en poids à 1 d'or pour 23 d'argent.

Par contre, l'argent entre, presque toujours, pour une forte part dans les impuretés que renferme l'or natif, comme, en général, l'or extrait d'un minerai quelconque, et cette proportion arrive à 20 pour 100 d'argent dans l'électrum ou or argental.

Si nous passons aux argents noirs et rouges, nous remarquerons que ces minéraux plus ou moins bien définis, décrits précédemment, comportent, en pratique, de très nombreuses variétés, où les proportions relatives des quatre éléments constituants (argent, soufre, arsenic, antimoine) peuvent se modifier dans des proportions assez larges et auxquelles on a, par suite, donné des noms distincts.

Sans insister sur ce point, nous allons passer en revue divers groupes de minerais d'argent proprement dits, en les classant, dès à présent, par une anticipation sur la partie métallurgique de ce travail, comme le font en réalité les mineurs, c'est-à-dire d'après leur teneur et le mode de traitement qu'on peut leur appliquer.

A ce point de vue de leur teneur, les minerais d'argent proprement dits peuvent se diviser en trois grandes catégories :

A. *Minerais riches* (dépassant une teneur de 10 à

40 pour 100 d'argent) : sulfures, antimoniures, arséniures, etc. ; traités par amalgamation ou par imbibition dans le plomb métallique.

B. *Minerais moyennement riches* (entre 0,15 pour
100 et 10 pour 100 d'argent) : mêmes substances ;
traités par amalgamation ou par fusion (coupellation,
scorification et fonte).

C. *Minerais à basse teneur* ou maigres (dürrerze),
souvent pyriteux. — Traités par fonte crue (roharbeit)
sans addition de soufre, par lixiviation ou par une
concentration préliminaire suivie d'un traitement au
mercure, comme cela a lieu dans le Combination process.

Parmi les minerais traités par l'amalgamation, on
peut, dans un autre ordre d'idées, établir également
trois classes suivant les facilités plus ou moins grandes
de leurs combinaisons avec le mercure :

1° Les métaux faciles à amalgamer, *metales dociles,
calidos* ou *calientes* (dociles et chauds), qui contiennent
surtout de l'argent natif, du sulfure d'argent, assez peu
de chlorure d'argent et très peu ou point d'autres
sulfures métalliques.

Ces minerais s'amalgament rapidement, sans aide
de chaleur artificielle, pourvu qu'on ait soin de faciliter les contacts des grains avec le mercure, par la
pulvérisation et la trituration (procédés du patio et de
la tinette norvégienne).

Avec l'argent natif, le mercure donne directement
un amalgame Ag^2Hg^n.

Avec le chlorure, il donne du bichlorure de mercure et de l'argent métallique, lequel se dissout :

$$2(AgCl) + nHg = HgCl^2 + Ag^2Hg^n$$

Avec le sulfure la réaction est analogue ;

2° Les minerais moyens, dits *semicalientes* ou *semi-
frios* (demi-chauds ou demi-froids), suivant qu'ils se

rapprochent plus ou moins des minerais chauds ou des
froids, contiennent, outre l'argent natif et le sulfure
d'argent, des chlorures, iodures, bromures, chloroio-
dures et chlorobromures avec une faible proportion de
minerais complexes, antimoniures, arséniures, sulfoantimoniures et sulfoarséniures.

Il faut alors prolonger les triturations et parfois
donner de la chaleur (procédés du patio, de la tinette
norvégienne et du cazo ou fondon, ce dernier à chaud);

3° Les minerais difficiles ou impossibles à amalgamer,
dits *frios*, puis *rebeldes* et enfin *nulos, negativos*
(froids, rebelles, nuls, négatifs), à mesure que l'amalgamation devient plus pénible, sont ceux où les
sulfures d'autres métaux que l'argent entrent en proportion sensible (galènes, blendes, pyrites, phillipsites,
cuivres gris, bournonites, etc.). Ils ne peuvent être
traités qu'après grillage préalable, c'est-à-dire expul-
sion du soufre, de l'arsenic et de l'antimoine, et encore
presque toujours à chaud, par des procédés compliqués,
autrefois par l'amalgamation européenne, aujourd'hui
par les procédés mixtes européo-américains (Washœ
process, Pans et Reese river process).

Il va de soi, d'ailleurs, qu'une classification basée,
comme celle que nous venons d'indiquer, sur le traitement métallurgique approprié ne peut pas, au point de
vue minéralogique, correspondre à quelque chose de
tout à fait précis. Car, dans le procédé à adopter, les
circonstances locales joueront nécessairement un rôle
important ; suivant le prix du combustible, de la main-
d'œuvre et du mercure, on aura intérêt, dans certains
cas intermédiaires, à opérer, soit à chaud soit à froid,
de même que la voie sèche pourra ou non se substituer à l'amalgamation.

Les trois grandes classes de minerais que nous
venons de distinguer, métaux chauds, moyens et rebelles,

se rencontrent, à mesure que l'on s'enfonce dans les filons, à peu près dans l'ordre où nous venons de les énumérer.

C'est dans les parties tout à fait superficielles de certains gisements, des régions sèches (Chili, Pérou, Mexique, etc.), que se rencontrent les véritables minerais chauds, metales calidos, sous forme d'argent natif, de chlorures, bromures et iodures d'argent, etc., associés avec des oxydes de fer et de manganèse, parfois de cuivre, dans une gangue souvent siliceuse et présentant alors un aspect carié dû à la dissolution des inclusions pyriteuses qu'elle contenait d'abord. Ces minerais sont généralement, par eux-mêmes, d'une belle couleur rouge qui tient à l'oxyde de fer et souvent, en outre, noyés dans une argile rouge ; parfois aussi d'une teinte terreuse jaunâtre ou grisâtre, notamment si les chlorures dominent. Ils constituent les *pacos* du Pérou, du Chili et de la Bolivie, les *colorodos* du Mexique, etc. Les pacos, chargés de chlorobromures et d'iodures, ont une teinte terreuse qui les rend peu reconnaissables. Les colorados sont, au contraire, des minerais rouges ou jaunes, riches en argent natif et en argent vert (chlorobromure), qui doivent leur couleur à l'oxyde de fer. La teneur de ces minerais chauds superficiels est, par suite d'un certain départ de l'argent pendant les altérations dues aux actions météoriques, généralement assez faible par rapport à celle du reste du gisement et ne dépasse guère, dans la plupart des cas, 400 à 500 grammes à la tonne.

Les colorados de Fresnillo, au Mexique, sont jaunes, friables, et contiennent de l'argent natif ou du bromure d'argent dans une hématite brune. Leur teneur moyenne était estimée, en 1833, à 1^{k},750 par tonne (?)

A Chanarcillo, au Chili, on a, jusqu'à près de 500 mètres de profondeur (mine Colorado), exploité des minerais chauds formés d'argent natif, arquérite, chlorure et chlorobromure, plus rarement sulfure, bromure et iodure.

A Huelgoat, en Bretagne, les terres rouges des affleurements étaient tout à fait l'équivalent des colorados du Mexique. A une certaine profondeur on a trouvé, à leur place, des minerais où la galène dominait dans le Nord du filon, la blende dans le Sud. Ces terres rouges contenaient l'argent très divisé à l'état natif ou en chlorures et bromures dans des sables argileux et ferrugineux.

Les pacos du Pérou se divisent, à leur tour, en un certain nombre de types : les *cascajos*, minerais quartzeux, durs, qui se présentent sous forme de cailloux mêlés à de l'argile jaune ; les *llampos*, minerais terreux ; accessoirement, les minerais siliceux, *pedernales* (pierre à fusil), les *capuchos* extrêmement friables, formant une sorte de croûte ocreuse. Ces divers minerais sont les produits de l'altération des minerais sulfureux qui constituent les négros, mulatos, bronces (bronzes ou pyrites, etc.), et qui deviennent dominants en profondeur. Aussi est-il tout naturel de trouver parfois, dans les pacos, des veines de pyrite, galène ou blende ayant échappé à la décomposition ; on passe ainsi peu à peu à la seconde catégorie de minerais, beaucoup plus abondante que la première, les minerais considérés comme moyens au point de vue du traitement par l'amalgamation et qui, suivant la proportion des sulfures subsistants, peuvent être, ou demi-chauds (semi-calidos) ou demi-froids (semi-frios).

On a un bon type de ces minerais moyens dans les fameux gîtes d'argent du Cerro de Pasco au Chili, où les pacos ont été exploités longtemps sous la forme d'un oxyde de fer siliceux imprégné de quelques pyrites argentifères et d'argent natif, d'une teneur moyenne de 417 grammes à la tonne. Les gangues (relleno, matrix, etc.) sont là, en dehors du quartz et de l'oxyde de fer, un peu de barytine, fluorine, etc.

Des minerais également demi-chauds et amalgamables au patio sont exploités dans le district d'Ancachs au Pérou; ils contiennent là : du sulfure d'argent dominant avec chlorure et peu d'argent natif; accessoirement d'autres sulfures métalliques qui viennent parfois compliquer les minerais. Dans ce gîte, on a vu abonder en profondeur un arséniure de fer argentifère, la lœlingite.

Des minerais moyens demi-froids se retrouvent aussi dans ce même district d'Ancachs, à Recuay ; ceux-là sont très antimonieux et demandent un grillage préalable avant de passer au patio.

Dans la zone intermédiaire correspondante, on trouve au Mexique (Fresnillo) des minerais assez rares mais très riches en argent et disséminés surtout dans les salbandes des filons, qu'on nomme les *azulaques*, minerais qui se rapprochent déjà de la catégorie que nous allons décrire sous le nom de bronzes et renfermant argent natif, chlorure et sulfure d'argent avec une forte proportion de pyrite de fer.

Les *bronzes* du Pérou et de la Bolivie, auxquels nous venons de comparer les azulaques, sont formés de pyrites de fer argentifères, à moitié altérées et transformées, avec argent natif, le tout noyé dans des ocres argentifères. Leur nom vient de leur aspect analogue à celui du laiton et du bronze.

Les bronzes sont souvent très riches en argent; mais ils sont rebelles à la plupart des procédés d'amalgamation, même après grillage et chloruration par la voie sèche ou sont si coûteux à traiter qu'ils ne donnent pas de bénéfice. Aussi, dans l'Amérique du Sud, les rejette-t-on presque toujours.

Néanmoins l'apparition des bronzes et azulaques correspond généralement au commencement de la zone la plus riche des filons d'argent dans l'Amérique du Sud, zone où l'on trouve parfois des minerais tenant 7 ou 8 kilos d'argent à la tonne. Cette zone, qui commence vers 80 à 150 mètres, paraît s'être enrichie en argent (et souvent aussi en cuivre) par un véritable phénomène de cémentation, qui y a fait descendre avec les eaux superficielles et y a fixé une partie de l'argent enlevé aux affleurements. C'est ce que l'on appelle au Mexique la zone de la Bonanza. Bien que les minerais y soient très riches, ils y sont parfois, comme c'est le cas des bronzes, par suite de la complexité des mélanges et des combinaisons, très rebelles à l'amalgamation.

Au lieu de l'argent natif et des chlorures, qui existaient aux affleurements, nous y trouvons surtout des formes sulfurées de l'argent ou du cuivre, argyrose et chalcosine; souvent aussi des sulfosels antimonieux, argents noirs, argents rouges, cuivres gris, phillipsites; mais l'argent n'y est qu'exceptionnellement inclus dans d'autres sulfures métalliques : le zinc notamment a presque disparu; le plomb a souvent passé à l'état de carbonate; le fer et le manganèse sont en oxydes.

Nous avons déjà cité un des types de ce genre de minerais, qui sont, pour la plupart, demi-froids: les bronzes où les pyrites de fer et de cuivre diminuent ; ces pyrites, fortement irisées et mêlées de phillipsite, de cuivre gris, etc., constituent les *pavonados* (de pavo, paon) du Pérou, minerais assez rares, dont la teneur en argent, très élevée, atteint jusqu'à 8 kilos à la tonne. En Bolivie, on distingue encore, dans cette zone, les *mulatos* (mulâtres), les *negros* (*negrillos* du Chili), qui doivent leur nom à leur teinte plus ou moins foncée tenant à la présence des argents noirs et cuivres gris et surtout caractérisée par suite quand les minerais sont de nature antimonieuse.

Les *mulatos* sont les minerais où les sulfures dominent, tandis que les *negrillos* sont plutôt antimonieux. Ces *mulatos*, qui sont demi-froids, contiennent une certaine quantité de pacos avec des pyrites de cuivre et de fer riches en argent.

Les *negros* de Fresnillo (Mexique) sont des minerais quartzeux avec sulfure d'argent et argent natif capillaire, difficilement visible à l'œil nu, associés à des traces de blende, galène, pyrites de fer et de cuivre. Leur teneur moyenne a été estimée à $2^{kg},500$ par tonne.

Les *negrillos* de Potosi (Bolivie), également demi-froids, contiennent surtout des sulfures d'argent et d'autres métaux.

Enfin, à une certaine profondeur, ces divers minerais se chargent de plus en plus de galène, blende, pyrites, etc., au milieu desquelles les minerais d'argent ne se présentent plus que tout à fait perdus et disséminés.

En même temps que nous passons à des minerais rebelles à l'amalgamation, nous entrons alors dans la seconde grande catégorie distinguée plus haut pour les minerais d'argent, celle où l'argent, au lieu de se présenter dans des espèces minérales distinctes, fait partie intégrante d'autres combinaisons métalliques sulfurées, telles que les sulfures de plomb, de cuivre, ou plus rarement de zinc et de fer, avec lesquelles il est si intimement lié, que le mercure est impuissant à l'en extraire et qu'il faut recourir à des procédés de traitement d'un autre genre. Nous allons passer en revue ces divers sulfures métalliques auxquels l'argent peut être uni, en commençant par les galènes.

B. — Galènes argentifères.

C'est un fait bien connu et capital, aussi bien pour l'étude des gisements d'argent que pour la métallurgie de ce métal, que la très intime liaison du plomb et de l'argent. D'une part, il n'est guère de galène qui ne soit au moins légèrement argentifère, et, de l'autre, le plomb métallique constitue le meilleur dissolvant au moyen duquel on peut extraire l'argent de ces combinaisons complexes, pour l'isoler ensuite du plomb lui-même par le procédé, très anciennement connu, de la coupellation.

Il y a, entre le plomb et l'argent, une affinité des plus remarquables, qu'on a essayé d'expliquer par le rapprochement de leurs poids spécifiques (10,47 ; 11,35) et qui se traduit dans la nature par la présence presque constante de l'argent dans les galènes, aussi bien qu'en métallurgie par la concentration de l'argent dans les plombs d'œuvre.

L'argent, qui entre dans les galènes, semble s'y trouver à deux états distincts : sulfure d'argent simplement et mécaniquement mélangé à la galène, sulfure d'argent combiné au sulfure de plomb. C'est à la présence du premier corps qu'on attribue l'action fréquente du mercure sur une partie de l'argent des galènes. Ainsi, d'après M. Roswag, sur 11 échantillons de galènes riches de diverses provenances, 9 ont refusé de céder leur argent à l'amalgamation, tandis que deux autres en ont cédé : l'une (celle de Sala, Norvège), 18,3 pour 100 de l'argent contenu, et l'autre (Giromagny, Alsace) 33 pour 100.

La proportion d'argent ainsi contenue dans les galènes est généralement assez faible et, quand elle s'accroît, c'est souvent par suite de l'apparition simultanée d'un certain nombre de substances étrangères, antimoine, arsenic, cuivre, etc.

On distingue, en pratique, les galènes pauvres, tenant moins de 500 grammes d'argent à la tonne, et les galènes riches qui dépassent cette teneur.

La proportion d'argent que peut contenir une galène est très variable, non seulement d'une mine à l'autre, mais dans un même filon, en profondeur et en direction ; elle atteint très rarement 1 pour 100 et, plus généralement, oscille autour de 1 pour 1000 (1 kilo à la tonne).

L'argent est absolument invisible dans les galènes, où rien extérieurement ne décèle sa présence. On ne sait même pas au juste à quel état le métal précieux se trouve dans le minerai. L. Phypson[1], étudiant au microscope une galène de la *Phenix silver lead mine,* en Cornwall, a constaté, il est vrai, la présence de filaments d'argent métallique formant un réseau dans des fissures ; mais ce pouvait être un produit secondaire. Les changements dans la richesse en argent n'obéissent, d'ailleurs, à aucune loi ; on a souvent cru observer que les galènes à grain fin étaient plus riches que les galènes à grandes facettes ; le fait n'a rien de général ; on constate même l'inverse dans quelques gisements, comme ceux du Sarrabus (Sardaigne). Nous donnerons, plus loin, quelques chiffres de teneur qui fixeront les idées. Lorsque la galène a subi une altération qui l'a transformée en carbonate, une partie de l'argent s'est toujours trouvée dissoute et le minerai restant est appauvri.

Les gisements de galène argentifère sont aujourd'hui la grande source d'argent en Europe ; pendant longtemps, on a même pu opposer ce type européen

---

1. C. R. 23 février 1874.

de gîtes d'argent aux gîtes américains à sulfures et sulfoantimoniures d'argent (Mexique, Chili, Pérou, Comstock, etc.); mais, depuis dix ans, l'argent des États-Unis provient également surtout de gîtes de plomb et, le jour où l'on mettra en valeur les innombrables filons de galène argentifère, jusqu'ici dédaignés, dans l'Amérique du Sud, en même temps que les filons d'argent proprement dits s'épuiseront, cette démarcation apparente disparaîtra de plus en plus. Nous avons vu, en effet, que les minéraux d'argent proprement dits ne sont souvent que des minerais d'affleurement.

Parmi les très nombreux gîtes de plomb argentifère, nous allons en citer quelques-uns, en indiquant la quantité d'argent que renferment les minerais correspondants, teneur qui est tantôt évaluée en grammes par tonne de minerai, tantôt (pour tenir compte des pertes au traitement et avoir un résultat vraiment pratique), en grammes par 100 kilos de plomb d'œuvre.

En France, à *Pontpéan*, la teneur en argent par tonne de minerai a été; en 1874, de 1 kilogramme; en 1876, de 973 grammes; en 1878, de 822; en 1880, de 1 kilogramme; en 1885, de 903 grammes; en 1887, de 843, en même temps que la teneur en plomb passait de 63 pour 100 en 1874 à 52 en 1887. L'épaisseur réduite du filon a oscillé entre 5 et 6 centimètres.

À *Pontgibaud*, jusqu'à 200 mètres de profondeur, on a eu deux colonnes riches à $1^{kg},500$ d'argent par tonne de minerai; après quoi, le filon s'est appauvri. Dans un des filons, on avait, aux affleurements, 600 grammes d'argent aux 100 kilos de plomb d'œuvre et, à 240 mètres de profondeur, 150 grammes seulement.

En *Espagne*, à *Linarès*, la teneur en argent varie de 150 à 200 grammes à la tonne de minerai préparé tenant 78 pour 100 de plomb, pour le groupe de Linarès proprement dit; de 350 à 450, pour le groupe de la Caroline.

A l'*Horcajo*, la teneur en argent était, en 187*, de 525 grammes aux 100 kilogrammes de plomb. A la *Romana*, on a trouvé jusqu'à 800 grammes d'argent aux 100 kilogrammes. A *Mazarron*, près Carthagène, la teneur moyenne était, en 1876, de 115 grammes aux 100 kilos de plomb.

En *Italie*, à *Bottino*, la galène, très riche en argent, tenait de 320 à 560 grammes d'argent à la tonne de minerai.

En *Sardaigne*, à *Montevecchio*, la teneur a été, en 1889, de 750 grammes d'argent à la tonne de minerai.

En *Suède*, à *Sala*, le plomb tient près de 700 grammes aux 100 kilogrammes.

En *Bohème*, à *Przibram*, on arrive également à 700 grammes aux 100 kilos de plomb.

Aux *États-Unis*, nous avons les filons de galène de *Bingham* (Utah) qui contenaient, par endroits, jusqu'à 70 pour 100 de plomb et 1,220 grammes d'argent à la tonne, et dont le chapeau oxydé, chargé d'hématite, renfermait jusqu'à 4 pour 100 d'argent (40 kilos à la tonne) et 0,03 d'or, soit 770 francs de métaux précieux à la tonne.

On doit signaler également les gîtes, si importants, de carbonates de plomb argentifères de *Leadville* (Colorado) et *Eureka* (Nevada). A Leadville, la teneur en argent est assez forte pour rendre exploitable un minerai à 6 pour 100 de plomb. Elle varie, suivant les régions, de 500 grammes à 1^{kg},960 par tonne de minerai à 20 pour 100 de plomb. A Eureka, la teneur moyenne a été, en 1883, de 856 grammes d'argent et 49,44 grammes d'or à la tonne de minerai fondu.

C. — Minerais de cuivre argentifères.

L'association de l'argent avec le cuivre, sans être aussi intime ni aussi constante que celle avec le plomb, est cependant très fréquente. Il est notamment arrivé très souvent que, dans les parties superficielles des gîtes, l'argent et le cuivre, dont les sels ont quelques propriétés communes, se soient concentrés ensemble. de telle sorte que l'on trouve, dans la même zone de bonanza, des minerais de cuivre à la fois enrichis en cuivre et en argent, parfois associés à des minéraux d'argent proprement dits.

Parmi ces minerais d'altération, les principaux sont les cuivres gris et les chalcosines, qui constituent des gîtes importants (mais toujours appauvris en profondeur) dans le Chili, la Bolivie, le Pérou, le Mexique, etc.

Les cuivres gris sont presque toujours argentifères et arrivent parfois à tenir une proportion très considérable d'argent : 30 pour 100 dans la tétraédrite antimonieuse d'Habacht à Freiberg ; 14,54 à Soto (Nevada) ; 13,57 à Fozdale (île de Man) ; 8,9 pour 100 à Clausthal (Harz) ; 1,58 pour 100 à Andreasberg, etc. ; aussi sont-ils très recherchés. Il semble, en général, que la présence du mercure et de l'arsenic soit défavorable à la richesse en argent[1], tandis que l'antimoine paraît être un indice heureux. Toutes les tétraédrites dont nous venons de donner la composition étaient, en effet, antimonieuses, tandis qu'avec les tétraédrites arsenicales, on ne dépasse pas 0,54 pour 100 à Rudelstadt, en Silésie.

Nous avons déjà noté, plus d'une fois, cette association de l'argent avec l'antimoine.

1. Voir, dans d'Achiardi (*I Metalli*, I, 152), un tableau des teneurs en argent de diverses tétraédrites.

Comme filons de cuivre gris, on peut citer encore ceux de la Sierra Nevada, près des sources du Genil, qui, aux affleurements, renfermaient 6 à 7 pour 100 de cuivre et 150 grammes d'argent à la tonne ; ceux de Kresevo, en Bosnie qui, pour des échantillons triés à 40 pour 100 de cuivre, tenaient 5 à 6 kilos d'argent à la tonne avec 2 à 3 pour 100 de mercure et 29 à 30 grammes d'antimoine, la richesse en argent étant, conformément à une remarque assez générale, associée ici à celle en antimoine.

Mais l'argent ne se trouve pas seulement allié au cuivre dans ces minerais riches qu'on peut considérer comme des minerais d'affleurement ; on le trouve aussi en profondeur dans nombre de chalcopyrites (Mansfeld, etc.), dans certaines pyrites de fer cuivreuses et on le rencontre également dans les cuivres natifs du Lac Supérieur.

Au Mansfeld, les fameux gîtes de cuivre contiennent une proportion d'argent assez forte pour qu'elle seule rende leur exploitation fructueuse. Ces gîtes, formés de schistes à 3 pour 100 de cuivre, produisent par an 16,000 tonnes de cuivre et 66,000 kilos d'argent, ce qui correspond à une teneur en argent de 4,100 grammes à la tonne de cuivre et de 150 grammes à la tonne de minerai.

Dans le seul gisement de cuivre qui ait présenté quelque importance en France, celui de la Prugne (Allier), deux gros amas, principalement formés de phillipsite, ont produit 560,000 francs d'argent contre 950,000 francs de cuivre : ce qui, en poids, correspond environ à 1 d'argent pour 17 de cuivre.

De même, dans le remplissage complexe des filons de Kef-oum Theboul (Algérie), les pyrites de cuivre tiennent environ 915 grammes d'argent à la tonne.

Dans les grands filons de l'Anaconda, au Montana

(États-Unis), l'argent est souvent associé au cuivre dans des minerais constitués principalement de sulfures de cuivre (chalcosine, etc.), avec phillipsite, etc., dans les parties hautes et de chalcopyrite en profondeur avec gangue quartzeuse. La teneur en cuivre était, dans le haut, de 14 pour 100 ; au-dessous de 180 mètres, quand on est entré dans la chalcopyrite, elle est passée au-dessous de 10 pour 100. Par concentration on arrive à des minerais à 69 pour 100, dont on sépare alors et traite isolément ceux qui tiennent plus de 1 kilogramme à la tonne. La teneur en argent est généralement assez proportionnelle à celle en cuivre.

Ces gisements du Montana sont indépendants d'autres filons d'argent à gangue manganésifère et sans cuivre situés dans la même région et dont nous reparlerons.

On retrouve encore un peu d'argent natif (avec de l'or, de la molybdénite et même du bismuth telluré) dans les filons de cuivre du Telemark (Norvège) constitués, dans leurs parties hautes, de chalcosine et cuivre panaché; plus bas, de chalcopyrite.

Si nous passons aux grands amas de pyrite de fer cuivreuse, nous trouvons, par exemple, à Fahlun en Suède les proportions suivantes :

1882. — 17.656 ^{t} de minerai. 535 ^{t} de cuivre. 456 ^{k} d'argent.
1883. — 16.251 — 532 — 371 —

C'est-à-dire que le cuivre tient environ 860 grammes d'argent à la tonne. On extrait également des pyrites de Fahlun un peu d'or, environ 70 kilos par an (2 à 3 grammes par tonne de minerai).

Ces traces d'argent, qui existent ainsi disséminées dans les minerais cuprifères, n'amènent, en général, aucune modification dans le procédé de traitement des minerais, non plus que celles qui existent dans la galène.

On cherche uniquement à obtenir: dans ce cas, du cuivre; dans l'autre, du plomb; et l'argent, par suite de son affinité pour ces deux métaux, se concentre tout naturellement au milieu d'eux. Ce n'est que lorsque l'opération est déjà très avancée qu'on s'occupe de l'en extraire et l'on se trouve alors avoir, comme minerais d'argent, des mattes cuprifères, des cuivres noirs, des plombs d'œuvre.

D. — Minerais de cobalt et de nickel argentifères.

Nous reviendrons bientôt, quand nous étudierons les affinités de l'argent pour divers autres métaux, sur la présence fréquente de l'argent avec des minerais de cobalt. Pour le moment, nous ne voulons en retenir qu'une chose, c'est que le traitement de ces minerais complexes finit par donner, après extraction du cobalt par oxydation à l'état d'azur, des speisss qui retiennent l'argent et peuvent être considérés comme des minerais argentifères artificiels.

E. — Blendes argentifères.

Les blendes sont bien moins fréquemment argentifères que les sulfures de plomb ou de cuivre; mais, en outre, il ne peut pas être question pour elles d'un enrichissement en argent au voisinage des affleurements; car le sulfate de zinc, étant soluble, est entraîné tout entier, à moins qu'il ne se transforme en carbonate, et l'argent qu'il contient, au lieu d'y rester inclus comme dans le cas du plomb ou de se reporter plus bas sur des sulfosels comme dans celui du cuivre, va, au moins en apparence, se grouper avec celui de ces autres métaux qui en sont enrichis, sans qu'on puisse savoir quelle part revient aux blendes de profondeur dans leur enrichissement.

En profondeur même, il est assez rare que les blendes

aient une teneur en argent qui vaille une extraction.
Cependant le fait se présente quelquefois.

Dans le remplissage complexe (galène, blende et
pyrite de cuivre) de Kef-oum Theboul (Algérie), les
blendes contiennent en moyenne 260 grammes d'argent
par tonne, tandis que les galènes arrivent à 1,238 grammes et les pyrites cuivreuses à 915 grammes.

F. — Pyrites de fer argentifères.

Il n'y a guère de pyrites de fer dont on songe à extraire
de l'argent, si ce n'est celles dont on extrait déjà du cuivre
et qui rentrent alors dans le cas des minerais cuprifères. Tel est le cas pour certains amas de pyrite de fer
cuivreuse de la province d'Huelva, en Espagne.

Cependant on peut, en partie, rapporter aux pyrites
de fer l'argent qui, dans les pacos ou colorados des
affleurements chiliens et mexicains, est englobé au
milieu d'une masse d'oxyde de fer, résultat de leur
altération. Cet argent se trouve alors isolé dans les conditions qui sont si habituelles pour les filons aurifères,
toujours riches en or natif à la surface où les pyrites ont
disparu par oxydation, tandis que, plus bas, cet or est
englobé dans les pyrites. Mais l'argent est, bien moins
que l'or, habituel dans les sulfures de fer et surtout
dans les sulfures arsénicaux, les mispickels qui sont
une source d'or abondante. Cela correspond à une
remarque précédemment faite sur la liaison habituelle
de l'argent avec l'antimoine tandis que l'or s'attache
plutôt à l'arsenic.

Avant de passer à l'étude des gisements d'argent,
nous terminerons ces quelques notions sur les minerais par des indications générales sur les groupe-
ment de ces minerais entre eux ou avec d'autres sulfures métalliques : groupements qui varient de nature
avec la profondeur que l'on considère dans le filon et

dont nous essayerons d'expliquer les modifications par
des réactions chimiques. Ce préambule nous facilitera
ensuite grandement la description des gisements eux-
mêmes qui, au lieu de se composer d'une série de faits
isolés sans lien apparent, pourront se grouper et s'in-
terpréter au moyen d'un certain nombre de lois rationnelles.

III.

**Groupements des minerais d'argent entre eux. — Asso-
sociations avec d'autres substances minérales, minerais
et gangues. — Variations en profondeur. — Interpréta-
tion chimique de ces phénomènes.**

Quelques-uns des groupements des minerais d'argent
entre eux et leurs variations en profondeur ont déjà
été indiqués accessoirement et chemin faisant quand
nous avons passé en revue les divers types de minerais.
Mais, à ce moment, nous avions surtout pour but d'indiquer les catégories de minerais fournies par les mines au
traitement métallurgique et exigeant, suivant leur
nature, des procédés différents, tandis qu'actuellement
nous nous proposons d'indiquer, d'une façon plus théorique, la forme primitive sous laquelle s'est fait le dépôt
argentifère et la manière dont ce dépôt a été modifié
plus tard par les actions atmosphériques.

C'est donc par les groupements des minerais de profondeur, minerais de dépôt initial et originel, que
nous commencerons.

**A. — Groupements des minerais d'argent dans la profon-
deur, soit entre eux, soit avec d'autres substances minérales.**

Un premier type de minerais d'argent en profondeur
est présenté par les filons qui renferment l'argent à
l'état natif au-dessous du niveau hydrostatique (c'est-

à-dire du niveau permanent des eaux), comme à Kongsberg, en Norvège.

A *Kongsberg*, on trouve, jusqu'à 600 mètres de profondeur, profondeur maxima actuellement atteinte, l'argent natif avec de l'argyrose (argent sulfuré) et accessoirement de l'argent rouge dans une gangue de calcite. Comme substances accidentelles, on a rencontré de la pyrite de fer, un peu de pyrite de cuivre et de galène, de l'anthracite moulé au milieu de la chaux carbonatée, des zéolithes. On a parfois constaté, sur de gros blocs, que la suface était en argent natif tandis que l'intérieur était en sulfure d'argent : ce qui tendrait à prouver que l'argent est arrivé dans une dissolution sulfurée qui s'est trouvée réduite par une influence quelconque, peut-être par la pyrite de fer abondante dans les terrains encaissants, peut-être aussi par des carbures d'hydrogène, dont on rencontre l'indice dans plusieurs filons quartzeux de Norvège et dont l'anthracite de Kongsberg pourrait être la conséquence.

Au *Lac Supérieur*, on a également de l'argent natif associé avec des minerais de cuivre, consistant eux-mêmes principalement en cuivre natif, rarement en oxydes et en sulfures. La gangue est surtout de la calcite qui, il est vrai, peut représenter simplement le résidu d'un remplissage amygdaloïde auquel le cuivre s'est substitué ; on trouve aussi parfois dans le cuivre des grains de magnétite plus ou moins altérés, qui paraissent avoir joué le rôle de cément pour précipiter le cuivre et toute une série de minéraux montrant une altération des roches encaissantes par les eaux qui ont apporté le cuivre et l'argent, épidotes, zéolithes, etc.

A côté de ces types exceptionnels de gîtes à argent natif, les types de profondeur les plus habituels sont des combinaisons, plus ou moins simples ou plus ou

moins complexes, d'argent, d'une part avec les métalloïdes : soufre, antimoine, accessoirement arsenic, de
l'autre avec les métaux, plomb, cuivre, cobalt, accessoirement zinc, fer, manganèse, etc.

Si nous prenons, par exemple, le filon du *Comstock*
comme un type de gîtes d'argent où les autres métaux
sont en proportion relativement restreinte, nous y
trouvons, en profondeur, des groupements d'argyrose,
stéphanite, polybasite, proustite, pyrargyrite, tétraédrite, avec un peu de galène, pyrite, etc.

Sans énumérer tous les cas de ce genre qui sont fort
nombreux, nous insisterons plutôt sur les associations
habituelles de l'argent avec un certain nombre de
métaux, parmi lesquels l'or, le plomb, le cuivre, le
manganèse et le cobalt.

L'association de l'argent à l'or est, comme nous
l'avons déjà dit, si fréquente qu'il n'est guère d'or
naturel, natif ou extrait d'un minerai, qui ne contienne
un peu d'argent. C'est ainsi que, dans le grand district
du Comstock (aux États-Unis), l'or entre pour 1/24 en
poids et 42 pour 100 en valeur dans les produits.

De même, l'important district de Leadville, qui était,
depuis longtemps, le principal centre de production du
plomb aux États-Unis et l'un des principaux pour l'argent, a pu, à la suite de la baisse récente de l'argent, se
transformer en un district surtout aurifère, les prospecteurs qui cherchaient l'argent s'étant retournés vers l'or.

*L'association de l'argent avec le plomb ou avec le
cuivre* a déjà été suffisamment étudiée, quand nous
nous sommes occupés des minerais, pour ne pas avoir
besoin d'y revenir. Entre le plomb et l'argent notamment, la relation est absolument constante et intime.

L'association de l'argent avec le manganèse est un
fait peu connu et qui, néanmoins, présente de l'intérêt
dans un certain nombre de gisements.

En premier lieu, nous citerons la région si importante de Butte city dans le Montana, où il existe toute une zone de filons d'argent presque absolument exempts de cuivre (Belcher, Risingstar, Moulton, Alice, Lexington, etc.....) présentant des sulfures divers d'argent, plomb et zinc associés avec un silicate de manganèse qui, à la surface, a donné des oxydes noirs. De même à Austin, dans le district de Reese River, de très nombreux filons contiennent des argents noirs, argents rouges et cuivre gris avec une gangue de quartz et de silicate rose de manganèse.

Indépendamment de ces minerais riches, il y a, dans toute cette zone des Montagnes Rocheuses, des minerais de fer manganésifères à légère teneur en argent, qui figurent sur la statistique des États-Unis en 1890 pour 71,000 tonnes à environ 49 francs la tonne.

A Schemnitz, il existe plusieurs filons où le carbonate de manganèse accompagne l'argent : ainsi, dans certains points du Spitaler Gang, le minerai d'argent se présente à la surface de bandes de quartz hachées par des lames de manganèse carbonaté rose ; au Brenner Gang, le remplissage est également quartzeux avec calcite manganésifère et sulfures divers.

Au Mexique, il arrive assez souvent de voir du manganèse avec l'argent ; mais, en général, ce manganèse disparaît en profondeur, etc...

Parmi les associations fréquentes pour les minerais d'argent, nous citerons encore celles avec *le cobalt, le nickel et le cuivre*, accessoirement le bismuth et l'urane, dont nous allons donner quelques exemples :

A Schneeberg, dans le grand champ de fractures saxon si riche en filons de toute nature, on exploite, depuis le xv⁰ siècle au moins, des filons de quartz ou de barytine à la fois cobaltifère et argentifère (smaltine, argent rouge, argyrose et argent natif) contenant, en outre, du bismuth natif, de la pyrite de fer, de la galène et des minéraux d'urane.

A Joachimsthal, en Bohême, on exploite des filons de cobalt, nickel, bismuth, argent et urane à gangue de quartz, avec enrichissement en argent à la rencontre de certains bancs de cipolin.

La même association du nickel, du cobalt et de l'argent dans des filons quartzeux se retrouve dans les Vosges, près de Markirch ; à Schiltbach, dans la Forêt-Noire, etc... En Sardaigne, à Monte Narba, dans le Sarrabus, on a indiqué aussi la présence du cobalt avec les minerais d'argent.

A Guadalcanal, près de Séville, des filons à gangue de calcite (comme ceux de Kongsberg, des Chalanches, de Schladming, etc.) contiennent des pyrites cobalti-fères imprégnées d'un peu d'argent sulfuré et d'argent rouge, avec cuivre gris accessoire, qui, suivant cer-taines colonnes d'enrichissement, à des intersections de fractures, ont donné des minerais très argentifères.

Aux Chalanches, dans l'Isère, on a exploité des filons métallifères à gangue de calcite contenant des minerais de cobalt, de nickel et d'argent avec stibine argentifère. La présence d'un minerai d'antimoine, la stibine, qui n'est pas très fréquente dans ce genre de gisements, s'explique en somme très aisément, puisque c'est le cas assez normal de voir les minerais d'argent, comme ceux de cuivre, se charger d'antimoine et d'arsenic en même temps que de soufre dans la pro-fondeur.

A Schladming, en Styrie, il existe 13 filons prin-cipaux, jadis exploités pour argent, puis pour argent et cobalt, enfin aujourd'hui pour nickel en même temps que pour les deux autres métaux. Ces filons, dont la gangue est calcaire, s'enrichissent à l'intersec-tion de certaines zones de schistes broyés et imprégnés de pyrite, pyrrhotine, mispickel, qu'on appelle là des brande (à Kongsberg, des fahlbandes), et il se forme là des nids de minerais de nickel avec minerais de cobalt, de cuivre et d'argent qui, dans les autres parties des filons, ne sont qu'à l'état très disséminé.

A Arqueros, près de Coquimbo au Chili, on a exploité des combinaisons d'argent avec des proportions variables de mercure (domeykite, arquérite, kongsbergite, etc.) dans une gangue de barytine et de cobaltine qui, par suite de la présence du cobalt, prend souvent une belle couleur rose. Cette mine, dans les cinq années qui ont suivi sa découverte, a donné 49,650 kilogrammes d'argent fin.

Indépendamment de ces associations de l'argent avec les métaux, il peut y avoir à noter celles qu'il présente avec cette autre catégorie d'éléments qu'on nomme les *minéralisateurs*.

Parmi ceux-ci, le *soufre* arrive en premier lieu, comme c'est, du reste, le cas pour la plupart des métaux ; puis vient l'*antimoine*, dont l'affinité pour l'argent est d'autant plus caractéristique que l'arsenic forme, en quelque sorte, son homologue comme association avec l'or. Quand il s'agit de l'argent, l'arsenic intervient, au contraire, rarement.

Cette affinité pour l'antimoine est particulièrement sensible dans les sulfosels antimonieux ou arsenicaux qui constituent les argents noirs, argents rouges et cuivres gris (fahlerz). Parmi les argents rouges et argents noirs, il n'y a guère que la proustite qui soit arsenicale, et, parmi les cuivres gris, les plus argentifères de beaucoup sont les tétraédrites antimonieuses.

B. — Gangue des filons argentifères.

Il serait évidemment illogique de vouloir établir une distinction trop tranchée entre l'origine des gangues

filoniennes et celle des minerais associés, alors que la
démarcation entre gangues et minerais est elle-même
toute conventionnelle et, en grande partie, fondée sur
des considérations industrielles, telle substance, comme
la sidérose, pouvant être le minerai à Allevard (Isère)
et la gangue dans un filon de cuivre gris voisin.

Il n'en est pas moins vrai que les gangues sont, en
général, formées par ces substances, silice, chaux,
magnésie, etc., qui constituent la presque totalité de
l'écorce superficielle et que leur dissolution relativement facile sous l'action des eaux alcalines ou acides
a dû remettre en mouvement dans toutes les circula-
tions d'eaux souterraines, notamment de celles qui ont
formé les filons. Il semble donc naturel d'admettre
qu'une partie de ces gangues est tout simplement
empruntée à une dissolution des roches et terrains
situés dans le rayon d'action de ces eaux (comme,
pour certains géologues, la totalité des minerais eux-
mêmes).

Dès lors, on n'a plus de raison formelle pour chercher
un rapport bien intime entre la nature d'une venue métallifère et celle de la gangue siliceuse ou calcaire qui
l'accompagne, puisque la première est, suivant nous,
en relation assez directe avec la montée d'une roche
éruptive ayant amené des éléments de la profondeur,
tandis que la seconde a été tout au moins influencée
par la nature des terrains constituant la région recoupée par la fracture métallisée.

On s'explique notamment, dans cette hypothèse,
comment sur la longueur d'un même filon, un même
minerai peut être accompagné par des gangues absolument diverses, gangues changeant parfois avec la
nature de la roche recoupée par le filon.

Nous en citerons seulement un exemple entre bien
d'autres :

A Schemnitz, les filons d'argent ont un remplissage presque exclusivement quartzeux quand ils sont encaissés dans l'andésite amphibolique (souvent quartzifère), qui porte le nom de grünstein ou de propylite, tandis que la calcite tend à y dominer dans les syénites, où l'oligoclase, qui tient 1 à 6 pour 100 de chaux, entre comme élément important. On a d'ailleurs constaté que l'abondance de la calcite y paraissait être en rapport avec la richesse en argent.

Malgré cette réserve, il peut être commode dans la pratique d'établir, entre les filons d'argent, une division fondée sur la nature de leur gangue, division qui correspond, d'ailleurs, en général, à la réalité des faits, et peut avoir sa cause dans la nature, basique ou acide, des roches éruptives avec lesquelles l'argent se trouve en relation d'origine.

Les deux principales gangues des filons d'argent sont la calcite et le quartz ; accessoirement on rencontre la barytine ou la fluorine.

L'argent paraît avoir, dans un certain nombre de gisements, une véritable affinité pour la chaux, qui se traduit par la présence d'une gangue calcaire.

C'est ainsi que, dans les champs de filons de Saxe, on constate souvent l'existence d'une venue calcaire ou dolomitique postérieure à la venue quartzeuse, et que les minerais d'argent proprement dits sont, en bien des points, en relation avec elle. A Freiberg, à Annaberg, à Joachmisthal, on en a des exemples très nets.

De même, à Vialas (Lozère), le remplissage des principaux filons argentifères contenait de la calcite avec de la barytine rose.

En Amérique, les grands gîtes de carbonate de plomb argentifère d'Eureka (Nevada) et de Leadville (Colorado) sont : les premiers, dans le calcaire silurien ; les seconds, dans le calcaire carbonifère inférieur.

A Leadville surtout, on a eu des teneurs en métaux
précieux considérables : de 1877 à 1884, 278,231
tonnes de plomb ont donné 1,589,283 kilogrammes
d'argent et 3,204 kilogrammes d'or : soit 5 kil. 700
d'argent et 11 grammes d'or à la tonne de plomb ; à
la mine Fryer Hill de ce district, la teneur était, pendant cette période, de 1 kil. 960 à la tonne de minerai;
à Carbonate Hill, de 1 kil. 170.

A côté de ces filons d'argent à gangue calcaire, il
existe un groupe considérable de filons à gangue
quartzeuse, particulièrement développés dans les régions de roches acides et notamment de roches
tertiaires. Il nous suffira de mentionner : en Europe,
les gîtes de Schemnitz ; en Amérique, la plupart de
ceux des Montagnes Rocheuses et des Andes (Comstock
en Nevada, Mexique, Pérou) ; en Australie, ceux de
Broken Hill ; puis ceux du Japon, etc...

C. — Répartition des minerais d'argent dans les filons. Variations de ces filons en profondeur.

Nous avons déjà fait assez prévoir, dans les parties
précédentes, les notions que nous voulons donner ici
pour pouvoir être assez bref. Mais nous tenons, avant
tout, à insister sur la grande importance pratique aussi
bien que théorique du sujet.

Quand on est en présence d'un affleurement filonien
quelconque, il y a toujours un intérêt de premier
ordre à se rendre compte dans quelle mesure les minerais exploités au début sont la forme primitive du dépôt
métallifère, ou, au contraire, sont le résultat de modifications postérieures et superficielles : en d'autres
termes, à rechercher quel a été le rôle du métamorphisme récent dans la constitution du gîte tel qu'il se
présente à nous. Cet intérêt n'est pas seulement théorique, mais pratique, puisque la connaissance de ces

lois du métamorphisme peut seule nous permettre de prévoir, dans une certaine mesure, d'après les affleurements d'un gîte nouveau, ce qu'il deviendra en profondeur.

Pour l'argent comme pour l'or, ce genre de phénomènes superficiels, tenant à la circulation récente des eaux souterraines au contact des minerais, joue un rôle tout particulièrement important, en raison de l'inattaquabilité relative de ces deux métaux précieux qui se concentrent, par suite, d'autant plus dans ces parties hautes que les métaux associés en ont été enlevés par dissolution.

On remarquera, d'ailleurs, que, surtout pour ces métaux précieux particulièrement recherchés de tout temps, l'humanité aura bientôt fait, quand l'exploration du globe sera terminée, d'épuiser les minerais d'affleurement et, si l'on ne trouve pas un moyen de restreindre la consommation des métaux, c'est aux parties profondes des gîtes qu'il faudra exclusivement s'attaquer. La façon dont les filons d'or et d'argent se modifient en profondeur aura donc, dans un délai beaucoup plus rapproché qu'on n'est disposé à le croire, une influence directe sur le rapport des prix de ces deux métaux, rapport que toute une école économique a, comme on le sait, la prétention de faire fixer invariablement par la loi. Il y a notamment intérêt économique à voir si le rapport des proportions de l'or et de l'argent se modifie quand on s'enfonce.

Les variations chimiques des filons d'argent en profondeur ont pu être observées dans bien des pays avec des caractères constants, que masquent seulement les différences des dénominations.

Près de la surface, l'argent est à l'état natif avec des chlorures, bromures, iodures, etc..., associés à des oxydes de fer, de manganèse et souvent de cuivre ; si

la gangue est quartzeuse, elle présente un aspect carié
dû à la dissolution des inclusions sulfurées qu'elle
contenait d'abord ; fréquemment de l'argile rougeâtre
ou grise y est associée. Ce genre de minerais constitue,
comme nous l'avons dit, les *pacos, cascajos* et *colorados*
du Mexique ou de l'Amérique du Sud, ce qu'on appelle,
d'un seul mot, les *metales calidos* (métaux chauds),
faciles à amalgamer, mais dont la teneur en argent est
souvent assez faible par rapport au reste du gisement
(5 à 600 grammes à la tonne).

Plus bas, vers 80 à 150 mètres, apparaît la zone de
la *bonanza* mexicaine où, par une sorte de phénomène
de cémentation, s'est concentré l'argent venant en
partie de la superficie (souvent avec le cuivre, si celui-
ci abondait dans le gisement). L'argent est là à l'état
de sulfure Ag^2S (argyrose), le cuivre à l'état de chalcosine, de cuivre gris (souvent argentifère lui-même)
et de phillipsite ; le fer manque ou se présente à l'état
oxydé; le plomb, peu abondant, est en grande partie
à l'état carbonaté. Cette zone riche en argent, et qui
donne parfois des minerais tenant 8 ou 9 kilogrammes
d'argent à la tonne, est déjà moins facile à amalgamer
que la première et constitue des métaux demi-froids ou
demi-chauds : *mulatos, negros, negrillos, pavonados,
bronzes,* etc...

Enfin, quand on passe au-dessous du niveau hydrostatique, ce qui n'arrive guère plus bas que 4 ou 500
mètres, on trouve le remplissage complexe des minerais sulfurés, antimonieux ou arsenicaux, qui se pro-
longera indéfiniment plus bas, sous sa forme primitive :
c'est-à-dire qu'on a, en proportions variables suivant les
gîtes, des galènes plus ou moins argentifères, des pyrites
de fer et de cuivre, des mispickels, des blendes, etc.,
avec de rares minéraux d'argent.

Ce sont ces sulfures qui persistent ensuite, avec une

richesse variable suivant les points, comme celle d'un gisement quelconque, mais qui ne paraît plus obéir à aucune loi générale et résulte seulement des conditions locales du dépôt.

Il va de soi, d'ailleurs, que, suivant une remarque que nous allons développer, les diverses zones que nous venons de distinguer ont une épaisseur très variable suivant les filons et que l'une ou l'autre peut s'atténuer au point de disparaître presque complètement.

Ainsi la zone superficielle des oxydes, chlorures, bromures, etc., qui est très développée dans les régions chaudes et sèches du Mexique, du Chili ou du Pérou, a été en général assez mal représentée sous nos climats européens pluvieux, bien qu'en nombre de mines, comme à Huelgoat, en Bretagne, on ait constaté son existence. La présence et surtout l'abondance des chlorures, bromures, etc., tiennent à des circonstances extérieures que nous essayerons bientôt d'analyser et qui varient d'un point à l'autre : telles que l'existence, au voisinage du gîte, d'une mer ou d'une lagune salée, la salure plus ou moins forte des eaux qui ont pu se trouver en contact avec le gisement, etc.

De même, pour la zone de l'argent sulfuré et des argents rouges et noirs qui arrive au-dessous. Cette zone persiste plus ou moins longtemps suivant la profondeur à laquelle se trouve le niveau hydrostatique du pays et elle est plus ou moins caractérisée suivant la nature et l'altération plus ou moins facile des sulfures métalliques avec lesquels les sulfures, arséniures, et antimoniures d'argent sont mélangés en profondeur.

Quand on cherche à donner par des chiffres une idée des profondeurs auxquelles se produisent les modifications successives, que nous venons de prévoir et que l'on constate en effet pour les minerais d'argent, on n'arrive à rien de bien net ; et cela se conçoit à première vue, ces profondeurs étant en relation directe avec la forme de la surface topographique du pays et la disposition qui en résulte pour la surface hydrostatique, c'est-à-dire la surface au-dessous de laquelle les eaux sont en permanence et sans relation avec l'atmosphère oxydante : éléments qu'il est impossible de faire entrer dans un calcul.

On voit aussitôt que, si le filon affleure au milieu d'une plaine entre des montagnes, ce niveau hydrostatique étant très voisin de la surface du sol, l'état originel et définitif des minerais, qui commence à peu près avec lui, se rencontrera également à une très faible profondeur, tandis que, si le filon recoupe le flanc d'un coteau drainé par une profonde vallée, on pourra descendre dans ce filon de plusieurs centaines de mètres, presque jusqu'au fond de cette vallée, sans passer au-dessous du niveau hydrostatique et sans rencontrer les vrais minerais de profondeur.

Comme les minerais d'altération superficielle sont généralement, pour les métaux précieux, argent et or, une forme enrichie des minerais de fond, il en résulte que cette disposition des filons à flanc de coteau, qui est déjà si favorable pour une extraction et un épuisement économiques, correspondra, en même temps, à une richesse plus grande des minerais [1].

D. — Interprétation chimique des modifications constatées dans les filons d'argent en profondeur.

Les variations des gisements métallifères en profondeur tiennent essentiellement au mode d'altération et à la dissolution plus ou moins facile des divers sels

---

1. C'est une loi que l'on retrouve également très marquée pour le zinc, dont les gîtes, en général formés de calamine au-dessus du niveau hydrostatique, passent à un minerai plus pauvre, la blende, au-dessous.

qui se sont déposés d'abord sur toute la hauteur du
filon et qui, dans les parties superficielles au-dessus du
niveau hydrostatique, ont subi ultérieurement l'action
des eaux météoriques et chargées d'oxygène avec lesquelles elles se sont trouvées en contact.

Il est vrai, l'on pourrait aussi invoquer une autre
cause ayant amené des variations originelles et pri-
mordiales, la distance verticale différente à laquelle les
points plus ou moins profonds du filon se sont trouvés
de la surface au moment du dépôt et, par suite,
les différences de température et de pression qui
ont dû en résulter dans la colonne d'eau souterraine à
laquelle on attribue la métallisation. Mais, bien qu'on
ait, pour certains gîtes, tels que le filon d'argent du
Comstock, dans l'état de Nevada aux Etats-Unis, ou,
dans un autre ordre d'idées, les minerais de fer de l'île
d'Elbe, essayé de prouver que la formation métallifère
était si récente que la surface du sol s'était à peine
modifiée depuis lors, nous croyons que, dans le cas
général, c'est tout le contraire qui a eu lieu et que,
par suite de l'ablation des parties supérieures des filons
par l'érosion, nous ne les abordons presque toujours
qu'à une profondeur où ces influences superficielles
contemporaines du dépôt n'ont plus eu aucune influence.

Nous sommes donc ramenés, en résumé, à étudier
le processus d'altération et les variations de composition, sous l'action des eaux atmosphériques, d'un mélange de minerais analogues à ceux qui, nous venons
de le dire, dominent en profondeur, c'est-à-dire des
combinaisons variables des métaux : argent, cuivre,
plomb, zinc, fer, nickel, cobalt, etc., avec les métalloïdes, soufre, arsenic, antimoine (exceptionnellement selenium et tellure). C'est ce que nous allons
commencer par faire.

De l'eau chargée d'oxygène, arrivant sur un mélange de divers sulfures, les oxydera d'autant plus que le sulfate résultant sera plus soluble. Il convient donc, pour prévoir ce qui va se passer, de se reporter au graphique des solubilités des sulfates que nous avons donné fig. 1 (page 17).

C'est ainsi que les sulfures de fer et de cuivre donneront rapidement des sulfates, avec cette différence toutefois que le sulfate de cuivre sera emporté dans la dissolution, sauf une faible partie reprécipitée en oxyde, en carbonate ou en silicate, tandis que le sulfate de fer, passant à l'état de sel de peroxyde, donnera un précipité d'oxyde de fer.

Le sulfate de zinc, présentant à la température ordinaire une solubilité très comparable à celle du sulfate de cuivre, sera dissous et entraîné comme lui, à moins qu'il ne se trouve en présence d'acide carbonique provenant, soit simplement de l'air, soit du carbonate de chaux d'un terrain encaissant et ne forme alors du carbonate de zinc à peu près insoluble, sauf dans un excès d'alcalis ou d'ammoniaque.

Une certaine proportion d'argent sera également entraînée à l'état de dissolution sulfatée ; mais, le sulfate d'argent étant, à la température ordinaire, environ 200 fois moins soluble que celui de zinc, la quantité ainsi perdue sera beaucoup plus faible que celle des métaux précédents. Elle sera cependant plus forte que celle du plomb, dont le sulfate très insoluble aura peu de tendance à se former, mais dont la forme altérée sera fréquemment le carbonate.

En même temps, l'antimoine, ne donnant que des oxydes peu solubles, devra se retrouver en grande partie, tandis que l'arsenic disparaîtra presque totalement.

En résumé, si les réactions se bornaient à cette

simple influence de l'eau oxydante, on aurait, à la surface, disparition presque complète du cuivre et du zinc (sauf transformation de ce dernier en calamine), perte d'une partie du fer (l'autre partie se retrouvant, comme la manganèse, à l'état suroxydé), léger appauvrissement en argent et transformation de la galène en carbonate sans grande perte de plomb. En sorte que, si le minerai de profondeur est surtout plombeux, les carbonates de plomb superficiels doivent être moins riches en argent que les sulfures de la profondeur et, si le minerai comprend les autres métaux, fer, zinc ou cuivre, il y a enrichissement très notable en argent à la surface. Pour l'or, cet enrichissement superficiel est encore mieux caractérisé.

Dans la réalité, les phénomènes sont un peu plus complexes pour deux raisons : la première, c'est que les réactions oxydantes ont été rarement poussées jusqu'au bout : en sorte qu'on est en présence d'une sorte de cémentation incomplète dont nous allons analyser les caractères, et la seconde, c'est que les eaux superficielles, en outre de l'oxygène et de l'acide carbonique que nous avons seuls fait intervenir jusqu'à présent, contiennent presque toujours d'autres sels, chlorures, azotates, etc., dont l'influence est très caractérisée.

Tout d'abord, le caractère incomplet des réactions superficielles a les conséquences suivantes : les eaux atmosphériques, que nous faisons intervenir, arrivent sur le gisement en descendant et s'infiltrant de proche en proche suivant le plan du filon pour ne remonter au jour qu'après un circuit plus ou moins long et plus ou moins complexe. Il en résulte que les éléments dissous ne sont pas absolument perdus pour le gisement, mais, qu'au contraire, une grande partie d'entre eux ne fait qu'être déplacée légèrement de haut en bas et se reprécipite plus profondément au contact des sulfures intacts sous forme de sous-sulfures insolubles.

Ce phénomène secondaire, qui est particulièrement marqué pour le cuivre et l'argent, amène souvent une concentration spéciale de ces deux métaux à une certaine distance au-dessous de la surface, en sorte que, au-dessous des oxydes et carbonates qui caractérisent les affleurements proprement dits, on trouve une zone très riche, ou, comme disent les mineurs du Nouveau Monde, une bonanza, dans laquelle le cuivre forme des cuivres gris, chalcosine, phillipsite, etc., en même temps que l'argent s'isole en argyrose, argent noir et argent rouge.

Si les réactions avaient le temps de se prolonger, il est évident que de nouvelles eaux oxydantes, arrivant au contact de ces minerais de seconde formation, les dissoudraient à leur tour en sulfates et en transporteraient les éléments un peu plus loin, jusqu'à ce que, ayant achevé leur circuit souterrain complet, elles vinssent ressortir à la surface. Mais, en général, on ne trouve pas les phénomènes aussi avancés et la bonanza se présente au-dessous des oxydes.

Quant à l'action des chlorures qui existent, à l'état tout au moins de traces, dans la plupart des eaux superficielles, et qui parfois se développent davantage, elle se fait sentir sur les affleurements, où elle fait passer à l'état de chlorures, par une réaction comparable à certains traitements métallurgiques, même une partie de l'argent dont le chlorure est cependant très insoluble, et surtout une partie du cuivre formant des combinaisons plus ou moins complexes avec les oxydes du même métal (atacamite, etc.).

Ces actions chlorurantes superficielles ont nécessairement été particulièrement nettes dans certaines régions où il existait de véritables salines au voisinage des gîtes d'argent : ainsi au Mexique, où, dans la partie centrale (San Luis, Zacatecas, Durango), les lagunes salées sont abondantes; dans les parties désertiques de la chaîne des Andes, etc. M. Henwood a pu les étudier en quelque sorte sur le fait, dans un petit îlot des îles normandes de la Manche, où un filon argentifère, exploité sous la mer, est soumis à des infiltrations salées. Sur ce filon, constitué en profondeur de galène, pyrites de fer et de cuivre, etc., il a retrouvé, dans les parties hautes, une succession absolument comparable à celle des minerais mexicains.

Nous devons également signaler que pour l'argent et le cuivre, toute action réductrice, organique ou autre, ne fût-ce que celle d'un sulfure de fer, peut amener la précipitation d'une partie des sels oxydés de la surface à l'état de métal natif.

Indépendamment des phénomènes que nous venons de rappeler, on trouve souvent, en quantité notable, dans les gîtes d'argent, un minerai dont, jusqu'ici, nous n'avons pas expliqué le mode de formation, c'est l'argent natif.

L'argent natif peut s'obtenir assez aisément en faisant réagir sur le sulfure d'argent, qui préexiste en profondeur, soit un élément réducteur comme le fer ou le cuivre, soit simplement de la vapeur d'eau. Dans ce dernier cas, la réaction est, d'après le D^r Mœsta, la suivante :

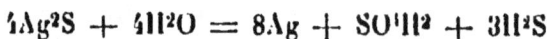

$$4Ag^2S + 4H^2O = 8Ag + SO^4H^2 + 3H^4S$$

Un courant d'hydrogène (résultant par exemple de la dissociation de la vapeur d'eau) peut également, d'après des expériences de M. Margottet, donner à 440°, sur des cristaux de sulfure, des houppes d'argent natif qui, peu à peu, se convertissent en longs filaments et en spirales.

Enfin, d'après M. Gladstone, le nitrate d'argent, que peuvent produire, sur un minerai d'argent quelconque, les traces de nitrates alcalins contenues dans les eaux superficielles donne, en présence de l'oxyde de cuivre (élément fréquent sur les affleurements de filons métallifères), de l'argent natif filiforme.

Il est probable qu'une influence réductrice ou une action de cémentation, difficile à bien préciser, ont joué un rôle dans la formation de la plupart des masses d'argent natif qui se rencontrent dans les filons. Nous avons déjà eu l'occasion de dire que, pour l'argent natif de Kongsberg (Norvège), on avait invoqué l'action des pyrites de fer contenues dans les Fahlbandes, peut-être accessoirement celle de carbures d'hydrogène, dont on croit avoir retrouvé des indices; pour l'argent natif du Lac Supérieur, comme pour le cuivre associé, on a parlé d'une cémentation par la magnétite contenue dans les roches au contact.

IV.

Gisements d'argent[1].

L'argent se présente, dans ses gisements, comme la plupart des métaux, soit à l'état filonien, soit à l'état

---

1. Une grande partie de cette étude des gisements d'argent a été extraite de notre *Traité des gîtes minéraux et métallifères* (2 vol. in-8, chez Baudry, 1893), auquel nous ne pouvons que renvoyer pour les détails. Néanmoins, la nécessité de traiter ici spécialement de l'argent, nous a conduit à remanier profondément l'ordre d'exposition que nous avions cru devoir adopter dans cet ouvrage, où un grand nombre de gîtes produisant de l'argent sont étudiés comme gîtes de plomb ou de cuivre. En outre, il n'échappera pas au lecteur, qui aurait l'idée de comparer les deux travaux, que nous attachons une importance de plus en plus grande aux modifications produites dans les gîtes métallifères par les réactions récentes des eaux superficielles, modifications que l'on ne nous paraît pas, jusqu'ici, avoir suffisamment mises en lumière.

sédimentaire ; la seconde forme n'étant d'ailleurs, à notre avis, qu'une dérivation plus ou moins directe de la première.

Les principaux gisements que nous allons avoir à étudier sont les suivants :

A. Filons d'argent proprement dits, à gangue de calcite ou de quartz, avec association de métaux divers, soit le cobalt et le nickel, soit le plomb, soit le fer, le cuivre et le zinc, soit le manganèse, etc.

B. Filons de galène et blende argentifères.

C. Filons de cuivre argentifères et gîtes de cuivre argentifère d'origine filonienne, tels que ceux du Lac Supérieur aux États-Unis.

D. Filons d'or argentifères.

E. Gîtes de substitution dans les calcaires pouvant se rattacher au type filonien et présentant l'argent associé au plomb (Leadville, Eureka, Sala, Laurium).

F. Couches sédimentaires de galène argentifère.

G. Couches sédimentaires de minerais de cuivre argentifères (Mansfeld, etc.).

A. — Filons d'argent proprement dits.

Parmi les filons d'argent proprement dits, nous allons essayer de distinguer quelques types, en fondant, comme toujours, notre classification sur la nature chimique et minéralogique des éléments représentés, non sur les dispositions physiques et mécaniques qui ne sont, dans l'histoire du filon, qu'un phénomène contingent, variable d'un point à l'autre et indépendant de l'origine profonde, ainsi que de la nature des minerais exploités.

Parmi les points que nous devrions avoir à étudier ici, un grand nombre se sont déjà trouvés traités incidemment à l'occasion des associations de minerais entre eux ou des modificatio s gîtes en profondeur;

nous les laisserons donc un peu de côté dans cette description qui comprendra successivement :

a. Filons d'argent natif, à gangue calcaire (type Kongsberg).

b. Filons argentifères, à gangue généralement calcaire, avec minerais de cobalt, nickel, etc., associés (types Guadalcanal, Chalanches, Sainte-Marie-aux-Mines).

c. Filons argentifères passant latéralement ou en profondeur à des galènes argentifères, avec gangue quartzeuse ou calcaire, mais tendance du quartz à prédominer avec les galènes (types Sarrabus, Broken Hill, etc.).

d. Filons argentifères à gangue quartzeuse (souvent avec or accessoire), contenant des sulfures de divers métaux, fer, cuivre, zinc, etc. (types Schemnitz, Comstock, Mexique, Japon, etc.).

e. Filons d'argent manganésifères.

f. Formes superficielles et altérées des filons d'argent.

Il est inutile de remarquer qu'entre ces divers types de filons argentifères, la distinction est souvent, en partie, spécieuse et théorique, tel filon, que nous rattachons au groupe de ceux passant à des galènes, contenant d'ailleurs d'autres sulfures divers, tandis que des filons à sulfures complexes renferment, en même temps, de la galène. Néanmoins, il semble bien exister entre les types *c* et *d* une certaine différence, tenant peut-être à la nature de la roche éruptive originelle, et correspondant, en une certaine mesure, à l'association de l'or qui apparaît surtout avec les pyrites de fer.

Les gîtes d'affleurement, dont nous faisons un dernier type, n'auraient évidemment, si nous considérions les choses d'une façon théorique, aucun droit à être classés à part ; mais industriellement, il peut être bon de distinguer certains filons où ces formes altérées se sont prolongées assez, pour donner lieu, pendant des périodes de bien des années, à toute une exploitation.

a. — Filons d'argent natif (type Kongsberg).

L'argent natif existe, d'une façon très fréquente, aux affleurements des filons.

Au Mexique, par exemple, il y est associé avec des oxydes de fer et de manganèse, du quartz carié et des chlorures et bromures d'argent, ces derniers se développant surtout à une petite distance de la surface. C'est, comme nous l'avons dit, un produit de métamorphisme superficiel, auquel succèdent, en profondeur, les sulfures, puis les antimoniures, les arséniures, etc.

Dans le district de las Herrerias (Sierra Almagrera), en Espagne, on a exploité superficiellement des poches d'argent natif dans une hématite provenant d'un carbonate de fer qui, en profondeur, s'est maintenu sans altération et n'est alors que très légèrement argentifère.

Cette forme de gîtes correspond à un type très fréquent pour l'or (Brésil, etc.): celui des hématites aurifères superficielles dues en général à l'altération des pyrites.

Au Sarrabus, en Sardaigne, on a constaté ce fait assez particulier de filaments d'argent natif traversant un cristal de calcite et transformés en argent sulfuré aux extrémités qui sortent de ce cristal, comme si l'argent natif était le produit initial, l'argent sulfuré le produit secondaire.

A côté de cet argent natif des affleurements, qui résulte nettement d'une réduction superficielle de minerais sulfurés, on rencontre, comme un cas beaucoup plus rare, des gisements où l'argent natif persiste à de si grandes profondeurs qu'on est tenté de le considérer comme la forme primitive du dépôt. Parmi ces derniers gisements nous avons déjà cité, en premier lieu, celui de Kongsberg, en Norvège, et celui du Lac Supérieur, aux États-Unis.

Dans ce dernier, que nous décrirons avec les gîtes de cuivre argentifères, l'argent natif est associé au cuivre natif qui, lui aussi, ne se présente habituellement que dans les zones superficielles de gîtes plus complexes. A Kongsberg, le cuivre ne se rencontre pas ; mais, dans ces deux cas, les métaux natifs paraissent, comme nous l'avons dit plus haut, avoir été précipités d'une dissolution où ils existaient sous une forme quelconque, peut-être sulfurée, par une véritable cémentation analogue à celle que l'on adopte artificiellement pour précipiter l'argent et le cuivre par le fer dans certaines méthodes de voie humide.

Gisement de Kongsberg (Norvège). — Dans le cas de *Kongsberg*, il s'agit de filons extrêmement nombreux et très minces, d'une puissance allant de $0^m,005$ à $0^m,20$, dans lesquels le minerai a conservé les mêmes caractères jusqu'aux plus grandes profondes atteintes dans une exploitation de plusieurs siècles, c'est-à-dire sur plus de 600 mètres de haut. Or ce minerai consiste principalement en argent natif et argent sulfuré (argyrose) avec un peu d'argent rouge, de pyrite de fer, de pyrite de cuivre, de blende, de galène, etc., et une gangue de calcite lamelleuse, avec fluorine ou barytine exceptionnelles.

Vers 530 mètres, on a encore trouvé, dans l'une des mines, à Kongens grube, un amas contenant plus de 500 kilos d'argent en deux blocs formés d'argent sulfuré recouvert d'une écorce d'argent natif et renfermant des druses avec pyrite de cuivre, galène et calcite. La présence de diverses sulfures métalliques à côté de l'argent natif montre bien, d'ailleurs, que cet argent natif ne résulte pas d'une altération d'un sulfure. Cet argent natif semble, au contraire, être une conséquence du mode de concentration des minerais dans le filon, concentration qui s'est faite d'une façon très particulière.

Les filons de Kongsberg ne s'enrichissent, en effet, qu'à la rencontre de certaines zones formées de schistes broyés et imprégnées de sulfures divers (pyrite de fer, pyrite magnétique, pyrite de cuivre, plus rarement blende, cuivre panaché et mispickel) qu'on appelle les *fahlbandes*. Ce n'est pourtant pas de ces fahlbandes que l'argent provient, puisqu'elles n'en renferment pas de traces lorsqu'on s'éloigne des filons. Il faut donc bien admettre que les sulfures métalliques contenus dans les fahlbandes ont, par une réaction chimique (ou, à la rigueur, galvanique), provoqué la précipitation des dissolutions argentifères qui circulaient dans les filons.

Semblable action de concentration à la rencontre de fahlbandes a, d'ailleurs, été observée pour plusieurs autres gisements : ainsi à Schladming en Styrie, au val d'Annivier en Suisse, où les métaux ainsi concentrés appartiennent au groupe cobalt, nickel, argent, cuivre, dont nous avons pu citer tant de spécimens.

b. — Filons d'argent avec association de minerais de cobalt, nickel, etc.

Nous avons déjà signalé ce groupe de filons quand nous avons examiné, d'une façon générale, les associations de minerais entre eux. Nous allons seulement en citer quelques exemples.

Gîte de Guadalcanal (Espagne). — Ce gîte a consisté surtout en filons de pyrites cobaltifères, à gangue de calcite, avec un peu d'argent sulfuré et d'argent rouge, à l'intersection desquels s'était développée une colonne riche formée d'argent sulfuré, argent rouge et argent natif.

Gîte des Chalanches (Isère). — Les filons des Chalanches, qui présentaient à la surface des ocres argentifères analogues à celles des filons de l'Amérique du Sud, renfermaient, en profondeur, un mélange complexe de minerais de cobalt, nickel, argent et stibine argentifère avec carbonate de manganèse, quartz et sidérose. On a cru y constater, au contact de bandes pyriteuses, un enrichissement analogue à celui que produisent les fahlbandes de Kongsberg.

Gîte de Sainte-Marie-aux-Mines (Alsace-Lorraine). — Là aussi on a exploité des filons comprenant, avec de la galène argentifère, du cuivre gris, du cobalt (assez abondant pour avoir alimenté une fabrique d'azur), du nickel, du bismuth et des minéraux d'argent proprement dits.

On peut également considérer certains grands gîtes d'argent du Chili comme se rapportant à ce type; plusieurs d'entre eux présentent, en effet, une gangue calcaire avec association de minerais de cobalt et de nickel.

c. — Filons à minéraux d'argent (argent natif, argyrose, argent-rouge), passant latéralement ou en profondeur à des galènes.

On pourrait citer des exemples très nombreux de ce genre de filons; nous en indiquerons seulement quelques-uns, soit à gangue mélangée de calcite et de quartz, comme au Sarrabus ou à Freiberg, plus souvent à gangue quartzeuse comme à Broken Hill.

Gîte du Sarrabus (Sardaigne). — Au Sarrabus, il existe, sur le flanc Nord d'un massif de granite et microgranulite, une zone Est-Ouest de schistes siluriens

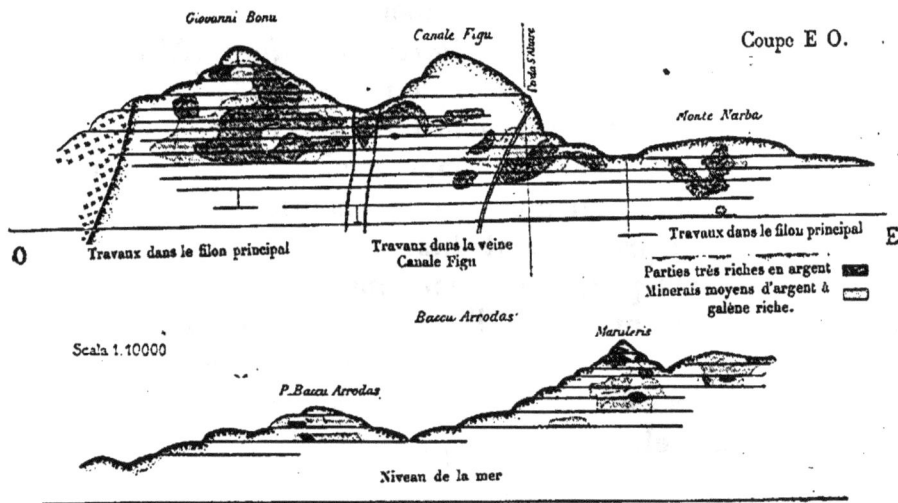

Coupe E O.

Giovanni Bonu

Canale Figu

Posda S.Aliveu

Monte Narba

O

Travaux dans le filon principal

Travaux dans la veine
Canale Figu

E

Travaux dans le filou principal

Parties très riches en argent
Minerais moyens d'argent à
galène riche.

Baccu Arrodas

Scala 1.10000

Maruleris

P_Baccu Arrodas

Niveau de la mer

Fig. 12. — Coupes verticales E.-O. du gîte argentifère du Sarrabus (d'après M. Traverso).

avec quartzites intercalés, dans laquelle se sont incrustés, principalement le long des quartzites qui ont pu jouer le rôle de plans de drainage dans la circulation des eaux minéralisatrices, un certain nombre de filons d'argent également Est-Ouest.

Les filons du Sarrabus présentent, comme celui du Comstock (décrit plus loin), auquel ils ressemblent en petit, un remplissage bréchoïde, formé surtout de fragments de roches encaissantes avec argent natif, sulfure d'argent, argent rouge et argent noir ; comme gangues, ils renferment de la calcite, de la barytine disparaissant en profondeur, de la fluorine abondante, du quartz, assez rare à la surface, abondant au contraire en profondeur; comme minerais accessoires, de la pyrite, du mispickel, de la chalcopyrite, de la nickeline, de la cobaltine, etc.

La fig. 12 montre, en coupe longitudinale, la disposition des parties riches dans le filon. Au-dessous du 12e niveau figuré sur cette coupe, la richesse s'est interrompue brusquement, les minéraux d'argent ont disparu avec la calcite et il s'est substitué à eux de la galène avec du quartz.

Dans ce cas là, on paraît avoir affaire surtout à une modification du gîte en profondeur, analogue à celles que nous avons étudiées plus haut. Il n'en est pas tout à fait de même pour certains amas de la mine Himmelfahrt à Freiberg, amas composés d'argent rouge, argent noir, argent sulfuré et argent natif avec dolomie qui, en haut comme en bas, se sont terminés par des masses de galène pauvre.

Le *filon de Broken Hill* (Nouvelle-Galles du Sud), que nous donnerons plus tard comme exemple de filons d'argent à forme superficielle et altérée[1] est également,

1. Voir page 92.

Fic. 13. — Vue de la région du Comstock. Rochers d'andésite augitique entre le Mt Rose et le Mt Kate (à 4 kilomè
Est du filon); on voit au loin les M^ts Davidson et Butler. D'après M. Becker (Geology of the Comstock lode).

en raison de son allure en profondeur, un type de filons
d'argent, cette fois à gangue quartzeuse, passant progressivement à la galène ; comme fracture de dislocation,
c'est un remarquable spécimen de ces grands filons
quartzeux de plusieurs kilomètres de long (au moins
trois kilomètres dans ce cas, sur 18 mètres d'épaisseur
moyenne), dont il existe de si beaux exemples dans les
Montagnes Rocheuses.

En profondeur, il présente un mélange de galène
dominante avec sulfures de cuivre, argent, zinc et fer,
qui, dans les parties hautes, sur lesquelles l'exploitation a porté dans la période de grande richesse de
cette mine, entre 1883 et 1892, s'étaient altérés et
métamorphisés ; en sorte que l'on a trouvé, d'abord,
sous un chapeau de fer noirci, d'aspect scoriacé, montant à plus de 15 mètres au-dessus du sol, des minerais
oxydés et carbonatés de cuivre, du carbonate et du
sulfate de plomb avec des chlorures, bromures, etc.
d'argent.

d. — Filons d'argent à gangue quartzeuse (souvent
   avec or accessoire) contenant des sulfures de
   divers métaux, fer, cuivre, zinc, etc. — Types
   Schemnitz, Comstock, Mexique, Pérou, Japon, etc.

Gîte de Schemnitz en Hongrie[1]. — Le gîte de Schemnitz, en Hongrie, qui semble représenter, sur le continent européen, le type habituel des filons argentifères
des Montagnes Rocheuses, comprend deux groupes de
filons : les uns encaissés dans l'andésite amphibolique
(propylite) qui sont bréchiformes, irréguliers, avec
pyrites abondantes, quartz prédominants, minerais
d'argent accompagnés de calcite accessoire et traces
d'or utilisables ; les autres dans la syénite, beaucoup

1. Voir page 63.

plus nets, plus constants dans leur allure, avec minerais d'argent associés à une gangue calcaire, peu de
sulfures métalliques et pas d'or.

C'est dans les premiers filons (*Spitaler Gang, grüner
Gang*, etc.) que l'on a trouvé les plus grandes richesses.
La silice s'y présente abondamment et sous des formes
très diverses, notamment à l'état de quartz aurifère
coloré en brun par de l'oxyde de fer et imprégné de
pyrite de fer, chalcopyrite, blende et galène, que l'on
nomme sinople.

Gîte du Comstock (Nevada) (Fig. 13, 14 et 15). — Le
filon du Comstock, dans l'état de Nevada, qui a été l'un
des plus riches filons d'argent du monde et qui a
donné, en vingt ans, jusqu'en 1881, 7 millions de tonnes
de minerais valant un milliard 800 millions de francs
(42 pour 100 en or et 58 pour 100 en argent), constitue
une fracture très nette, large de plusieurs centaines de
mètres et longue de 3 kilomètres, au contact des diorites granulaires qui forment le mont Davidson à l'Ouest
et de diabases recouvertes superficiellement par des
andésites amphiboliques récentes (fig. 14). La figure 14
montre l'allure de ce filon en coupe transversale, ses
ramifications à la surface et son expansion dans une
zone de broyage au niveau du tunnel Sutro, qui constitue ce que l'on a appelé la grande bonanza, masse
énorme de sulfure et chlorure d'argent de 360 mètres
de long, ayant produit à elle seule 215 millions. La
figure 15 donne l'allure en plan du filon.

Le remplissage de cette grande fracture filonienne est
essentiellement composé de fragments bréchiformes des
épontes cimentés par du quartz aurifère et argentifère.
Avec ces minéraux d'argent proprement dits, toujours
les mêmes (argent rouge, argent sulfuré, argent natif),
on y trouve, très irrégulièrement disséminés, de la galène, de la blende, de la pyrite, etc.

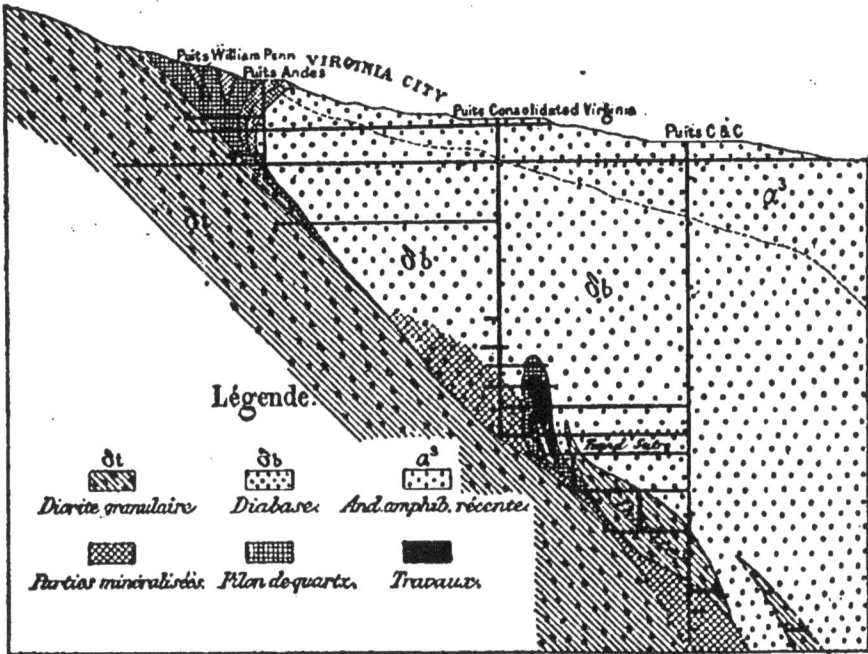

Fig. 14. — Coupe AB par le puits C and C au Comstock, à travers la grande Bonanza (d'après M. Becker).

Échelle au $\frac{1}{14.103}$

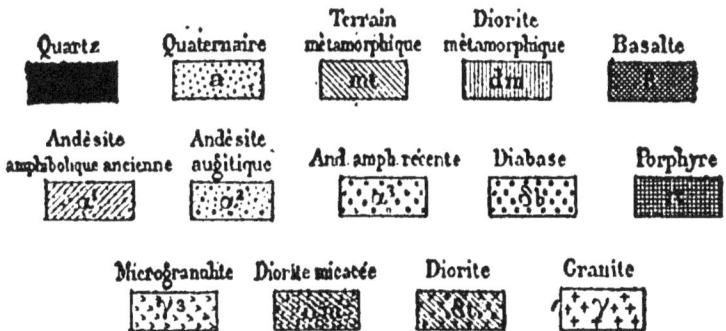

Fig. 15. — Carte géologique de la région

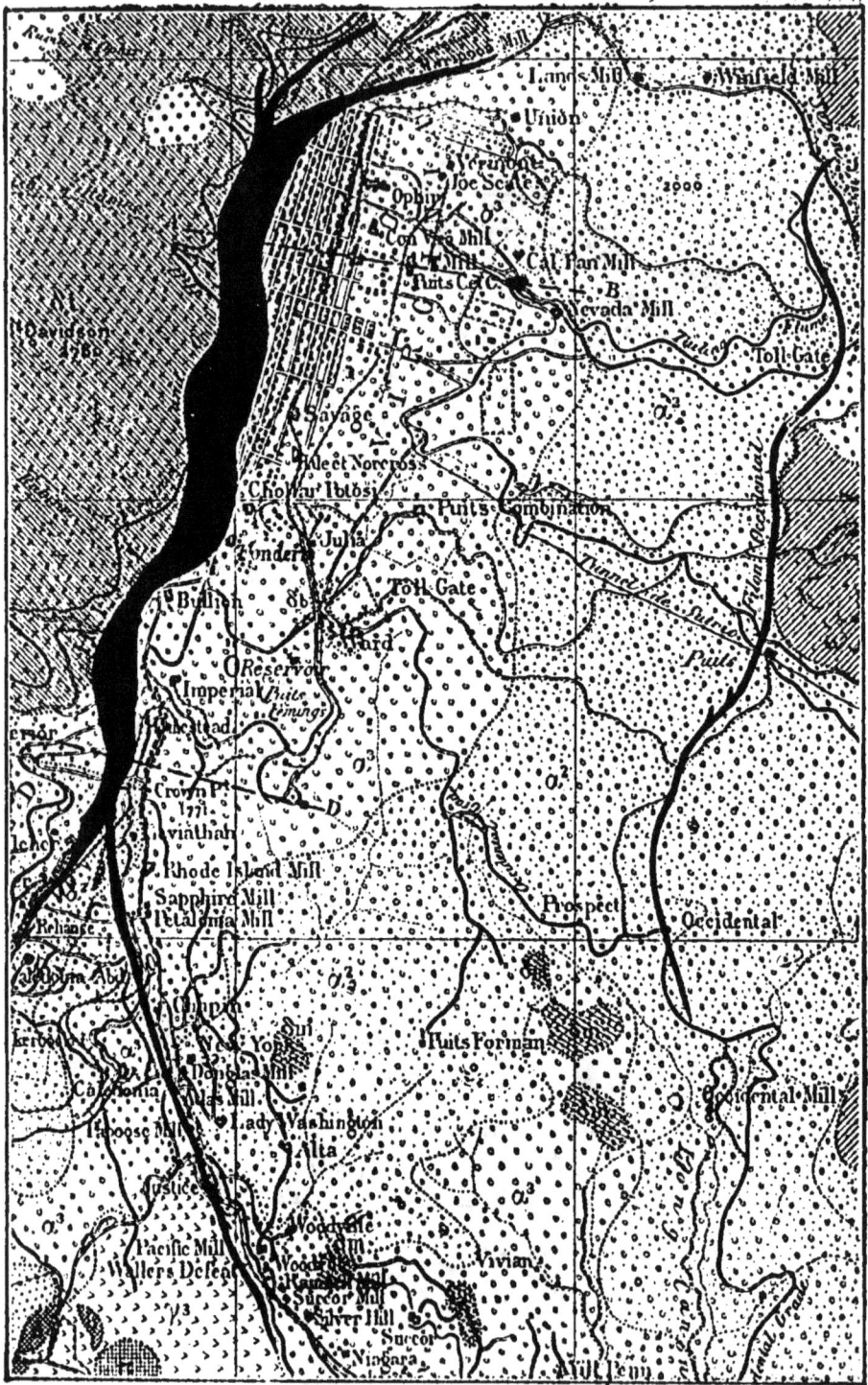

du Comstock, district de Washœ (d'après M. Becker, *Geology of the Comstock Lode*).

Échelle au $\frac{1}{30.000}$

La présence de l'argent paraît être en relation avec les diabases et concentrée surtout au voisinage du toit où se trouvent ces roches, tandis qu'on a cherché un rapport entre les diorites et l'or, qui est de préférence à leur proximité, c'est-à-dire au mur.

Filons d'argent du Mexique. — Les filons d'argent du Mexique sont souvent, comme nous l'avons dit, en relation avec les diorites quartzifères, au milieu desquelles on voit (à Zacatecas, Fresnillo, Real del Monte, Pachuca) s'isoler des veines de quartz argentifère, passant progressivement à la roche éruptive et peut-être, par suite, contemporaines de sa formation. Leur âge, très récent, est certainement postérieur au jurassique supérieur.

Il y a cependant aussi, dans le district de San Francisco (Morelos), des filons d'argent exclusivement concentrés dans un trachyte porphyroïde et semblant remplir ses fentes de retrait.

Le remplissage de ces filons est, en profondeur, à partir de 400 ou 450 mètres au maximum, principalement composé de sulfures métalliques, pyrites, blendes, galènes, etc., argentifères avec gangue quartzeuse : les minerais exploités sont donc aujourd'hui, en majorité, des minerais pauvres et plus ou moins rebelles, des *dürrerze ;* mais toute la zone de métamorphisme superficiel, où l'on est resté pendant près de deux siècles à la suite de la découverte des gîtes, comportait, au contraire, des minéraux d'argent proprement dits, souvent très riches, argent sulfuré, argent rouge, argent noir.

La gangue des filons du Mexique est surtout le quartz cristallin, violacé, plus rarement la calcite, qui paraît parfois postérieure au quartz, presque jamais la barytine.

Souvent les minerais contiennent, en même temps que l'argent, un peu d'or; ainsi à Rosario (Real del

Monte), l'argent tient, en moyenne, 0,26 pour 100 d'or. Au Capulin, district de Malacate, les pyrites sont aussi un peu aurifères.

Quelques-uns de ces filons du Mexique ont présenté une longueur, une largeur et une richesse tout à fait extraordinaires, comme on n'en trouve guère d'exemples en dehors de cette grande chaîne de plissement et de dislocation si rectiligne et partout si riche en métaux qui traverse toute l'Amérique de la pointe d'Alaska à la Terre de feu.

Le filon San Agustin, à Catorce, avait plus de 3 kilomètres de long avec souvent 12 mètres de puissance.

La Veta Grande (grand filon) de Zacatecas, a, dit-on, de 1548 à 1832, donné plus de 3 milliards d. francs d'argent.

La Veta Grande de Guanajato a eu, dans certaines bonanzas, jusqu'à 150 mètres de large avec des zones minéralisées continues de 30 à 40 mètres ; une seule mine située sur ce filon, la Valenciana, qui fut un moment la plus profonde du monde, passe pour avoir, à elle seule, donné plus de un milliard et demi d'argent.

Les *filons du Pérou* (Cerro de Pasco, etc...) sont probablement tertiaires comme ceux du Mexique, en tout cas postérieurs au jurassique. Leur gangue est quartzeuse et ces dykes de quartz, où les minerais sont distribués en veines, colonnes, lentilles, etc., forment, sur le Cerro de Pasco, d'énormes saillies, nommées crestones. Les minéraux exploités ont été surtout des formes superficielles, précédemment décrites (pacos, cascajos, pavonados, etc...).

L'association de l'or et de l'argent dans des filons à gangue quartzeuse avec sulfures métalliques divers tendant à dominer en profondeur, se retrouve encore au *Japon ;* ainsi, dans la partie ouest de l'île de Sado, on exploite des filons d'argent aurifère avec quartz et minéraux sulfurés dans une rhyolithe ; à Ikuno, dans la province de Tajuna, des filons d'argent aurifère également encaissés dans la rhyolithe, etc. C'est donc tout à fait le type Schemnitz, Comstock, etc.

e. — Filons d'argent manganésifères.

Nous nous sommes déjà trouvé décrire cette catégorie de gîtes d'argent quand nous avons étudié précédemment les associations de minerais entre eux[1] ; nous nous contenterons donc de renvoyer à ce que nous avons dit à cette occasion.

f. — Forme superficielle et altérée des filons argentifères.

Nous nous sommes attaché, jusqu'ici, à étudier et à classer surtout les types de filons d'argent, d'après leur composition minéralogique originelle, que l'on rencontre seulement en profondeur : néanmoins, au

1. Page 59.

point de vue industriel et pratique, les types d'affleurement, modifiés et concentrés par l'action des eaux superficielles, présentent un intérêt tel qu'il faut bien en dire quelques mots. Leur intérêt est d'ailleurs, d'autant plus grand qu'étant donnée la très faible profondeur à laquelle on descend habituellement dans les mines (tout au plus un kilomètre) et la présence à la surface de coupures topographiques ayant souvent des dimensions comparables ou même plus fortes, il est arrivé constamment que ces formes, qualifiées par nous de superficielles d'après leur origine, se soient

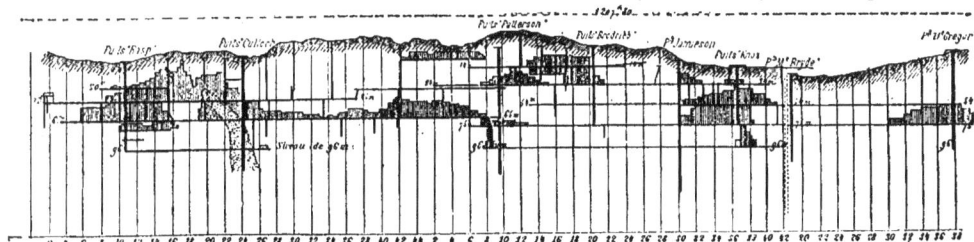

Fig. 16. — Coupe longitudinale des travaux de la mine de Broken Hill, projetés sur le plan du filon (d'après M. Pelatan).

prolongées pendant bien des années et jusqu'aux plus grandes profondeurs atteintes par les exploitations, dans certains cas jusqu'à 4 et 500 mètres.

Ces formes d'affleurement des filons d'argent, nous en avons déjà parlé quand nous avons étudié plus haut les modifications des gisements en profondeur et nous avons vu qu'elles comprenaient en principe : à la surface, une zone à chlorures, bromures d'argent, etc., avec argent natif et oxydes métallifères, un peu appauvrie, mais facilement amalgamable ;

Plus bas, une zone à argent sulfuré, avec argents

rouges et noirs plus ou moins abondants et parfois
encore argent natif ;

Après quoi, on arrive, au-dessous du niveau hydrostatique, à la zone des sulfures complexes.

Quand les minerais sont cuivreux, leur altération
donne fréquemment naissance à des cuivres gris, dont
nous reparlerons comme de minerais d'argent souvent
très riches.

Les exemples de ces gîtes d'argent altérés et superficiels sont innombrables au Mexique, au Pérou
etc... ; nous n'en citerons qu'un, dont l'étonnante
fortune a été toute récente, celui de Broken Hill, dans
la Nouvelle Galles du sud, en Australie.

A la mine de *Broken Hill*[1], dont nous donnons ci-
joint la coupe longitudinale (fig. 16), les minerais
exploités jusqu'à 100 mètres de profondeur ont été les
suivants :

Minerais de plomb carbonaté (c'est-à-dire altéré) à
gangue ferrosiliceuse (silicious iron and lead ore) ;

Minerais ferrosiliceux argentifères (silicious iron ore) ;

Minerais de plomb carbonaté quartzeux (silicious lead
ore) ;

Minerais d'argent chloruré et chlorobromuré à
gangue de kaolin plus ou moins argentifère (altération
des feldspaths), (kaolin ore).

Les minerais étaient concentrés par lentilles d'enrichissement analogues à celles que l'on a trouvées
au Comstock et dans tant d'autres filons, comme le
montre la figure 16.

En s'approfondissant, on a trouvé, en outre, de
plus en plus, des minerais galéneux (sulfide ore) qui
sont, en réalité, la véritable source primitive de l'argent
superficiel.

1. Voir plus haut page 82.

En 1890, la production a été, à Broken Hill, de 200,000 tonnes de minerai tenant, en moyenne, 16 pour 100 de plomb et 1,274 grammes d'argent à la tonne de minerai.

Les fameux gîtes d'argent de *Chanarcillo* au Chili, qui ont produit, paraît-il, plus d'un milliard d'argent, peuvent également être rattachés à ce type ; car, jusqu'à la profondeur de 180 mètres, leur grande richesse a été fournie par des minerais d'argent proprement dits, minerais d'altération ayant tenu jusqu'à 10 et 20 kilogrammes d'argent à la tonne. Ces minerais étaient particulièrement concentrés à la rencontre de certains bancs calcaires, qui jouaient le rôle de couches enrichissantes, et disparaissaient, au contraire, à l'intersection de coulées de mélaphyre ou de diabase interstratifiées. Vers 120 mètres, le minerai d'argent s'est appauvri très sensiblement et les minerais chauds (chlorobromure, dit plata verde, etc...), ont fait place à des minerais froids (mulatos, negrillos, etc.).

Ce sont également, en réalité, de véritables gîtes d'affleurement à minéraux altérés que les carbonates de plomb argentifères de Leadville ou d'Eureka aux États-Unis, dont nous reparlerons ultérieurement.

Au voisinage des parties superficielles et métamorphisées des gîtes métallifères, les roches encaissantes présentent souvent une altération connexe, qui donne aux régions où se trouvent ces gîtes, même quand eux-mêmes n'apparaissent pas, un aspect tout à fait caractéristique et devant appeler l'attention du chercheur de mines.

Parmi ces altérations, nous citerons comme très typiques celles qui, au Comstock en Nevada ou à Schemnitz en Hongrie, ont transformé les roches les plus diverses en une catégorie de roches tellement modifiées qu'elles en sont presque méconnaissables, et qu'on a voulu longtemps y voir un type pétrographique spécial, décrit sous le nom de propylites.

Dans toute la province d'Huelva, où se trouvent les immenses amas de pyrites cuivreux de Rio Tinto, Tharsis, San Domingos, etc., l'action acide des eaux superficielles, ayant agi sur ces sulfures pour les transformer en sulfates, a également altéré et métamorphisé profondément les roches. Un phénomène fréquent, parmi ces altérations, c'est le développement de kaolins au contact immédiat de certains gîtes.

C'est ainsi qu'auprès de certains filons argentifères de Schemnitz encaissés dans l'andésite amphibolique, cette andésite est souvent absolument kaolinisée et, ce qui est assez malaisément explicable, souvent sans que la pyrite jaune, dont elle est criblée, ait subi une semblable altération.

A Broken Hill (Nouvelle Galles du Sud), où les exploitations ont surtout porté sur les parties superficielles des filons d'argent, on a trouvé de même, comme nous venons de le dire, à la rencontre de dykes feldspathiques altérés, des masses de kaolin grenatifères, constituant un remarquable minerai d'argent sous forme de chlorures, chlorobromures, iodures, etc.

Des argiles blanches kaolineuses du même genre se retrouvent encore, par exemple, en certains filons du Mexique (Pascual, district de Malacate, etc.).

B. — Filons de galène et blende argentifères.

Il n'est guère, comme nous l'avons dit, de galène qui ne renferme au moins des traces d'argent. La description complète des gîtes de galène argentifère nous entraînerait donc à faire une véritable monographie du plomb. Ce que nous avons dit, pages 47 à 51, suffit pour donner une idée générale de ce genre de gisements, au point de vue de la teneur en argent des minerais et nous ajouterons seulement ici quelques considérations d'une autre nature.

Les filons de galène ont, en grande majorité, une gangue quartzeuse; cependant l'on trouve parfois une gangue barytique (rarement associée à des minerais riches), qui, par un phénomène assez énigmatique, paraît, dans bien des cas, tendre à disparaître en profondeur; il existe aussi des filons à gangue calcaire. Tous ces filons présentent souvent des zones d'incrustation nettement parallèles aux épontes; d'autres fois, les minerais y sont en veines, en lentilles disséminées au milieu d'une brèche formée de fragments des épontes ou d'une boue argileuse résultant de la destruction et de la désagrégation plus complète de ces mêmes fragments, quand ils étaient particulièrement friables et notamment schisteux.

Dans le remplissage, la blende est très fréquemment associée à la galène et cette blende peut, elle-même, être argentifère; mais il est rare que cette proportion d'argent, associée au zinc, soit assez forte pour valoir son extraction.

Il est beaucoup plus exceptionnel de trouver du cuivre avec le plomb, comme cela s'est pourtant produit à Linarès (ou à Commern dans la Prusse Rhénane.)

L'altération d'une galène argentifère par l'action des eaux oxydantes est, en raison de l'insolubilité du sulfate de plomb, assez difficile, et l'on trouve souvent de la galène intacte jusqu'aux affleurements mêmes, au milieu des produits d'oxydation des autres sulfures qui pouvaient lui être associés en profondeur; cependant elle se produit parfois par l'intervention de l'acide carbonique, surtout quand cet acide carbonique peut être fourni par des bancs de calcaire voisins qu'attaquent les eaux acides, et l'on obtient alors des

plombs carbonatés avec un peu de sulfate de plomb,
et parfois du chlorophosphate (pyromorphite) ou chlo-
roarséniate (mimétèse), souvent mélangés avec des
oxydes de fer.

Dans cette altération, l'argent, dont le sulfate est
plus soluble que celui de plomb, a disparu en partie,
et ces minerais carbonatés sont donc moins riches en
argent que les sulfures dont ils proviennent; mais ils
présentent souvent l'argent sous une forme plus facilement assimilable.

Les filons de galène argentifère font parfois partie
d'un réseau de fractures complexes pouvant s'être produites, à de grands intervalles de temps, dans un même
pays et contenant des minerais de métaux très divers.
Parmi ces champs de filons, nous citerons seulement
les plus classiques : ceux de Przibram en Bohème, du
Harz et de la Saxe.

A *Przibram,* une exploitation, qui remonte au
xvi⁰ siècle, a produit encore, en 1891, 312,900 tonnes
de minerai brut ayant donné 4,328 tonnes de plomb
et 36,211 kilogrammes d'argent. Par un fait utile à
signaler (car on a souvent affirmé que les filons de
plomb s'appauvrissaient tous en profondeur), on y a
trouvé là, dans ces dernières années, à plus de
1,000 mètres de la surface, une des périodes les plus
riches de la mine.

Les filons métallifères de Przibram sont très multi-
pliés et de directions très variables, mais formant, dans
leur ensemble, un faisceau plus ou moins ramifié de
direction générale nord-sud. On les croit en relation
avec des diabases. Le remplissage présente un type
nettement concrétionné, et les minerais se sont succédés dans l'ordre suivant : blende, galène, quartz,
fer carbonaté; puis, après une réouverture, barytine.
La galène est remarquablement antimoniale et riche

en argent (500 à 600 grammes d'argent aux 100 kilos de plomb sur l'extraction totale).

Dans l'*Oberharz*, on exploite surtout les champs de filons de Saint-Andreasberg et Clausthal. A Saint-Andreasberg, les filons argentifères sont concentrés presque exclusivement dans un coin de terrain grossièrement elliptique et encadré par des failles. Ces filons, très ondulés en direction et en inclinaison, ont, au plus, 0m50 de puissance. Ils se rapprochent du type des filons d'argent proprement dits, passant à la galène; car on y trouve de l'argent rouge et de l'argent arsenical avec calcite, quartz, galène, blende, arsenic natif et, très accessoirement, minerais de cobalt et de nickel.

A *Clausthal,* les filons du type quartzeux plombifère ont un âge bien déterminé; car ils recoupent le culm sans pénétrer dans le permien : ils sont donc carbonifères. Le remplissage est surtout formé de fragments de la roche encaissante. Les minerais paraissent s'être succédés dans l'ordre suivant : 1° quartz seul ou mélangé avec de la galène ; 2° blende et galène; 3° calcite et barytine pures ou mêlées de quartz.

Quelques filons sont caractérisés par la prédominance du quartz et de la galène (filon principal de Zellerfeld); d'autres par le blende et la galène avec quartz et calcite; d'autres par la chalcopyrite avec calcite et quartz; d'autres enfin par la blende.

La proportion des métaux produits dans les usines de l'Oberharz a été, en 1890, de : 8,700 tonnes de plomb pour 47,400 kilogrammes d'argent, 203 tonnes de plomb et 83kg,32 d'or.

Enfin, *en Saxe,* les filons, extrèmement nombreux, présentent, dans une même région, les divers types suivants :

1° Filons d'étain, pour la plupart abandonnés aujourd'hui;

2° Filons sulfurés anciens (Freiberg, Marienberg, etc.) ;

3° Filons à remplissage barytique et fluoré (Annaberg) ;

4° Filons à remplissage sulfuré jeune (Schneeberg) ;

5° Filons à remplissage argentifère récent (Joachimsthal).

On a fait le calcul qu'il y avait, dans cette région, 1,848 filons (dont 829 à Freiberg seulement), sur lesquels 849 sont exploités pour plomb, argent et cobalt ; 465 pour plomb et argent ; 181 pour argent seulement.

A *Freiberg*, la venue principale est une venue sulfurée à galène riche, tantôt exclusivement composée de sulfures, tantôt quartzeuse, tantôt enfin dolomitique, rattachée autrefois théoriquement comme âge aux porphyres du trias. Elle comprend les groupements minéralogiques nommés : l'edlequartz formation (formation du quartz noble), la kiesige formation (formation pyriteuse), et l'edlebraunspath formation (formation de la dolomie ferrifère noble).

Voici quelques exemples de l'ordre de succession des minéraux dans ces diverses formations :

Edlequartz f. : quartz ancien avec sulfures métallifères (pyrite dominante, blende, etc.); quartz plus récent à minéraux d'argent ; dolomie ; fluorine.

Kiesige f. : blende noire et galène; pyrite de fer; quartz blanc laiteux, parfois avec druses de calcite.

Edlebraunspath f. : quartz ancien avec blende noire et pyrites; dolomie rose avec délits pyriteux et galénifères; blende dolomitique avec infiltrations quartzeuses.

Nous croyons, d'ailleurs, qu'il faut se garder d'attribuer à ces successions des remplissages dans certains filons l'importance théorique et surtout la généralité qu'on leur supposait autrefois.

Postérieurement, il s'est encore produit à Freiberg une venue argentifère récente (considérée comme pliocène), dont on retrouve l'équivalent à Joachimsthal.

On a cherché une certaine relation entre la venue de galène riche ancienne et les filons de diabase (grünstein) de la région, relation qui serait alors comparable à ce que nous avons vu plus haut pour Przibram.

A *Annaberg*, les filons, aujourd'hui en grande partie délaissés, ont été exploités jadis pour minerais d'argent, d'urane, de cobalt, nickel, bismuth et cuivre; ils contenaient une gangue très caractéristique de barytine, fluorine et quartz.

A *Schneeberg*, les principaux filons à venue arsénio-sulfurée présentent les associations suivantes :

1° Quartz cristallin translucide, à cassure saccharoïde (zucker quartz);

2° Arséniosulfures de cobalt et de nickel en veinules ou en grains mêlés au quartz cristallin;

3° Bismuth natif en feuilles ou en baguettes, souvent accompagné d'un quartz noirâtre;

4° Galène et blende jaunâtre;

5° Minéraux antimonifères.

Enfin, à *Joachimsthal,* les filons, riches en minéraux d'argent avec cobalt, nickel et bismuth, présentent une proportion remarquable de minéraux d'urane.

C. — Gîtes de cuivre argentifères.

Il est assez fréquent que des pyrites de fer cuivreuses ou des pyrites de cuivre renferment une certaine quantité d'argent qui, dans le traitement métallurgique auquel on les soumet, tend à se concentrer en même temps que l'argent. Nous en citerons comme exemples les filons de l'Anaconda, au Montana, etc... et nous pouvons, dès maintenant, rattacher à ce type les gîtes du Mansfeld que nous décrirons un peu plus loin dans une catégorie spéciale en raison de leur caractère sédimentaire.

Il arrive aussi que l'argent soit associé au cuivre natif dans les fameux gîtes du Lac Supérieur.

Mais, généralement, la proportion d'argent existant en profondeur dans les sulfures de cuivre est faible et, pour qu'elle forme un véritable gisement d'argent, il faut que le cuivre ait subi, au voisinage de la surface, les actions de cémentation et de métamorphisme qui, en dissolvant les éléments les plus solubles de l'affleurement pour les reprécipiter partiellement un peu plus bas dans la descente des eaux, constituent des gîtes, souvent enrichis en cuivre, toujours enrichis en argent, tels que les phillipsites, chalcosines, cuivres gris, etc. La présence de l'antimoine dans les cuivres gris peut, d'ailleurs, en raison de la relation que nous avons déjà signalée entre ce corps et l'argent, avoir une influence sur la richesse fréquente en argent des cuivres gris. Au contraire, les cuivres gris arsenicaux sont rarement argentifères.

Nous décrirons donc :

a. — Filons de pyrites de cuivre argentifères (type Anaconda) ;

b. — Gîtes de cuivre natif argentifères (type Lac Supérieur) ;

c. — Amas de phillipsite et chalcosine argentifères (type Monte Catini) ;

d. — Gîtes de cuivre gris argentifères (types de Bolivie, du Pérou, etc.)

a. — *Filons de pyrites de cuivre argentifères.* — Parmi ce groupe de filons, nous choisirons comme exemple ceux du Montana (Anaconda, etc...).

Dans le *Montana*, il existe, autour de Butte City, une très importante région métallifère, où l'on exploite surtout l'or, l'argent et le cuivre. On y a produit, en 1890, près de 500,000 kilos d'argent. Les filons y forment deux groupes principaux: l'un à minerais d'argent manganésifères précédemment décrit[1]; l'autre, au contraire, à filons quartzeux cuprifères avec traces d'argent, dont nous voulons ici dire un mot.

Cette zone des mines de cuivre (Butte, Gagnon, Parrott, Anaconda) comprend des filons quartzeux, dont le minerai était à la surface du sulfure noir de cuivre à 14 pour 100 de cuivre, avec cuivre panaché, et, vers 180 mètres de profondeur, s'est transformé en chalcopyrite à 10 pour 100 de cuivre au maximum.

Le principal de ces filons, celui de l'Anaconda, a été reconnu sur 600 mètres de long avec 13 mètres d'épaisseur.

La teneur en argent, à peu près proportionnelle à la teneur en cuivre, varie, à Parrott, entre 200 et 2,000 grammes à la tonne de minerai.

A l'Anaconda, on a produit, en 1889, 62,000 kilogrammes d'argent pour 31,700 tonnes de cuivre; soit environ, entre l'argent et le cuivre, un rapport de 2 pour 100.

Dans les grands amas de pyrite de fer cuivreux, qui jouent un rôle si considérable pour la production du cuivre, il n'est pas rare non plus de trouver des traces d'argent.

Ainsi la mine de *Falun*, en Suède, qui porte sur un de ces amas, a produit, en 1884, 443 kilogrammes d'argent pour 459 tonnes de cuivre: ce qui donne, à peu près, une proportion de 1 pour 1000 entre le cuivre et l'argent.

b. — *Gites de cuivre natif argentifères.* — *Type du Lac Supérieur.* — Les gisements de cuivre du Lac

---

1. Page 59.

Supérieur sont parmi les plus importants du monde : en 1892, ils ont donné à eux seuls 48,600 tonnes de cuivre sur 296,000 extraites dans le monde entier, soit environ un sixième de la production universelle.

Ce cuivre natif contient une proportion d'argent associée qui peut être de 6 à 7 pour 100 sur certains échantillons.

Les métaux, qui semblent là en relation avec des diabases, se rencontrent en partie dans des grès et conglomérats de la série précambrienne de Keweenaw ; en partie, dans des fissures des roches et dans des zones d'altération où ils ont pu être amenés par une sorte de remise en mouvement, notamment au milieu d'épidotites provenant des diabases ou dans les amygdales de ces diabases, où l'on voit parfois le cuivre pseudomorphoser la calcite. La précipitation du cuivre (et, sans doute, de l'argent) à l'état natif paraît avoir été provoquée par la présence de grains de magnétite dans la diabase ; on retrouve, en effet, fréquemment de ces grains de magnétite au cœur du cuivre.

c. — *Amas de phillipsite et chalcosine argentifères.* — La chalcopyrite est un des éléments que l'on trouve fréquemment associés aux roches basiques, soit qu'elle se soit concentrée en filons à leur périphérie, soit qu'elle soit restée à l'état d'inclusions dans la roche même. Il est donc naturel de prévoir que, dans les altérations superficielles auxquelles certaines de ces roches basiques ont pu être soumises, le cuivre a dû éprouver un métamorphisme connexe, comparable dans ses effets à celui que l'on peut étudier sur les affleurements des filons de cuivre et qu'à l'occasion ce cuivre a pu s'y grouper en amas formés de chalcosine, phillipsite, etc.

C'est à une réaction de ce genre, plus ou moins ancienne, qu'il est peut-être permis d'attribuer la for-

mation des grands amas cuprifères connus dans certaines serpentines (roches dues, comme on le sait, à une
altération de diverses roches magnésiennes à péridot
ou enstatite); ainsi ceux de Monte Catini, en Toscane,
dont le noyau inaltéré est encore parfois composé de
chalcopyrite.

Un grand nombre de semblables amas renferment
des traces d'argent parfois utilisables.

Ainsi, à la Prugne, dans l'Allier, on l'on a exploité
un moment deux amas de phillipsite attribuables à une
réaction un peu différente mais du même ordre, la
proportion a été de 560,000 francs d'argent pour
950,000 francs de cuivre; soit, en poids, 5 pour 1000.

d. — Gites de cuivre gris argentifères. — Les cuivres
gris, surtout les cuivres gris antimonieux, sont des
minerais souvent très riches en argent mais qui, généralement, en raison même de l'origine métamorphique
que nous sommes porté à leur attribuer, disparaissent à une assez faible profondeur pour faire place à des
chalcopyrites plus ou moins mélangées de substances
antimonieuses (stibine, etc.) La sidérose, qui provient
peut-être de sulfure de fer existant plus bas, est, près
de la surface, une gangue fréquente du cuivre gris. A
Huanchaca, en Bolivie, le cuivre gris est surtout associé
avec de la barytine et de la stibine légèrement aurifère.
Au Mexique, on a des filons de cuivre gris quartzeux.

La présence de l'antimoine est un signe favorable,
pour la richesse en argent; celle de l'arsenic ou du
mercure (qui se présente parfois), semblent, au contraire, de mauvais indices.

Parmi les cuivres gris à gangue de sidérose, ceux de la
Sierra Nevada renferment accidentellement aux affleu-
rerements jusqu'à 8 et 10 kilogrammes d'argent par
tonne de cuivre gris. Des gisements du même genre
ont donné lieu à quelques exploitations en Algérie, no-

tamment près de Mouzaïa, mais se sont rapidement
coincés en profondeur. Enfin, près de Kresevo ou de
Prozor, en Bosnie, on a retrouvé des cuivres gris analogues avec stibine et barytine.

Les gîtes d'argent de *Bolivie* (Potosi, Oruro, Huanchaca) sont particulièrement remarquables par l'association des cuivres gris antimonieux argentifères, à gangue
quartzeuse ou parfois barytique, avec les argents rouges
et le sulfure d'argent dans la zone d'enrichissement
qui succède immédiatement à la zone chlorurée superficielle. A ces minerais sont associés la stibine et,
chose tout à fait exceptionnelle, la cassitérite avec bismuth connexe, en quantités assez importantes pour mo-
tiver à elle seule certaines des exploitations. A Huanchaca, le minerai principal est le cuivre gris argentifère,
qui se rencontre, tantôt à l'état amorphe avec un éclat
huileux d'autant plus marqué que la teneur en argent
est plus élevée, tantôt cristallisé plus ou moins franche-
ment en tétraèdres réguliers. Dans cet état, le minerai
contient 10 pour 100 d'argent. On lui trouve associés :
de la blende (renfermant jusqu'à 1 kilogramme d'argent
à la tonne), de la galène (tenant jusqu'à 2 kilogrammes
d'argent), des pyrites de fer et de cuivre, de la chalcopyrite, un peu de stibine et des traces d'argent
rouge. Ces minerais sont légèrement aurifères.

En 1891, les mines d'Huanchaca ont produit 151,000
kilogrammes d'argent.

Au *Pérou*, on exploite également, à Recuay, des cuivres gris riches en argent, associés avec de la galène
argentifère plus ou moins antimoniale, de la blende,
des pyrites de fer et de cuivre, etc.

D. — Filons d'or argentifères.

La présence d'une certaine proportion d'argent dans
l'or brut extrait de ses divers gisements est un fait à

peu près constant et contribue aux grandes différences
de valeur que présente cet or, suivant qu'il provient
d'un point ou d'un autre, l'argent étant, en réalité,
dans ce cas, une véritable impureté. Cette teneur en
argent arrive jusqu'à 20 pour 100 dans l'électrum en
or argental.

Voici, comme spécimen, des chiffres relatifs à un
filon de la province Santa Ernestina, dans l'Uruguay,
le filon San Pablo, qui n'a pu être exploité :

PROFONDEUR	OR	ARGENT
A la surface. . .	92 gr.	29 gr.
de 5 à 10 mètres. .	16	8
10 à 12 — .	8	4
12 à 13 — .	4	2
13 à 20 — . .	2 gr.	

Parmi les minerais où l'or et l'argent sont le plus
intimement associés, nous citerons les tellurures à
gangue généralement quartzeuse que l'on exploite :
dans le comté de Boulder, au Colorado ; en Californie ;
à Offenbanya et Nagyag, en Transylvanie, etc. En
Transylvanie, la proportion de l'or à l'argent a été,
en 1877, de 866 kilogrammes d'or contre 625 d'argent.

Nous avons, d'ailleurs, déjà eu l'occasion de dire que
toute une catégorie de filons d'argent à gangue quartzeuse et à sulfures complexes renfermait accessoirement de l'or, en particulier le filon du Comstock en
Nevada, où la proportion des deux métaux a été, en
valeur, de 42 pour 100 contre 58 pour 100 d'argent.
On peut, de même, considérer comme de véritables
gisements d'or les grands gîtes de carbonate de plomb

argentifère de Leadville (Colorado), ou d'Eureka (Nevada), que nous étudierons plus loin en raison de leur production d'argent.

E. — Gites de substitution dans les calcaires pouvant se rattacher au type filonien et présentant l'argent associé au plomb (Eureka, Leadville, Laurium, etc).

Les gites métallifères encaissés dans les calcaires présentent, quel que soit le métal dominant, un type très spécial et des dispositions très caractéristiques. La circulation facile des eaux superficielles à travers les fissures, diaclases et cavités quelconques qui perforent la plupart des calcaires, amène, en effet, ces eaux oxydantes (et constamment renouvelées dans les parties hautes) au contact des minerais, dont les éléments sulfurés s'acidifient et rendent la corrosion du calcaire de plus en plus intense. Il en résulte donc, à la fois, la formation de vides nouveaux, véritables grottes absolument indépendantes comme origine des fractures primitives où avaient commencé par se déposer les minerais et la remise en mouvement de ceux-ci, qui vont se reprécipiter à quelque distance sous une forme nouvelle, généralement oxydée, principalement carbonatée.

Ces divers phénomènes sont, bien entendu, restreints à la partie du terrain située au-dessus du niveau hydrostatique, celle qui se présente plus tard au-dessous ayant conservé son allure et sa constitution minéralogique primitives ; mais, dans nombre de ces exploitations, c'est à la partie métamorphisée seule que l'on a affaire en pratique ; en effet, d'une part, cette zone altérée a subi une concentration et une transformation qui rendent généralement les minerais plus avantageux ; de l'autre, quand une mine, en ces terrains calcaires fissurés et perforés, passe au-dessous de ce niveau hydrostatique, elle se trouve constituer un drainage pour toutes les infiltrations aquifères de la région et les frais d'épuisement s'accroissent si vite qu'il lui faut souvent s'interrompre.

Ces sortes de gisements en roche calcaire présentent, en raison même des modifications ultérieures qu'ils ont subies, des difficultés toutes spéciales pour l'appréciation de leur allure et de leur nature primitives, de façon qu'ils ont souvent donné lieu à des hypothèses très contradictoires et que, se fondant sur les dernières remises en mouvement des minerais produites par des eaux descendantes et presque contemporaines, on y a souvent cru voir la preuve de la formation de gîtes métallifères per descensum et à une époque très récente.

On doit, d'ailleurs, envisager la possibilité qu'à l'époque même où les gîtes se sont constitués sous leur forme primitive, la fissuration et la facile corrosion du calcaire aient eu déjà une influence sur la circulation des eaux thermales minéralisatrices et que celles-ci aient, dès cette époque, produit certaines substitutions directes de carbonates ou silicates métalliques au carbonate de chaux ; mais l'importance de ce genre d'actions anciennes, que l'on a longtemps considérée comme de beaucoup la plus importante, nous paraît avoir été extrêmement exagérée et nous sommes, en particulier, peu disposé à admettre les modifications que l'on supposait jadis avoir pu être produites dans les filons, lors de leur remplissage même, par le voisinage de la surface avec son atmosphère oxydante, la zone sur laquelle auraient pu porter ces effets devant presque toujours avoir été emportée depuis longtemps par les érosions.

Le sujet que nous avons à traiter ici rentre donc,

en grande partie, dans ce que nous avons déjà dit sur les modifications superficielles des gîtes métallifères.

C'est dans le cas des gîtes de zinc que les actions, dont nous venons de parler, se sont le mieux manifestées par la formation des calamines à la place des blendes; mais, pour être moins bien caractérisées dans le cas de la galène, dont les produits d'oxydation sont fort peu solubles, elles ne se traduisent pas moins dans un certain nombre de gîtes très importants et précisément dans quelques-uns des plus renommés pour leur forte teneur en argent.

Nous allons en citer plusieurs exemples :

A *Eureka*, dans l'Etat de Nevada, un important district métallifère, aujourd'hui à peu près épuisé, a donné, de 1869 à 1883, 235,000 tonnes de plomb, 200 millions de francs d'argent et 100 millions d'or.

Les gisements, presque exclusivement concentrés dans les calcaires du cambrien, présentent, au milieu de ces calcaires, l'allure la plus complexe et la plus irrégulière : mélange de fentes nettes filoniennes avec des réseaux de veines à allures de stockwerks, des délits interstratifiés, de véritables grottes et des pénétrations moléculaires par substitution, où il est presque impossible de savoir quelle part revient à la circulation primitive des eaux thermales métallifères et quelle part à la réaction des eaux superficielles (cette dernière ayant certainement été considérable). C'est une difficulté dont les géologues américains ont essayé de se tirer en niant l'existence des premières et attribuant uniquement les gîtes à un lessivage des porphyres par des eaux récentes.

Les minerais sont surtout concentrés dans l'espace angulaire compris entre deux failles (fig. 17 et 18), espace formant une véritable zone de broyage, où certaines poches, particulièrement fissurées et propices à l'imprégnation métallifère, ont constitué des « chambres » de minerai ou des « bonanzas ».

Les minerais altérés, situés au-dessus du niveau hydrostatique, comprenaient un mélange de cérusite, anglésite, galène, wulfénite et mimétèse avec une assez forte teneur en or et en argent et une gangue de fer hydroxydé. Au-dessous de ce niveau, on a trouvé les sulfures habituels : galène, pyrite, mispickel, blende, etc.

Les carbonates de plomb, qui ont fait la fortune du gisement, étaient de diverses natures :

Carbonate rouge, formé de fer hydroxydé avec anglésite, cérusite et galène inaltérée, tenant à peu près autant d'or que d'argent, 130 à 210 francs de chacun par tonne ;

Carbonate jaune, formé de fer hydroxydé, anglésite et mimétèse, arrivant à 500 francs de métaux précieux par tonne ;

Sulfuret ore, formé (malgré son nom) de cristaux de carbonate de couleur grise, parfois très riche en argent (jusqu'à 625 francs par tonne), mais pauvre en or.

La pyrite de fer, en grande partie disparue près de la surface ou transformée en oxyde, paraît en profondeur constituer près de la moitié du gîte.

A *Leadville, dans le Colorado* (fig. 19), des gisements de carbonate de plomb argentifère et aurifère ont donné, depuis leur mise en valeur, en 1877, des quantités énormes de ces trois métaux.

De 1877 à 1884, Leadville a produit 280,000 tonnes de plomb, 1,600,000 kilos d'argent et 3,200 kilos d'or. C'est donc un des centres de production de l'argent les plus importants du monde ; toutefois, depuis quelques années, à la suite de la baisse qui s'est produite sur l'argent, on y a principalement recherché les

S E

N O.

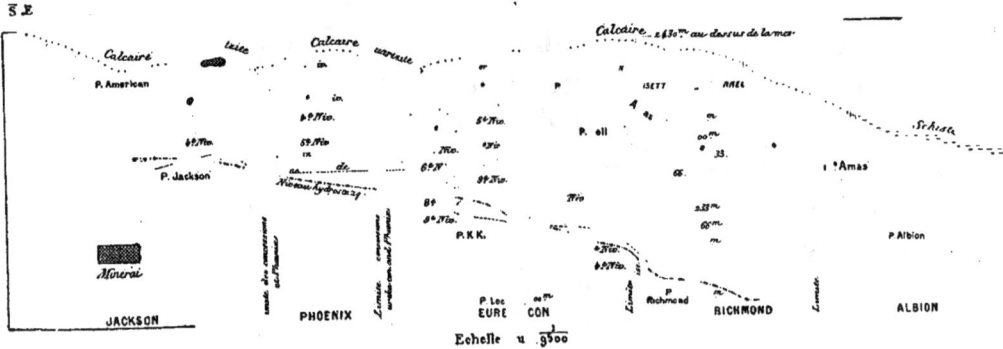

Fig. 17. — Coupe longitudinale N. O. S. E des lines de Ruby Hill à Eureka (d'après M. Curtis).

Echelle : $\frac{1}{9.600}$

Fig. 18. — Plan horizontal de la mine Rd Hill, au niveau de 133 mètres (Richmond).

minerais aurifères en laissant un peu de côté ceux qui ne contenaient que de l'argent.

Les minerais sont là concentrés dans un calcaire dolomitique carbonifère à la base d'une coulée de microgranulite, limités nettement à leur toit par la surface de ce porphyre dont on les suppose dérivés et pénétrant, au contraire, irrégulièrement dans toutes les fissures du calcaire au-dessous (fig. 19). Leur âge serait de la fin du crétacé.

FIG. 19. — Coupe verticale E 25° S, à la descenderie, dite *Carbonate Incline* (Carbonate mine, Leadville).

Les minerais primitifs paraissent avoir été, comme toujours, des sulfures, galènes argentifères et pyrites de fer aurifères ; mais les exploitations ont surtout porté sur des produits d'altération : en premier lieu, sur des carbonates de plomb ; puis, sur des mélanges de sulfates de fer et de plomb avec de la pyromorphite qu'on nomme basic ferric sulfate, des chlorobromures et iodures d'argent superficiels passant, un peu plus bas, à des sulfures d'argent et argents rouges, etc. Comme minerais accessoires, on a trouvé de la blende rare, de l'arsenic, de l'antimoine, du molybdène, du cuivre, du bismuth et même des traces d'étain, avec une gangue de quartz, barytine, etc.

Au *Laurium*, en Attique, les Athéniens ont exploité jadis avec activité et l'on a repris, en 1876, d'importants gisements de galène argentifère, blende et pyrite encaissés dans des calcaires anciens, principalement au contact de schistes et sur lesquels l'action métamorphisante des eaux superficielles a produit un effet, peut-être moins intense qu'à Leadville (au moins dans les parties déjà profondes, aujourd'hui seules visibles, que les anciens ont respectées), mais tout à fait comparable dans sa cause comme dans ses manifestations.

Ici aussi, la circulation des eaux s'est effectuée essentiellement au contact d'un terrain attaquable comme le calcaire et d'une strate inattaquable (ici le schiste, à Leadville le porphyre) et il en est résulté la formation de gisements, nettement limités du côté du schiste, pénétrant au contraire dans le calcaire par une série de veines, de racines, de grottes, de griffons où l'on a voulu jadis à tort voir les cheminées d'ascension des minerais métallifères.

L'origine de ces minerais est là (comme à Leadville, du reste) très mystérieuse et, dans l'absence de filons proprement dits nettement accusés, on peut même se demander si l'on n'aurait pas affaire à des couches sédimentaires contemporaines des strates encaissantes ; mais ce qui est bien net, c'est que ces minerais primitifs, composés d'un mélange de sulfures (galène, blende, pyrite), qu'on retrouve intacts dans certaines parties de la mine, ont été presque partout transformés (par un phénomène que l'on peut également très bien étudier sur les minerais comparables du muschelkalk silésien) et que la forme actuelle, sous laquelle se présentent les gisements, n'est en aucune façon la forme initiale du dépôt.

Contrairement à ce qui se passe à Leadville où le zinc est rare, ici ce métal est très abondant et ce sont ces transformations calaminaires qui ont donné la plus grande partie des bénéfices dans les entreprises contemporaines ; mais les galènes argentifères et, sans doute, dans les parties hautes, quelques carbonates de plomb, ont été le seul but des exploitations antiques et ont longtemps alimenté en argent le trésor d'Athènes; aujourd'hui encore, cette galène recommence à entrer pour une part de plus en plus forte dans l'extraction.

En profondeur, les exploitations sont arrêtées, par un fait dont avons signalé plus haut la généralité, au niveau hydrostatique de la région.

La production de plomb provenant des minerais du Laurium français, presque nulle dans les premières années de la reprise des travaux, s'est élevée en 1894 à près de 8,500 tonnes avec une teneur moyenne de 1,720 grammes d'argent par tonne de plomb d'œuvre. On fait, en outre, environ 35,000 tonnes de calamine dans le centre d'exploitation de Camaresa et 1,000 à 1,200 tonnes de blende.

Des galènes argentifères, également encaissées dans les calcaires, se retrouvent en nombre de points du globe : ainsi à *Sala* en Suède, où des travaux (qui viennent, paraît-il, d'être interrompus) portaient sur des galènes tenant jusqu'à 700 grammes d'argent aux 100 kilogrammes de plomb et irrégulièrement disséminées à l'état de veinules ou de lentilles dans du calcaire.

F. — Couches sédimentaires de galène argentifère.

Les exemples de minerais de plomb sédimentaires sont rares : ce qui s'explique aisément par le peu de solubilité des sels de ce métal ; cependant il en existe quelques exemples qu'il peut être bon de signaler, ne fût-ce que pour montrer la possibilité de ce genre de formations.

C'est ainsi que, dans la *Prusse Rhénane*, entre Aix-la-Chapelle et Sarrelouis, le grès bigarré renferme, en plusieurs points, notamment à Commern, au Bleiberg, près de Düren, à Saint-Avold, près de Sarrelouis, des grains et nodules (knoten) de galène ayant pu donner lieu à des exploitations. Près de Call, ces plombs sont un peu argentifères (0,00027 d'argent). Au plomb est parfois associé un peu de cuivre et de zinc.

Plus hypothétiquement, nous rappellerons, à ce propos, l'existence, dans toute la *Sierra de Carthagène*, de couches galéneuses et blendeuses interstratifiées dans le permien, notamment d'une couche très caractéristique formée d'un protosilicate de fer avec mouchetages de galène, où la teneur en plomb, sur une épaisseur de près de 10 mètres, atteint 8 à 10 pour 100, et de quelques autres niveaux de schiste avec lentilles de blende. — Ces gisements ont, comme toujours, donné lieu à toute une série de dépôts superficiels qui, pendant longtemps, ont, dans l'exploitation, joué le rôle principal : *crestones* formés de galène et sidérose, amas de calamine, dépôts d'oxyde de fer plus ou moins manganésifères, etc. Il existe, d'ailleurs, dans la région, de nombreux filons proprement dits, en sorte qu'il est difficile de dire si les couches d'apparence interstratifiée (*capas*) n'en sont pas simplement l'épanchement latéral.

De même, dans la zone alpestre, en *Carinthie*, en *Silésie*, etc., le calcaire du muschelkalk présente fréquemment des intercalations de galène argentifère, blende et pyrite de fer, semblant avoir eu au début une allure sédimentaire, mais sur lesquelles le métamorphisme, habituel aux dépôts encaissés dans les calcaires et particulièrement aux dépôts zincifères, s'est exercé avec une telle intensité qu'il est souvent à peu près impossible de reconstituer leur allure primitive.

G. — Couches sédimentaires de minerais de cuivre argentifères.

Le type le plus net que nous puissions citer de ce genre de gisements, ce sont les couches de schistes cuivreux du *Mansfeld*, qui produisent par an 16,000 tonnes de cuivre et 60,000 kilogrammes d'argent, la présence de cet argent rendant seule prospères des exploitations qui, si le cuivre s'y rencontrait seul, ne couvriraient pas leurs frais.

La couche exploitée dans le Mansfeld, très étendue et très régulière, se trouve dans le permien, à la base du Zechstein, qui est là un niveau marin succédant au rothliegende d'eau douce. La présence de couches de gypse peu au-dessus du dépôt métallifère semble, d'ailleurs, montrer que les eaux marines, arrivées peut-être sous une faible épaisseur, se sont bientôt concentrées en lagunes, et l'on a attribué à cette concentration des eaux un rôle dans la précipitation des métaux qui, pour une cause quelconque, s'y trouvaient à l'état de dissolution diluée et disséminés. Le phénomène de précipitation chimique du cuivre argentifère est là on ne peut mieux caractérisé.

L'assise des schistes cuivreux métallifères est un mince ruban noir de $0^m,50$ de puissance, imprégné de bitume encore plus régulièrement que de cuivre, et où ce métal se trouve surtout en fines parcelles dans les dix centimètres de la base. — Le cuivre est là à l'état de chalcopyrite, plus ou moins transformée en chalcopyrite et chalcosine ; il est associé avec un certain nombre d'autres sulfures métalliques : pyrite de fer, galène, blende, sulfure d'argent et quelques combinaisons de nickel, de cobalt ou de manganèse.

Cette assise se poursuit, avec les mêmes caractères, sur une surperficie de plus de 500 kilomètres carrés.

La teneur en cuivre varie de 2 à 3 pour 100; celle en argent est de 150 grammes par tonne.

V.

Roches éruptives ayant fourni l'argent des filons.

Il existe un certain nombre de métaux dont la relation avec les roches éruptives est nette et bien caractérisée. C'est ainsi qu'on trouve l'étain, le bismuth, le tungstène et généralement l'antimoine en relation avec des roches acides, qui vont du type granitique ou granulitique à celui des microgranulites; inversement le platine, le fer chromé, le nickel, le cobalt, une grande partie des magnétites et des chalcopyrites se rattachent à des roches basiques : péridotites et serpentines, gabbros, diabases, etc. — Pour l'argent, nous sommes très loin de pouvoir énoncer une loi aussi formelle; néanmoins, il peut être utile de résumer les principaux faits connus dans cet ordre d'idées, ne fût-ce que pour provoquer des analyses chimiques qu'il serait bien intéressant de multiplier sur les roches en relation plus ou moins directe avec des gîtes métallifères.

D'une façon générale, nous verrons l'argent se rattacher surtout à cette série des roches basiques, que leur couleur vert sombre a fait désigner sous les noms de roches vertes, grünstein, greenstone, roca verde, c'est-à-dire, les diorites, les diabases, etc.

Au Mexique, l'argent paraît souvent provenir de filons de diorite vert foncé, qui parfois tiennent eux-mêmes dans leur masse du quartz argentifère. La diorite[1] (roca verde), qu'on rencontre à Real del Monte,

1. Nous rappellerons la composition des principales roches dont

Pachuca, Guanajato, Catorce, est généralement considérée par les mineurs comme annonçant, à son voisinage, un enrichissement des filons, tandis que les
trachytes, qui abondent également dans le pays, sont
postérieurs aux filons d'argent et les recoupent. A
Zacatecas et Fresnillo, la diorite contient également
des inclusions de quartz argentifère, qu'on a considérées comme contemporaines de sa cristallisation.

C'est également des diorites qui accompagnent les
fameux gîtes d'argent du Cerro de Pasco, au Pérou.

Les gîtes d'argent du Chili (post jurassiques) semblent en relation avec des diabases.

Au Comstock, M. Becker a constaté, par des analyses très multipliées, que l'argent paraissait en
rapport avec des diabases, qui contiennent toujours
une proportion assez notable de métaux précieux,
particulièrement dans le p. oxène et sont, paraît-il,
moitié moins riches en argent dans la zone altérée qui
longe le filon : ce qu'on a considéré (peut-être un peu
vite) comme la preuve palpable que l'argent venait
directement d'un lessivage de cette zone altérée.

Au Lac Supérieur, le cuivre est toujours associé
avec des roches basiques vacuolaires ou altérées (diabases, etc.), jamais avec des roches acides.

A Przibram (en Bohême), on a cru également voir
une relation entre les filons de galène riche en argent
et des diabases (grünstein), dont ces filons semblent
parfois occuper des fissures de retrait.

A Schemnitz, en Hongrie, la venue argentifère

---

il va être question : *Diorite :* Plagioclase avec amphibole hornblende
ou mica noir. — *Diabase et Dolérite :* Pagioclase avec pyroxène
augite (type ancien et moderne de la même roche). — *Gabbro et*
Euphotide : Plagioclase et diallage (type ancien et type moderne).
— *Norite et Hypérite :* Plagioclase et pyroxène rhombique (enstatite ou hypersthène). — *Péridotite :* Olivine dominante avec
amphibole, pyroxène, etc.

paraît liée souvent à des andésites amphiboliques, qualifiées de grünstein ou de propylites, qui contiennent de grands cristaux de labrador et de hornblende dans une pâte à microlithes d'oligoclase ou d'orthose.

A Freiberg, en Saxe, l'enrichissement en argent, en même temps que l'abondance de la dolomie dans les gangues, semblent liés, jusqu'à un certain point, au voisinage des grünstein (Obergrüna, Siebenlehn, Roswein, Brand, etc.).

Par contre, à Leadville, au Colorado, les carbonates de plomb et galènes très argentifères paraissent dériver très directement de microgranulites (porphyres quartzifères), et cette association du plomb avec les microgranulites est un fait, dont il semble bien que les exemples soient assez fréquents et relativement nets.

De même, les filons d'or argentifère des Montagnes Rocheuses ont, pour la plupart, leur origine dans les roches acides de l'époque tertiaire.

VI.

Age des gisements d'argent.

L'argent, comme tous les autres métaux, paraît s'être déposé dans ses gisements à une série d'époques très diverses, dont aucune, sans doute, n'affecte un caractère de généralité absolue pour l'ensemble de la terre, mais qui toutes se rattachent à quelque grande phase de dislocation et à la montée des roches éruptives, conséquence porbable des plissements.

C'est peut-être à une première période ancienne qu'il faut rapporter les galènes argentifères de l'Iglesiente en Sardaigne, du Laurium en Attique, ou les filons d'argent de Kongsberg en Norvège, encaissés dans le gneiss. Les gîtes de cuivre argentifère du Lac Supérieur semblent bien être d'âge précambrien.

Puis, l'époque permotriasique, qui marque sur le continent européen la fin du plissement, dit hercynien, paraît y avoir été particulièrement riche en gîtes métallifères.

Au début de cette période, on peut rattacher les filons quartzeux plombifères de Clausthal (Harz), qui traversent le dévonien et le culm en respectant le permien.

On a supposé également d'âge permien certaines couches de plomb interstratifiées de la province de Carthagène, ainsi que les filons d'argent du Sarrabus, en Sardaigne, qui recoupent les microgranulites et les porphyrites de la région.

Le Zechstein présente les schistes cuivreux argentifères du Mansfeld ; le grès bigarré, les couches à nodules de plomb argentifère de la Prusse Rhénane et de très nombreuses inclusions de galène sur la périphérie du Plateau central ; le muschelkalk, les sulfures complexes (plomb, zinc et fer) de Silésie, du Bleiberg, de Begame, etc.; le keuper, ceux de Raibl. De même, les filons de plomb de Linarès, en Espagne, traversent le silurien et sont recouverts par un grès peut-être triasique, etc.

Sur la bordure du Plateau central français, ce genre de venues métallifères s'est prolongé au delà du trias; car on y trouve, dans la Lozère et le Gard, des imprégnations de galène et blende jusque dans l'oxfordien.

Enfin l'époque tertiaire a donné lieu à des venues métallifères, qui nous paraissent d'autant plus importantes que le relief pris par le sol à cette époque n'a pas encore eu le temps de disparaître, en sorte que ces filons récents n'ont été, en général, ni emportés par l'érosion, ni masqués par les sédiments.

C'est l'âge des grands gîtes de galène argentifère ou de minéraux d'argent proprement dits, des Carpathes (Schemnitz, etc.), d'Algérie, et surtout de la chaîne des Montagnes Rocheuses et des Andes (Nevada, Mexique, Pérou, etc.). C'est également l'âge des filons d'or argentifère qui suivent, sur toute sa longueur, cette même chaîne.

TROISIÈME PARTIE

MÉTALLURGIE DE L'ARGENT

La métallurgie de l'argent présente ce caractère spécial, et qui la distingue aussitôt de celle de la plupart des autres métaux, qu'elle est fondée essentiellement sur des phénomènes de dissolution. Généralement la métallurgie des divers métaux consiste à séparer le métal en question des métalloïdes quelconques, auxquels il pouvait se trouver associé dans ses minerais, en amenant la combinaison de ceux-ci avec d'autres corps introduits artificiellement, soit le carbone s'il s'agit d'oxydes comme pour le fer, soit au contraire l'oxygène dans le cas de sulfures, arseniures, antimoniures, etc., comme pour le cuivre par exemple. Quand il s'agit de l'argent, des réactions de ce genre peuvent bien commencer par intervenir pour ramener le métal à l'état natif ; mais, souvent aussi, des influences tout autres, telles que l'action de métaux inférieurs sur les sels en dissolution, sont seules en jeu et surtout l'opération la plus caractéristique est une dissolution de l'argent, soit ignée dans le plomb (méthode de fusion), soit par voie humide dans le mercure (amalgamation), soit enfin dans certaines liqueurs ou réactifs chimiques (lixiviation). On obtient ainsi un alliage ou une dissolution chimique, dont il ne reste plus qu'à isoler l'argent, par coupellation dans

le premier cas, par distillation dans le second, par
précipitation dans le dernier.

Nous venons de faire allusion à la réduction des sels
d'argent, à l'isolement de ce métal hors de ses combinaisons, par l'action d'un métal inférieur qui se substitue
à lui ; une semblable opération, qui ne peut se produire
qu'à l'état de dissolution, intervient aussi bien dans
les procédés de voie ignée, où l'on isole souvent le
plomb argentifère par le fer que dans les procédés
d'amalgamation, où on précipite le plomb par le cuivre
ou le fer. L'amalgamation proprement dite comporte,
d'ailleurs, elle-même, une réaction comparable, puisque le mercure, avant de se combiner à l'argent
isolé, a d'abord contribué à cet isolement, une partie
de ce mercure se substituant à lui. — Dans cet ordre
d'idées, on peut même dire que les progrès successifs
du procédé d'amalgamation ont consisté à précipiter
l'argent par un métal de plus en plus inférieur, dont
les pertes ainsi occasionnées étaient, par suite, de
moins en moins préjudiciables : le mercure d'abord
dans le procédé du patio ; puis le cuivre dans le procédé du cazo ; enfin le fer dans le procédé des pans
ou washoë process, qui est aujourd'hui la méthode la
plus répandue dans tout l'ouest américain.

D'une façon générale, on remarquera que le fer précipite le cuivre, le cuivre le mercure, le mercure l'argent, (un métal déplaçant un autre de ses combinaisons
quand il dégage plus de chaleur de décomposition que
lui), et, par suite, que dans cette succession de corps
se précipitant l'un l'autre, on peut sauter les intermédiaires pour aller de suite au plus économique. Il
y a cependant une restriction à faire dans la pratique
suivant la nature des minerais à traiter. C'est ainsi
que, lorsque le minerai d'argent est très cuprifère,
comme le fer précipiterait le cuivre en même temps

que l'argent, on préfère souvent se servir de cuivre et
non de fer.

Le traitement métallurgique des minerais argentifères se fait, comme nous venons de l'indiquer, par
trois méthodes principales, la fusion, l'amalgamation
et la lixiviation, chacune de ces méthodes ne s'appli-
quant qu'à des minerais d'une nature donnée, qu'on
s'efforce au besoin de réaliser artificiellement par une
préparation mécanique ou chimique convenable, quand
on ne les trouve pas à l'état naturel dans la mine.

La fusion est le procédé le plus ancien et celui
également qui semble appelé à prendre le plus d'importance dans l'avenir, à mesure que les minerais
d'argent proprement dits, pour la plupart localisés au
voisinage des affleurements, s'épuiseront et qu'on aura
affaire à des minerais plus maigres et plus complexes,
ceux-ci devant alors commencer par subir une concentration mécanique et chimique.

C'est, d'abord, le seul procédé employé pour toute
cette grande classe de minerais d'argent que constituent les galènes argentifères ; mais c'est aussi la
méthode adoptée en Amérique, tant pour les minerais
de première classe à forte teneur, dits *smelting ores,*
que pour les produits de concentration artificielle ou
concentrates. L'inconvénient est la dépense en combustible assez forte : ce qui, en Europe, où la houille
est généralement à bon marché, n'a qu'une importance
restreinte, mais peut, au contraire, devenir un empê-
chement dans certaines régions d'Amérique, où l'on
manque de combustible et où l'on préfère alors une
dépense de mercure telle que celle qui résulte de
l'amalgamation.

L'amalgamation exige que les minéraux soumis à
l'action du mercure ne contiennent qu'une très faible
proportion de sulfures ou de métaux communs tels que

le cuivre et le plomb. Les sulfures, en effet, rendent l'amalgamation impossible, et la présence du plomb en trop grande quantité produit naturellement un amalgame très riche en plomb et pauvre en argent. Les minerais directement amalgamables s'appellent aux États-Unis les *free milling ores*.

Enfin la *lixiviation*, moins coûteuse que l'amalgamation, s'applique à des minerais du même genre, qui ne doivent également contenir ni excès de plomb ni trop forte quantité de sulfures. Les méthodes de lixiviation les plus générales sont le procédé Patera, le procédé Russel, puis les procédés Augustin, Zirvogel, etc.

Pour l'argent comme pour l'or, les plus grands progrès réalisés dans ces dernières années et ceux qu'aujourd'hui encore on cherche à obtenir, consistent à trouver un traitement approprié aux minerais de seconde classe, jusque là considérés comme réfractaires, dont la nature fournit des quantités beaucoup plus fortes que de ceux de première et dont, en outre, il existe, sur le carreau de bien des mines, des stocks depuis longtemps accumulés.

C'est par le traitement de plus en plus développé de ces minerais pauvres à faible teneur en argent et chargés de sulfures ou de métaux communs, que les mines d'argent du Nouveau Monde luttent victorieusement contre la baisse croissante du métal qu'elles-mêmes déterminent.

Ces traitements peuvent, d'ailleurs, consister, soit dans des artifices directement appliqués aux minerais, soit, plus souvent, dans une opération antérieure, tantôt déjà métallurgique, tantôt simplement mécanique (comme celle qui résulte de la concentration aux frue vanners) permettant de faire rentrer le minerai concentré dans l'une des méthodes précédentes.

I.

Opérations générales communes aux diverses méthodes de traitement.

Quelle que soit la méthode de traitement adoptée, on peut être amené à faire subir aux minerais certaines opérations communes, telles qu'un broyage ou une calcination, dont nous allons commencer par dire quelques mots pour n'avoir pas à y revenir dans chaque cas.

A. — Broyage.

Toute opération métallurgique exige, au préalable, un broyage plus ou moins perfectionné. Quand il s'agit de l'argent, ce broyage, qui peut être assez sommaire pour la fusion, doit déjà arriver à un certain degré de finesse pour la lixiviation et, dans le cas de l'amalgamation, il faut (presque toujours) une porphyritisation très complète qui entraîne des frais importants.

Le choix des appareils de broyage est loin d'être indifférent, surtout dans le cas des deux dernières méthodes ; car on doit éviter d'écraser les parcelles argentifères, comme cela se produit souvent sous les pilons et de les réduire en feuilles si minces qu'elles flottent sur l'eau sans subir l'action des réactifs.

Souvent, on commence par faire passer le minerai par un concasseur (*crushmill, crujidor*), qui peut être lui-même, soit à excentrique, soit à mâchoires et c'est ensuite seulement qu'on l'amène au travail des pilons : le but à atteindre dans le bocardage étant alors que chaque morceau de minerai soit écrasé d'un seul coup et fasse aussitôt place à un autre.

Comme concasseurs, on doit préférer généralement les concasseurs à excentrique (par exemple du type Gates), aux concasseurs à mâchoires (type Blake, etc., etc.).

Les types à excentrique ont, en effet, l'avantage d'avoir une action continue au lieu d'être saccadée ; leur capacité est plus grande et l'usure y porte sur toute une circonférence au lieu de porter sur un point unique.

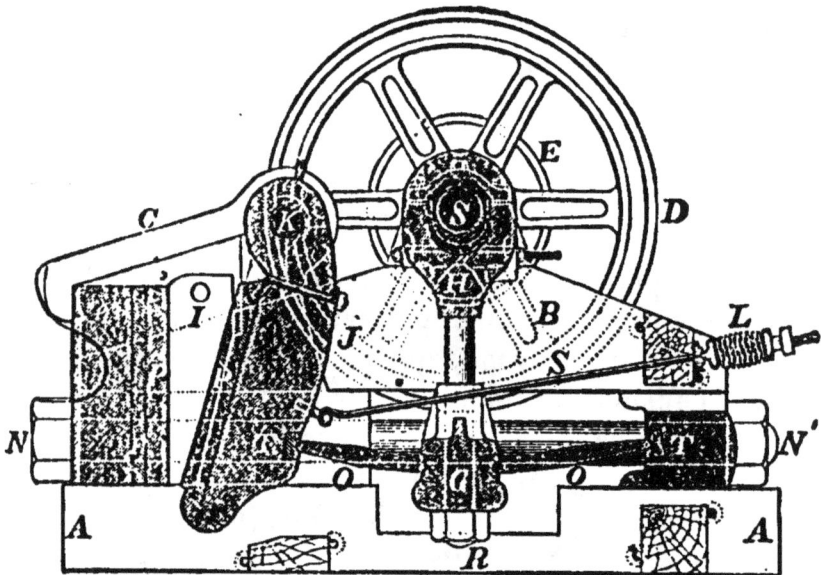

Fig. 20. — Section verticale d'un broyeur de Blake.

A. Pièce inférieure du bâti. — B. Pièce supérieure du bâti. — C. Ferrures d'affût. — D. Volant. — E. Poulie. — H. Coussinet. — I. Mandrins. — J Mâchoire mobile du concasseur. — K. Axe de la mâchoire. — L. Ressort. — NN' Boulons réglant l'écartement des mâchoires. — O. Chevillots. — P. Mâchoire fixe du concasseur. — S. Axe de l'excentrique.

Le concasseur à mâchoires de Blake (fig. 20), est néanmoins extrêmement répandu en Amérique, surtout sur la côte du Pacifique.

Les joues et la carcasse sont de solides masses de fer ; le mouvement des mâchoires est obtenu à l'aide d'une simple bielle et d'une excentrique, mises en mouvement par un axe, équilibré par deux puissants volants D, D', et recevant son action d'une machine à vapeur. La matière à broyer est introduite par le haut entre les deux joues ou mandibules (*jaws*), J et P, dont l'une, J, est en constante motion mécanique : toutes deux convergent vers la base, de telle sorte que les pierres introduites par l'orifice de chargement, à mesure qu'elles se brisent, glissent à un niveau inférieur et finissent par tomber sur le sol à la dimension déterminée par l'écartement des mâchoires. La section d'entrée fixe généralement la puissance de l'appareil ; elle est, en moyenne, de 0,25 sur 0,10.

Après concassage, les minerais vont à un bocardage et souvent à une porphyritisation.

Le *bocard*, ou *moulin à pilons* (stamp mills), présente des types assez divers.

La forme la plus habituelle dans les ateliers d'amalgamation du Mexique ou de l'Amérique du Sud est le bocard à 6 pilons.

Dans cet appareil le pilon (*stem*) est soulevé par les cames à deux branches (*tapyset*); une pièce mobile (*prop*) le retient en l'air, quand on veut arrêter son travail; le sabot est formé de deux pièces : la tête (*head*) et le talon (*schoe*); au pied, se trouve une caisse ou auge (*mortar*, mortier), composée de pièces de fonte formant coffre et ouverte par une face, où des tôles percées ou des toiles métalliques forment écrans (*screens*) et dont les trous, de dimensions variables suivant les minerais, laissent sortir les matières broyées assez finement, en suspension dans l'eau : celle-ci est amenée par un conduit latéral dans l'auge, en quantité suffisante pour entraîner les menus et les schlamms. En général, une disposition automatique règle l'alimentation de minerai, celui-ci devant toujours présenter une couche d'environ 3 centimètres.

Fig. 21. — Pilon de Ball. Vue perspective.

La figure 21 représente en vue perspective un type de pilon également très usité, le pilon de Ball.

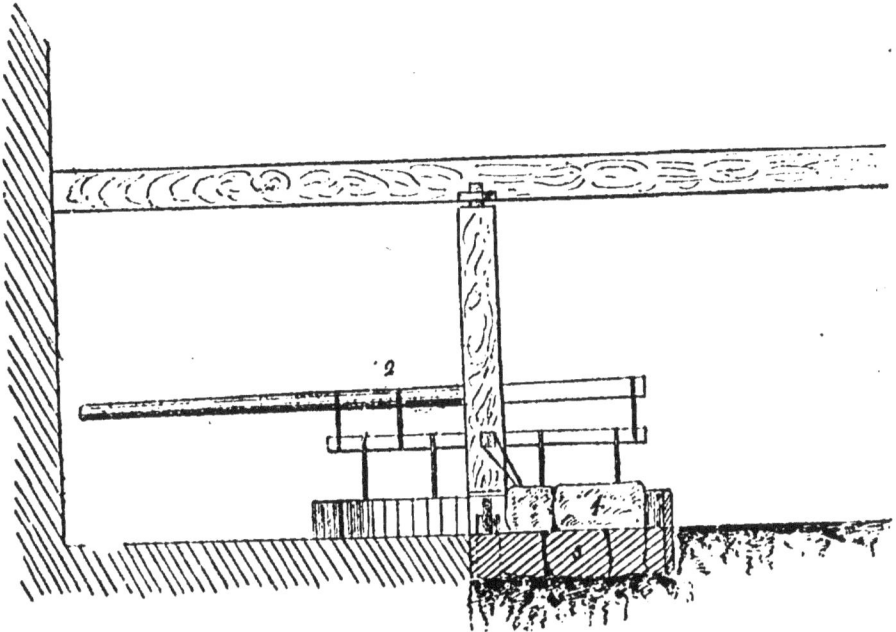

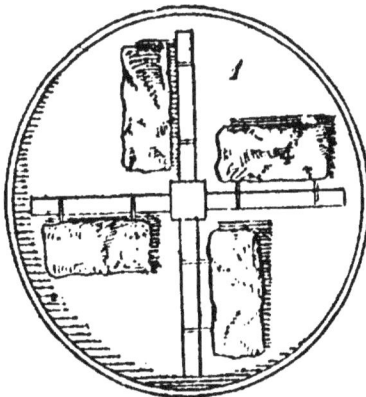

FIG. 22.

1. Plan de l'arrastra. — 2. Arrastra vue de face. — 3. Coupe d'une moitié d'arrastra. — 4. Pierres *voladoras*.

Parfois, quand le bocard est destiné à recueillir immédiatement l'argent par le mercure, on dispose, dans l'intérieur de l'auge et à sa suite, des plaques de cuivre amalgamées.

En 24 heures, une batterie de pilons peut produire 5 tonnes de minerais réduits en sable.

Quand le minerai doit passer à l'amalgamation, on complète le broyage par une phorphyritisation, qui se fait souvent au Mexique, au Pérou, etc., dans des moulins ou *arrastres*, actionnés par une force hydraulique ou par des mules. Ces moulins (fig 22) se composent d'une sole fixe (*taza* ou *sólera*) qui reçoit le minerai, et de pierres mobiles (*voladoras*) portées par un bras qui tourne autour d'un axe vertical. La taza est en pierres dures, de grandes dimensions, disposées en dalles de manière à former une surface unie, bien rejointoyée. Le diamètre des moulins varie beaucoup ; on tend aujourd'hui à les faire très grands ($5^m,80$ à Real del Monte, 6 mètres à Fresnillo). Le prix d'un arrastre est estimé à 300 francs de frais de première installation au Mexique.

B. — Appareils de calcination.

Les appareils de calcination (*calcinadores, hornos de calcination*), usités pour le grillage des minerais d'argent, sont de trois types principaux :

1° *Fours à cuve pour minerais menus,* tels que le four *Stetefeld ;*

2° *Fours rotatoires (Bruckner, Smith, White, Ox-land,* etc.).

3° *Fours à reverbère,* tels que le four, à double sole de *Parkes* ou celui de *Gibbs* et *Gerltharp.*

1° **Four à cascade de Stetefeld.** — Ce four, représenté par une coupe verticale ci-jointe (fig. 23), a $8^m,80$ de haut, $1^m,60$ de largeur en bas et 1 mètre de largeur en haut. Le minerai y est distribué en poudre au moyen d'un tamis de fonte z placé à la partie supé-

rieure (avec circulation intérieure d'eau froide pour
éviter l'échauffement). Il descend de là, dans le four,

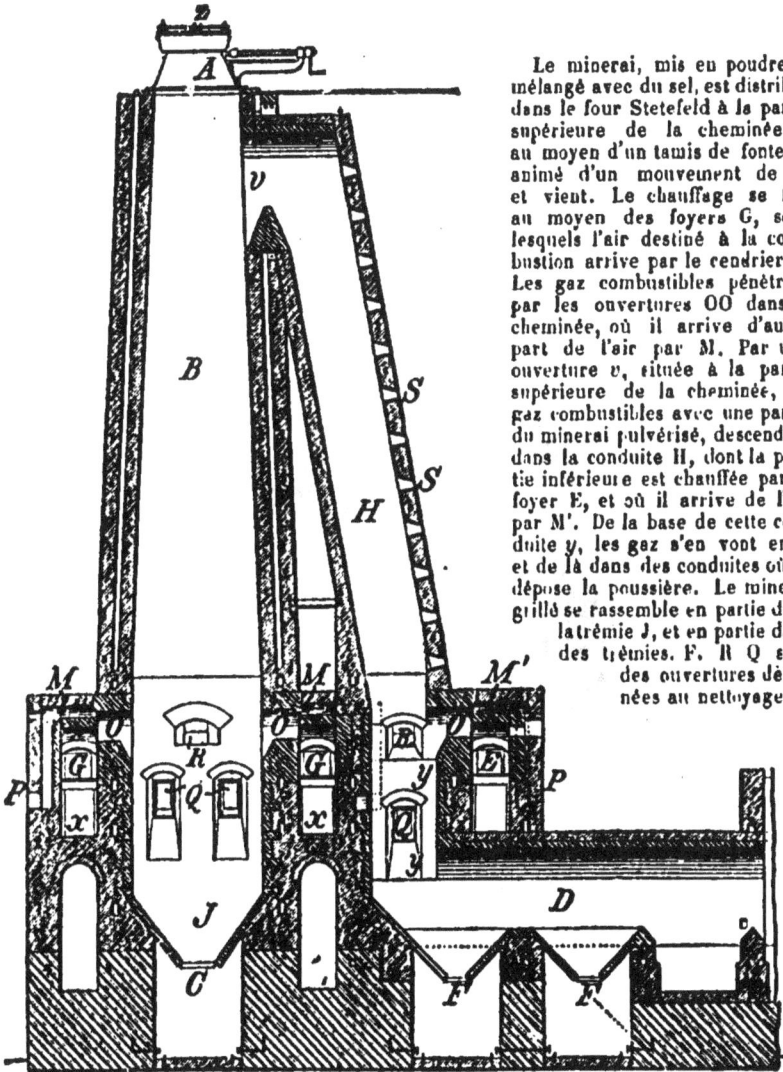

Le minerai, mis en poudre et
mélangé avec du sel, est distribué
dans le four Stetefeld à la partie
supérieure de la cheminée B
au moyen d'un tamis de fonte z,
animé d'un mouvement de va
et vient. Le chauffage se fait
au moyen des foyers G, sous
lesquels l'air destiné à la com-
bustion arrive par le cendrier x.
Les gaz combustibles pénètrent
par les ouvertures OO dans la
cheminée, où il arrive d'autre
part de l'air par M. Par une
ouverture v, située à la partie
supérieure de la cheminée, les
gaz combustibles avec une partie
du minerai pulvérisé, descendent
dans la conduite H, dont la partie inférieure est chauffée par le
foyer E, et où il arrive de l'air
par M'. De la base de cette conduite y, les gaz s'en vont en D
et de là dans des conduites où se
dépose la poussière. Le minerai
grillé se rassemble en partie dans
la trémie J, et en partie dans
des trémies. F. R Q sont
des ouvertures desti-
nées au nettoyage.

Fig. 23. — Four à cascade de Stetefeld.

chauffé par un générateur à gaz Siemens ou par un
foyer de houille ordinaire.

Ce four sert souvent pour la chloruration des mine-

rais, soit en faisant tomber un mélange de sel et de
minerai, comme nous venons de le dire, soit en envoyant
de l'acide chlorhydrique en pluie ou un courant de
gaz chlore. Quand les minerais sont plombeux, il arrive
qu'il s'encroûte assez facilement et on lui préfère alors
les fours rotatoires.

2° **Four rotatoire ou grilloir mécanique de Bruckner.**
(Fig. 24). — Ce four fait automatiquement le râblage
mécanique à l'aide d'un moteur et évite ainsi les irré-
gularités forcées du travail de l'ouvrier.

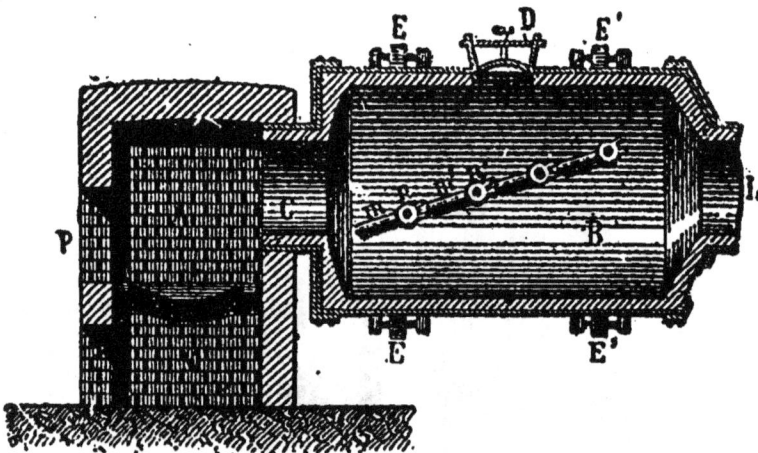

Fig. 24. —'Four cylindrique Bruckner en coupe.

Il se compose d'un cylindre en tôle B, de 3^m,50 à
3^m,80 de long, sur 1^m,60 à 1^m,90 de diamètre, garni
à l'intérieur de briques réfractaires et à l'extérieur
d'anneaux E, E', qui roulent sur des galets. Une roue
dentée, engrenant avec un pignon, monté sur un arbre
de couche, lui donne un mouvement de rotation lent,
de 2 à 3 tours par minute. Le foyer est en A. Par le
carneau C, les gaz se rendent dans le four B et, de là,
par le carneau L, à une cheminée ou à des chambres
de condensation et finalement à des chambres de

plomb, pour la fabrication de l'acide sulfurique, lorsqu'on utilise le soufre des pyrites.

Le minerai est remué automatiquement à l'aide de plaques en tôle *m* ayant une inclinaison de 15 degrés, percées de trous et revêtues d'argile réfractaire; elles sont glissées dans des rainures placées latéralement sur des tuyaux creux et constamment traversées par de l'air froid.

3° **Fours rotatoires Smith, White, Oxland.** — Ces trois fours, qui se ressemblent complètement, comprennent un long cylindre mobile à axe incliné de $1^m,86$ de long. et $1^m,26$ de diamètre, qui tourne lentement au bout d'un four à réverbère. Le cylindre porte extérieurement un cercle denté, auquel une roue dentée communique son mouvement; à l'intérieur, il est garni de briques réfractaires, dont quelques-unes, disposées suivant une ligne hélicoïdale, font saillie de manière à remuer automatiquement la masse à griller. On y passe 8 à 10 tonnes de minerai par 24 heures.

4° **Four à réverbère à double sole, avec agitateur mécanique, de Parkes** (fig. 25). — Dans ce four, les deux soles *a* et *b'* ont $3^m,75$ de diamètre et sont séparées au milieu par une distance de $1^m,25$. Elles communiquent par un carneau de $1^m,26$ de long sur $0^m,32$ de large. Un arbre en fonte vertical, qui les traverse et porte deux rableurs horizontaux à griffes, *m*, un pour chaque sole, est mis en mouvement circulaire à l'aide de deux pignons qui fonctionnent sous les soles.

5° **Four à sole rotatoire de Gibbs et Gerltharp.** — Ce four est circulaire et a 5 mètres de diamètre; la sole, en forme d'assiette (*tellerofen, plate furnace*) est en tôle, garnie d'une épaisse couche d'argile réfractaire; elle est placée sur un support ou axe en fonte vertical, mise en rotation par une chaîne sans fin et soutenue dans son mouvement par des galets. Des bras

fixes en forme de charrue et maintenus par des tiges
en fer forgé, dirigés dans le sens d'un diamètre,
reçoivent également de l'arbre moteur un mouvement

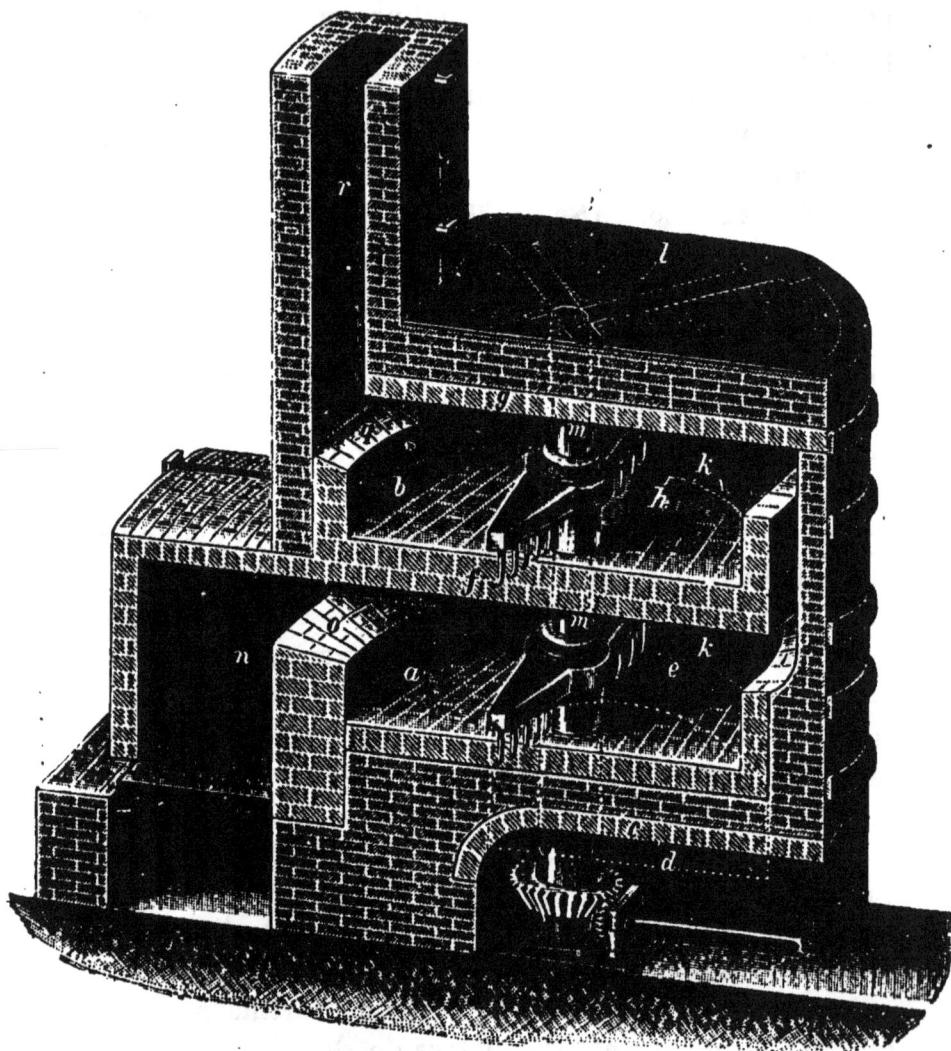

Fig. 25. — Four à réverbère, à double sole, avec agitateur mécanique
de Parkes.

a représente la sole inférieure de 3^{m}75 de diamètre; b, la sole supérieure; n, le foyer
(1^{m}26 de long et de large); o, le pont; m, l'agitateur; kk, les ouvertures pour le travail.
— Le minerai grillé peut être rejeté de la sole supérieure sur l'inférieure par un canal.
Les gaz passent par un autre canal de la sole inférieure à la supérieure, s'échappent
en q et arrivent dans la cheminée c.

de va-et-vient continu alternatif, dont la course totale
dure le temps d'une rotation entière de la sole.

II.

Traitement des minerais d'argent par voie ignée.

Les procédés de fusion s'appliquent couramment
aux minerais argentifères (galènes et carbonates), puis
à ces minerais de première classe qu'on nomme aux
États-Unis les *smelting ores* (les usines où se fait l'opération étant les *smelters*), enfin à des produits de
concentration, tels que ceux obtenus mécaniquement
dans les *frue vanners*, par le passage des minerais maigres
ou dürrerze, minerais appelés les *concentrates*, ou
encore aux mattes de la fonte crue (*roharbeit*), dans
lesquelles la concentration de l'argent s'est opérée par
l'intervention du soufre.

Ces procédés de fusion, qui sont les plus anciens
de tous et qui, avant l'invention de l'amalgamation au
xvie siècle, régnaient même exclusivement, ont, en
résumé, pour but, la dissolution de l'argent dans du
plomb (*verbleien*), dont on le sépare ensuite par coupellation, au besoin après enrichissement par zingage, pattinsonage, etc., soit que ce plomb se trouvât
déjà dans le minerai primitif, soit qu'on l'y ait introduit artificiellement.

Les perfectionnements récents de la méthode ont
surtout consisté dans la préparation mécanique ou
chimique des minerais avant la fusion, préparation
ayant pour effet de rendre un bien plus grand
nombre d'entre eux aptes à subir ce procédé et dans
l'adoption des fours à cuve (analogues à ceux qui
servent pour la fonte) dans la métallurgie du plomb

(fours Rachette, fours Pilz, etc.). Grâce à l'emploi de ces appareils, au lieu de passer au plus 3 tonnes de minerais par 24 heures, on arrive à en passer 12 ou 15.

Le traitement des minerais argentifères par voie sèche ou ignée comprend deux séries d'opération : 1° concentration de l'argent dans le plomb ; 2° désargentation du plomb.

1re SÉRIE. — CONCENTRATION DE L'ARGENT DANS LE PLOMB.

La concentration de l'argent dans le plomb peut se faire par trois méthodes principales :

A. **Fusion,** procédé principal appliqué surtout aux galènes, carbonates et sulfates de plomb, sulfures divers métalliques, etc. — C'est, en réalité, la métallurgie du plomb, appliquée à peu près sans modifications, soit au réverbère, soit au four à manche. La composition artificielle des lits de fusion permet de traiter, au moyen de mélanges convenables, des minerais très divers, même ceux qui originellement ne tenaient pas de plomb.

B. **Imbibition,** appliquée surtout aux minerais très riches, tenant parfois de 10 à 80 pour 100 d'argent et renfermant souvent l'argent à l'état natif. — Comme le nom l'indique, le principe est de plonger le minerai dans un bain de plomb fondu, qui dissout l'argent en l'isolant de sa gangue.

C. **Scorification,** appliquée aux minerais d'argent proprement dits, sulfures, antimoniures, arséniures, etc. — Cette méthode dérive directement de l'imbibition, mais se pratique, soit dans un réverbère, soit dans un four à coupelle, soit dans un four de raffinage.

Par suite, le procédé à adopter variera de la manière suivante avec la nature du minerai :

Les minerais à haute teneur en argent sont traités par imbibition dans un bain de plomb fondu ;

Ceux à teneur moyenne en argent sont fondus au four à cuve avec des scories ou des minerais de plomb. S'ils étaient sulfureux, on commence par les griller avant de les fondre ;

Ceux à faible teneur en argent, s'il ne renferment pas de plomb, commencent par subir un enrichissement par fusion au four à cuve avant le traitement plombeux. Cette fusion a lieu : avec addition de pyrite si le soufre manque ; au contraire, après un grillage, si la pyrite est trop abondante. La matte enrichie est traitée par le plomb.

Quand le minerai pauvre en argent est plombeux, on le traite comme un minerai de plomb argentifère, c'est-à-dire par les procédés habituels de la métallurgie du plomb et sans tenir compte de la présence de l'argent.

Les minerais cuivreux argentifères ne sont soumis à la fusion plombeuse que lorsqu'ils renferment un mélange naturel de minerais de cuivre et de plomb ou lorsqu'on doit les mélanger avec des minerais d'argent cuprifères. On les fond, souvent après grillage préalable, avec addition de minerais de plomb grillés ou de scories plombeuses. La matte plombo-cuprifère retient une certaine quantité de l'argent, qu'il faut en extraire, soit par une seconde opération du même genre, soit avec intervention des méthodes de voie humide.

Pour la plupart des minerais de cuivre argentifères, cette méthode est laissée de côté à cause des graves inconvénients qu'elle présente : perte d'une partie de l'argent restant avec le cuivre, opérations compliquées et coûteuses, etc. On préfère alors traiter ces minerais simplement pour cuivre et, à un moment donné, en retirer l'argent par la voie humide ou par l'électrolyse.

Quant aux blendes argentifères, si elles contiennent un mélange intime de minerais de plomb, on les traite par la métallurgie habituelle du plomb ; dans le cas contraire, on distille le zinc et le résidu passe à la fusion plombeuse.

Pour les minerais de cobalt et de nickel argentifères, les procédés de voie ignée, jadis appliqués à Joachims-thal, en Bohême, ont été délaissés et remplacés par la voie humide.

Indépendamment des minerais, on peut avoir à extraire l'argent de produits artificiels résultant d'un traitement métallurgique antérieur, (mattes, cuivres noirs, speiss.....).

Les fontes crues, obtenues par concentration de minerais d'argent, par fusion de minerais de plomb ou de cuivre faiblement argentifères, etc., sont traitées par imbibition ou bien au four à cuve.

Les speiss argentifères peuvent passer également à l'imbibition ou à des fontes répétées avec addition de scories plombeuses. Il faut auparavant se débarrasser le plus possible de l'arsenic et de l'antimoine par un grillage perfectionné.

A. — Procédés de fusion.

Ces procédés, comme nous l'avons dit plus haut, sont, en réalité, des procédés de métallurgie du plomb et s'appliquent, en particulier, exclusivement à cette classe si considérable de minerais d'argent qui sont les galènes argentifères.

La fusion s'opère, soit au réverbère, soit au four à cuve. Dans le premier cas, le minerai est séparé du combustible et le courant d'air est naturel ; dans le second, minerai et combustible sont, au contraire, mélangés ainsi que dans le traitement d'un minerai

de fer au haut fourneau et l'air est insufflé artificiellement par des tuyères.

Le réverbère s'applique surtout aux galènes très
riches en plomb contenant une gangue (telles que la calcite, la barytine, ou peu de blende) qui n'empêche
pas la fusion des composés oxygénés du plomb. Quand
la galène est pauvre en plomb, il faut, au contraire,
employer le four à cuve, car le réverbère serait trop
dispendieux et c'est également le four à manche ou le
four à cuve avec addition de fer qu'on adopte pour les
minerais à gangue siliceuse ou argileuse, le fer jouant
alors le rôle de désulfurant pour la galène.

a. — **Fusion au réverbère.** — Le traitement des galènes argentifères au réverbère a pour but d'obtenir,
par une oxydation suivie d'une réduction (méthode
dite par réaction), un plomb métallique argentifère.

La figure 26 représente, en coupes transversale et
longitudinale, un four à réverbère anglais.

L'opération entière se divise en trois phases : dans
la première, on produit l'oxydation d'une partie du
sulfure de plomb et sa transformation en oxyde et en
sulfate ; dans la seconde, on fait réagir le sulfure sur
l'oxyde et le sulfate, de façon à ramener le plomb à
l'état métallique ; et, dans la dernière, on cherche
encore à retirer un peu de plomb argentifère des matières semi-fondues qui se trouvent sur la sole, en les
traitant par de la chaux ou du charbon. Les réactions
sont :

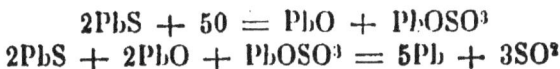

$$2PbS + 5O = PbO + PbOSO^3$$
$$2PbS + 2PbO + PbOSO^3 = 5Pb + 3SO^2$$

Ce traitement donne du plomb brut, toujours assez
impur, qui coule, pendant les deux dernières périodes,
dans le bassin extérieur et des crasses de ressuage,
retirées du four à la fin de l'opération, qui contiennent

généralement assez de plomb et d'argent pour qu'on ait intérêt à ne pas les jeter.

Les résultats économiques de la méthode au réver-

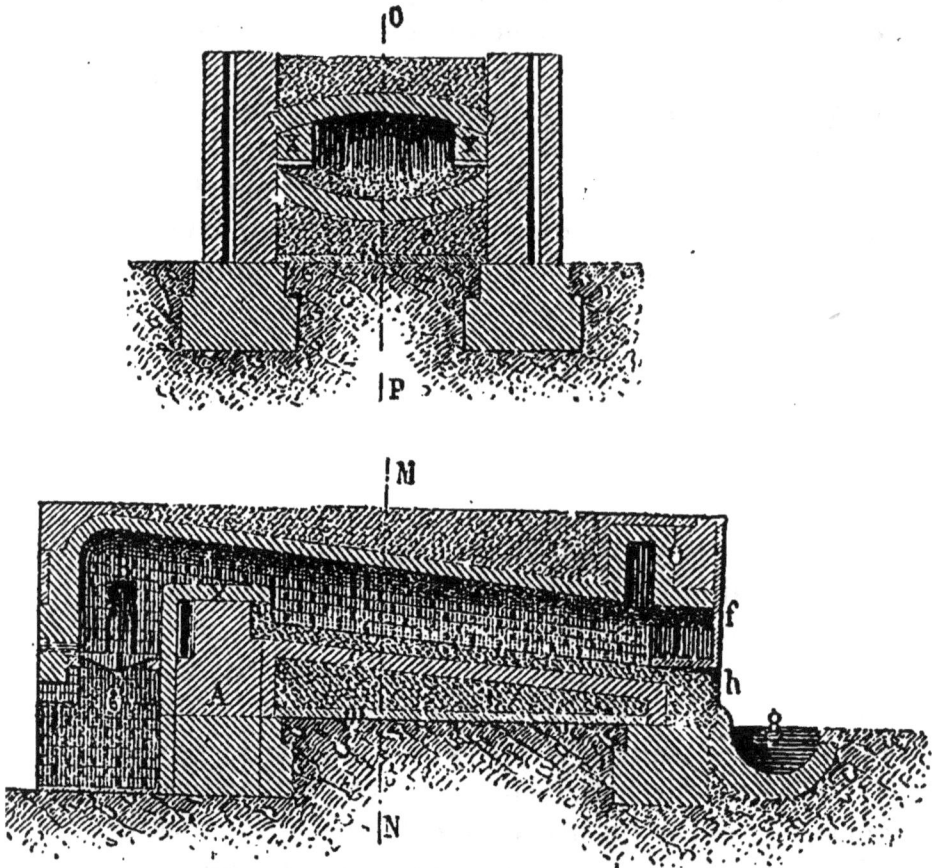

Fig. 26. — Four à réverbère anglais. Coupes transversale et longitudinale.

Ces figures représentent le type ordinaire d'un four à réverbère anglais : en coupe transversale, par MN, et longitudinale, par OP. G, est la grille ; B, la porte du foyer ; g, le chaudron de réception ; f, la porte de travail ; x, le pont ; e, le carneau des fumées. La sole se compose de quatre couches : m, lit d'argile damée ; e, sable ; c, lit de briques ; d, brasque de 0m,25 d'épaisseur ; h, trou de coulée. La sole de brasque a 3m,80 de long sur 1m,25 de large. (Roswag, *Métallurgie de l'argent*.)

bère dépendent absolument des dimensions du four qui, dans chaque région et pour chaque nature de minerai, sont déterminés par une longue expérience, ainsi que de l'habileté des ouvriers. Celle-ci influe surtout sur la volatilisation du plomb et de l'argent, volatilisation à laquelle on cherche à remédier par des galeries de condensation qui, en certaines usines espagnoles, atteignent 2 kilomètres.

Les sulfures métalliques, qui accompagnent si souvent la galène, constituent tous une gêne dans le traitement au réverbère.

Le plus fréquent, qui est la blende, a l'inconvénient de s'interposer dans les réactions, de rendre les substances difficiles à liquéfier. On peut néanmoins traiter jusqu'à une teneur de 12 à 15 pour 100 de blende ; mais, au-delà, on est arrêté. On a donc combiné de nombreux appareils de préparation mécanique pour obtenir auparavant la séparation des deux sulfures ; mais leur faible différence de densité rend généralement cette préparation défectueuse.

La pyrite de fer et le cuivre gris empêchent également le contact intime des substances qui doivent réagir l'une sur l'autre ; aussi, quand les galènes en contiennent, préfère-t-on les passer au four à manche.

b. — **Traitement au four à manche.** — Le procédé au four à manche est d'un emploi beaucoup plus général et plus répandu que le procédé au réverbère, il s'applique aux galènes à faible teneur en plomb et à celles dont la gangue est quartzeuse ou argileuse.

Les types de fours sont extrêmement variables. Parmi les plus répandus, nous choisirons le *four Pilz,* représenté par la figure 27.

Ce four permet de passer 30 à 40 tonnes en 24 heures.

La fusion se fait généralement après grillage agglomérant, par le procédé dit d'agglomération ; rarement par fusion directe avec du fer métallique, méthode dite de précipitation.

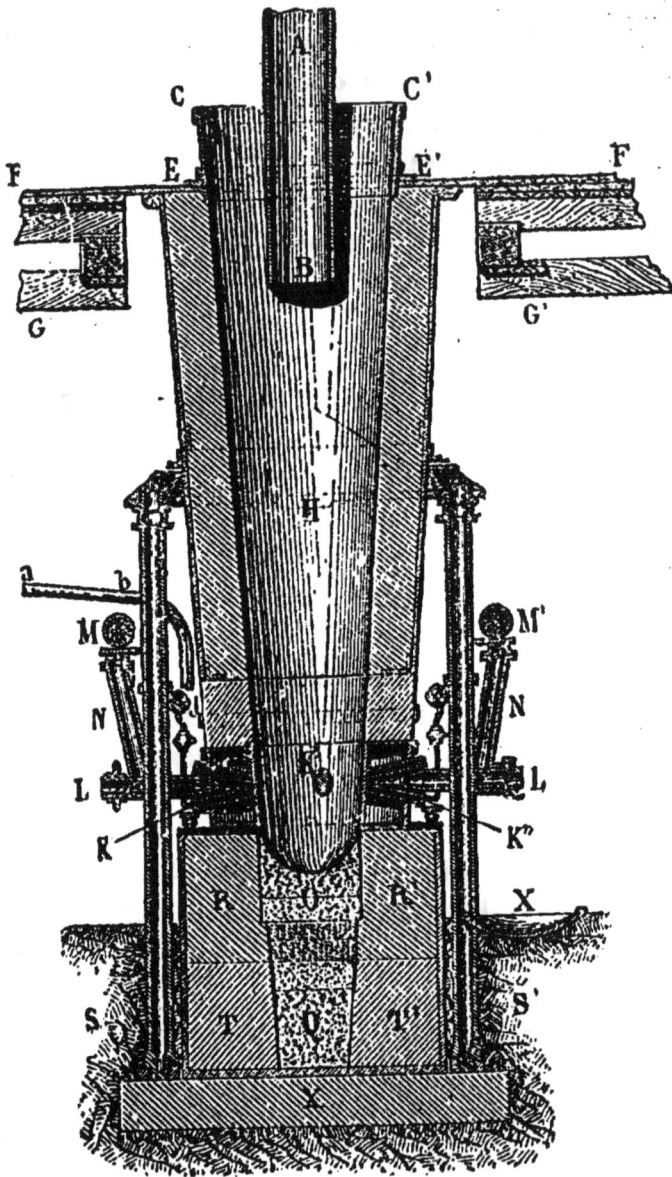

Fig. 27. — Four Pilz. Coupe verticale.

FF, plate-forme ou plancher de chargement soutenu par la charpente GG' ; AB, tuyau d'échappement des gaz à la galerie de condensation ; CC', couvercle ; H, étalages du four ; RR', TT', pièces en basalte servant de fondation au creuset ; P, sole en briques servant de base à la brasque et à l'argile foulés, formant le creux inférieur ; X, pierre dure supportant le tout, bien en contact avec le terrain de l'usine SS' servant de fondation ; X, bassin de coulée ou réception (de 0^m,93 de diamètre) pour le plomb et la matte. LL' tuyères. (Roswag, *Métallurgie de l'argent*.)

Quand on opère par agglomération, on commence par griller les minerais dans un réverbère et l'on termine par un coup de feu, de manière à obtenir, comme produit unique, des matières grillées et agglomérées, parfois même légèrement fondues.

A ces matières, on ajoute alors des fondants pour les gangues terreuses, des résidus plombeux obtenus dans les diverses opérations et, parfois, de la vieille ferraille, de la fonte, des minerais de fer, etc., et l'on passe l'ensemble au four à manche, de manière à réduire le silicate de plomb, résultat de l'agglomération, avec le peu de sulfure de plomb qui a pu échapper au grillage.

La fusion donne, à ce moment, du plomb argentifère et des scories pauvres rejetées en grande partie. La volatilisation du plomb étant forte, on a des appareils de condensation très développés.

La méthode dite de précipitation s'applique, d'après M. Roswag, à Friedrichshütte, en Silésie, pour des minerais assez pauvres en argent et à Andreasberg (Harz), pour des minerais très riches en argent, mais compliqués de blende, stibine et cuivre gris.

On fait passer, dans un four à manche très élevé, le minerai mélangé avec de la vieille ferraille en morceaux, des scories de forge très fusibles et peu siliceuses, etc., et l'on obtient trois produits principaux : du plomb brut argentifère, une matte contenant encore du plomb et de l'argent, des scories pauvres, dont une partie est rejetée et l'autre retraitée, soit dans le même four, soit à part.

Les mattes sont ensuite grillées en tas ; on les refond, en compagnie de tous les autres résidus de l'usine (fumées, fours de coupelle, scories riches, débris de fours bocardés, scories anciennes très plombeuses, etc.); on en obtient un second plomb argentifère et des scories presque totalement rejetées.

Dans ces opérations, le fer agit comme désulfurant à l'état métallique ; mais la dépense qu'on en fait rend le procédé peu économique.

B. — Traitement par imbibition.

Cette méthode s'applique surtout, comme nous l'avons dit, à des minerais très riches en argent, renfermant au moins 10 pour 100 de ce métal, surtout à l'état natif et peu en sulfures.

Le principe consiste à tremper le minerai, préalablement aggluminé, dans un bain de plomb fondu à 500 ou 600° ; l'argent se dissout dans le plomb, tandis que la gangue remonte à la surface. — L'avantage de la méthode, quand elle peut s'appliquer, est sa rapidité et son extrême simplicité.

On commence par mélanger le minerai avec du brai, du goudron ou de la chaux ; on sèche et, avec une cuillère ou une écope, on fait descendre la matière dans un chaudron de fonte contenant du plomb fondu. Les crasses sont enlevées à l'écumoire, aussitôt qu'elles atteignent une certaine épaisseur et vont généralement repasser au four à manche.

La méthode réussit mal quand le minerai contient, outre l'argent natif, des sulfures, antimoniures, etc., et surtout des minerais de cuivre.

On place alors souvent le mélange dans l'avant-creuset d'un four à manche ou encore dans le bassin de réception des matières, un peu avant la coulée du plomb qui a été réduit dans le four. Dans le premier cas, on dégage un peu la poitrine pour laisser agir le vent et la flamme ; dans le second cas, on fait tomber, sur les minerais argentifères, un jet incandescent à 800 ou 900 degrés : on remue vivement avec un ringard terminé en spirale, et la manipulation s'achève par un perchage

au bois. La méthode par imbibition dans l'avant-creuset du four à manche s'applique souvent [par exemple
à Nagybanya (Hongrie), à Kongsberg (Norvège), à Koly-
wan (Altaï)] aux produits sulfurés artificiels obtenus
dans les fours de fusion par la réaction du soufre sur
le fer et consistant en des sulfures de fer très liquides
ayant dissous l'argent à l'état de sulfure d'argent.
Ces produits artificiels sont ce qu'on appelle les *mattes
crues*.

C. — Traitement par scorification.

Ce traitement, qui se rattache très intimement au
procédé d'imbibition, peut s'opérer : soit sous une
forme simple, au creuset ; soit sous une forme plus
compliquée, à la coupelle, au réverbère et au four à
manche. Il a beaucoup de rapports avec les méthodes
que nous aurons à décrire plus tard, quand nous nous
occuperons du raffinage de l'argent brut.

a. — Scorification au creuset.

Dans cette méthode, qui n'est, en réalité, qu'un
raffinage, on charge le minerai dans des creusets en
graphite ou en terre réfractaire avec des proportions
variables de flux (borax, potasse, soude, verre pilé, etc.)
et du plomb en grenailles. On écume les scories qui
doivent être très liquides, et on renouvelle le plomb
quand il atteint une teneur qui varie de 7 à 30 pour
100.

Il est parfois nécessaire d'ajouter du fer métallique
quand le minerai contient du sulfure d'argent qui se
réduirait mal autrement.

b. — Scorification à la coupelle ou au réverbère.

Là encore il s'agit d'un raffinage, c'est-à-dire d'une
coupellation prolongée et à haute température, dont

nous renvoyons, par suite, la description au moment où nous traiterons de la coupellation.

Cette scorification se fait le plus souvent par le plomb (*ein traenken*). Elle ne s'applique qu'aux minerais riches et, dans ce cas, est très en usage en Amérique (Mexique, Pérou, etc...), l'amalgamation étant réservée pour les minerais de moyenne ou faible teneur en argent.

2° Série. — Désargentation des plombs argentifères.

L'extraction de l'argent contenu dans les plombs argentifères se fait par trois méthodes principales : la *coupellation directe*, jadis exclusivement adoptée, la *cristallisation* (pattinsonage) et le *zingage* plus récemment connus.

Ces deux derniers procédés constituent, en résumé, un enrichissement en argent des plombs argentifères; autrement dit, un traitement préparatoire, ayant pour but de réduire considérablement la proportion de plomb dans laquelle l'argent se trouve contenu ; après quoi, on finit toujours par séparer l'argent du plomb par la coupellation. Nous commencerons donc par décrire les opérations d'enrichissement préliminaires, c'est-à-dire la cristallisation et le zingage.

A. — Cristallisation ou pattinsonage.

La méthode de la cristallisation est fondée sur ce que, quand on laisse un bain de plomb brut se refroidir doucement, le plomb pur, ou du moins très appauvri en argent, se rassemble dans les premiers cristaux qu'on peut enlever, tandis que l'argent reste dans les résidus, où on le concentre par une série de cristallisations successives.

a. — Pattinsonage à bras.

On est souvent obligé de commencer par un *raffinage* des plombs bruts, qui peuvent contenir de l'antimoine (particulièrement abondant dans les plombs
riches), de l'arsenic, du fer, du soufre, du cuivre et
du zinc. — Ce raffinage se fait au réverbère par une
oxydation plus ou moins énergique du plomb fondu,
en ajoutant, au besoin, des réactifs oxydants, de l'air
soufflé ou de la vapeur d'eau. On écume le bain métallique au fur et à mesure que les taches huileuses et
noirâtres de l'antimoine se présentent à la surface.
Quand les plombs sont très impurs et, en particulier,
cuivreux, on opère parfois une véritable liquation.

Le raffinage (qui débarrasse du fer, du cuivre et de
l'antimoine) ne peut guère se supprimer que si le
plomb est pauvre en argent, c'est-à-dire en contient
moins de $0^{kr},500$ à la tonne, les impuretés proprement
dites étant généralement connexes de la présence de
l'argent, qui est une impureté lui-même pour le plomb.

Après ce raffinage, on fait la cristallisation proprement dite, qui a lieu généralement dans une série de
chaudières en fonte 1, 2, 3, ..., 9 disposées en batterie,
chaudières dont la figure 28 donne la coupe. Dans
l'une d'elles, on met environ 10 tonnes de plomb
brut, dont un tiers restera au fond et les deux autres
tiers, enlevés à l'état de cristaux, sont portés dans
une chaudière voisine. Au lieu de ce rapport 1/3, on
peut, d'ailleurs, adopter un rapport quelconque $\frac{1}{m}$, m
étant, par exemple, égal à 8.

L'opération commence par la fonte du plomb dans
la chaudière, qu'on a eu soin de badigeonner avec un
lait de chaux ou une bouillie d'argile pour la protéger;
puis on écume les sous-oxydes noirs qui commencent
par se former. Après quoi, on détermine la cristalli-

sation en laissant refroidir lentement et s'aidant d'aspersions d'eau. A mesure que les cristaux de plomb appauvris en argent se forment, on les écume et on

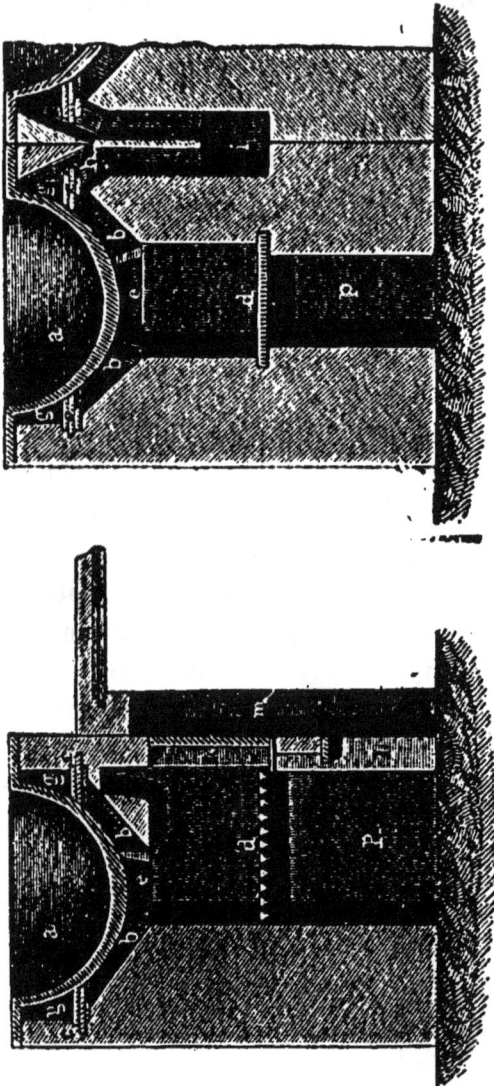

FIG. 28. — Chaudière de pattinsonage.

a, chaudière de fonte de 1m,57 à 2m,20 de diamètre et 0m,89 à 0m,94 de profondeur, avec une épaisseur de 33 à 78 millim. à la base et 26 à 52 millim. sur les parois, reposant sur quatre supports de grès *b*. *c*, anneau en maçonnerie pour le partage de la flamme, qui monte de la grille *d*, circule sous la chaudière en *e*, passe par l'ouverture *f* dans l'anneau *c*, traverse l'espace *g* et s'échappe par *h* dans la conduite horizontale qui est commune pour deux chaudières. (Kerl).

s'arrête quand on a réduit le bain métallique à la proportion $\frac{1}{m}$ fixée précédemment, ayant, par suite, obtenu, dans cette chaudière, un plomb contenant environ *m* fois plus d'argent que le plomb brut précédent.

Je suppose que, dans la chaudière 7, on ait chargé 10 tonnes de plomb à 500 grammes d'argent et que *m* soit égal à 3. Les deux tiers, c'est-à-dire 6 tonnes 66, s'en iront à l'état de cristaux ne contenant plus que 250 grammes d'argent au lieu de 500, et les 3 tonnes 33, restantes comme culot, seront enrichies à 1,000 grammes, comme il est facile de le calculer.

Généralement on s'arrange pour faire cheminer les culots enrichis dans un certain sens, tandis que les cristaux appauvris vont en sens contraire.

On a donc, après chaque coup de pattinsonage, c'est-à-dire quand les cristaux ont été portés dans un sens et les culots dans l'autre, les résultats suivants :

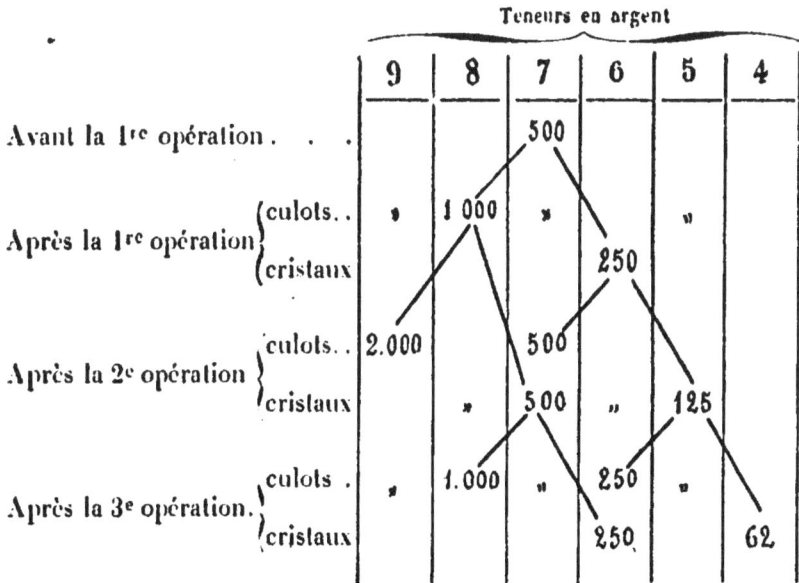

	Teneurs en argent					
	9	8	7	6	5	4
Avant la 1re opération . . .			500			
Après la 1re opération { culots..		1 000	»		»	
{ cristaux				250		
Après la 2e opération { culots..	2.000		500			
{ cristaux		»	500	»	125	
Après la 3e opération { culots .		1.000	»	250	»	
{ cristaux				250		62

On voit par là qu'une fois l'opération en train, chaque chaudière, qui doit fonctionner à un coup de pattinsonage, reçoit de la droite 1/3 de charge à l'état de culots enrichis et de la gauche 2/3 de cristaux appauvris ayant la même teneur et constituant par leur réunion (sauf un léger déchet à l'état d'oxydes) une charge entière. On obtient finalement : à un bout, du plomb appauvri à 7 grammes d'argent, et, à l'autre, du plomb enrichi à 2 kilogrammes d'argent.

Un coup de pattinsonage simultané dure généralement 6 heures.

Nous venons de supposer là $m=3$, ce qui donne en pratique de grandes facilités pour l'organisation de la batterie et a fait adopter cette formule dans la plupart des usines ; on peut lui donner également les valeurs 4 ou 8, mais on le fait rarement.

Le tableau suivant indique, d'après M. Roswag, le coût du pattinsonage à bras dans un certain nombre d'usines de désargentation :

DÉPENSES	Freiberg (Saxe)	Rouen (France)	Stolberg (Belgique)	Tarnowitz (Hongrie)	Nord de l'Angleterre	Marseille
a. Salaires. . .	5 fr 67	6 fr »	5 fr 60	7 fr 50	11 fr 81	13 fr 68
b. Combustible. .	5 55	6 25	»	3 20	1 »	10 51
c. Réparation des chaudières. .	1 60	1 75	2 »	2 »	0 24	6 15
d. Outils, etc. .	0 70	1 »	1 40	1 45	0 25	
Total par tonne de plomb raffiné. .	13 52	15 »	12 20	14 15	13 30	30 34
Le prix de la houille étant de	22 » la tonne	25 » la tonne	16 » la tonne	16 » la tonne	5 » la tonne	27 45 la tonne

On en a déduit, comme prix de revient moyen $12,73 + 0,25 n$, n étant le prix de la tonne de combustible.

Le pattinsonage donne, indépendamment du plomb

brut et du plomb enrichi en argent destiné à la coupellation, un certain nombre de résidus tels que :

1° Crasses du raffinage préalable des plombs contenant : fer, antimoine, arsenic, cuivre, etc. ;

2° Crasses provenant de la *refonte* de chaque chaudière à cristalliser, appelées généralement sous-oxydes
de plomb noirs.

Le travail de ces résidus se fait le plus souvent au
réverbère.

b. — Cristallisation mécanique. Procédé Boudehen.

Au lieu de faire, comme dans l'opération précédemment décrite, le travail de la cristallisation à bras,
on peut adopter un appareil mécanique tel que celui
de M. Boudehen ou de M. Worseley.

Dans l'appareil Boudehen, le plomb, fondu d'abord
dans une chaudière supérieure, tombe dans un chaudron
inférieur où, par le refroidissement, les cristaux se
forment. Tandis que cette cristallisation s'opère, un
double agitateur maintient constamment les grumeaux
en suspension jusqu'au moment où la proportion de
ces grumeaux par rapport au bain de plomb fondu est
dans le rapport voulu (9/25 et 16/25). L'agitateur
supérieur, en forme d'étrier à branches verticales,
rase de très près la surface intérieure du chaudron
cylindrique pour empêcher la solidification contre les
parois ; l'autre, en forme de vis ou d'hélice, est placé
dans l'axe du vase et tourne en sens inverse. A mesure
que le travail s'avance, les grumeaux opposent au
moteur, qui doit avoir une force de 5 à 6 chevaux,
une résistance de plus en plus forte. Quand la proportion voulue est atteinte, on arrête le mouvement et
on soutire le plomb riche qui se rend par le tuyau de
fond dans la lingotière.

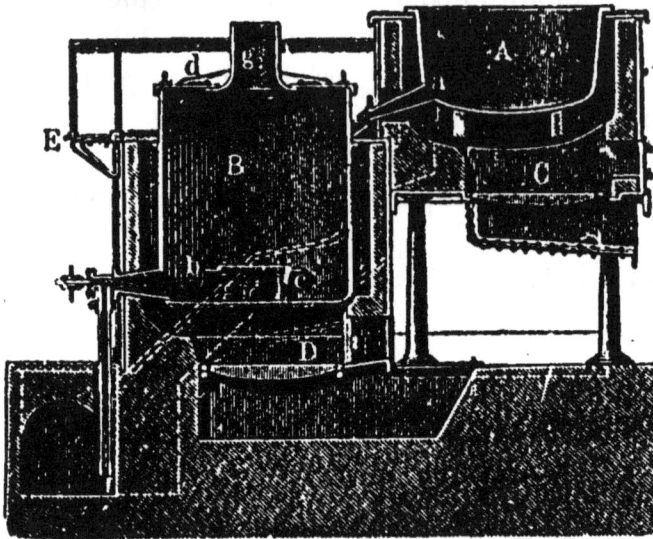

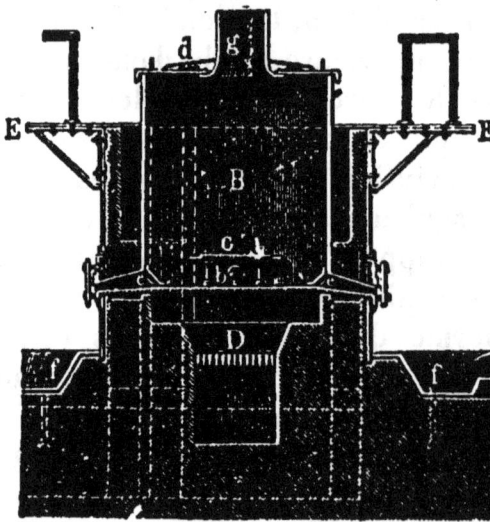

Fig. 29. — Appareil Rozan de Saint-Louis-les-Marseille.

A, chaudière de fusion chauffée par C et pouvant recevoir 10,000 kilos de plomb a, communication avec la chaudière de cristallisation B, pouvant contenir 15 à 16,000 kilos. La vapeur à trois atmosphères de pression arrive par le tuyau b sous la plaque de fonte c, et se dissémine dans le bain métallique. Le plomb riche sort par le tuyau e muni d'une grille et tombe dans la cuve conique f. D, foyer. E, sole de travail, g, cheminée. (Kerl, *Metallhuttenkunde.*)

c. — Cristallisation à la vapeur. — Procédé Luce
et Rozan.

Ce procédé, qui a fonctionné dans un grand nombre
d'usines : à Saint-Louis-lès-Marseille, à Pontgibaud,
à Pise, Przibram, Newcastle-on-Tyne, etc., diffère
tout d'abord du pattinsonage ordinaire, en ce qu'ici
on n'emploie, au lieu d'une batterie, que deux chaudières, l'une supérieure, l'autre inférieure : la supérieure moitié plus petite et à l'air libre, tandis que
l'inférieure est fermée par des portes en tôle (voir
fig. 29).

Le plomb est fondu dans la chaudière supérieure,
puis coulé dans l'inférieure, où se trouvent déjà les
cristaux d'une opération précédente, à la teneur en
argent convenable pour l'opération. Dans ce bain de
plomb inférieur, on introduit alors un courant de
vapeur pour conserver au plomb l'homogénéité et
empêcher l'adhérence des croûtes de plomb qui se
fixent lors de la cristallisation ; en même temps, on
fait jouer, à la surface du bain, de petits jets d'eau
qui, immédiatement vaporisés, aident à la constitution
régulière des cristaux.

Quand les deux tiers de la masse ont cristallisé, au
lieu d'enlever ces cristaux par cuillerées, on les laisse
à sec sur un filtre métallique en tôle percée, établi
au fond de la chaudière, en faisant couler au dehors,
dans de grands moules coniques, le plomb enrichi.

Le procédé a l'avantage d'être très rapide ; depuis
le moment où le plomb fondu arrive dans la chaudière
inférieure jusqu'à celui où la cristallisation du plomb
pauvre est finie, il ne s'écoule, pour une capacité de
36 tonnes, que 30 à 40 minutes.

La quantité de plomb enrichi ainsi éliminée est

remplacée aussitôt par du plomb fondu d'avance dans la chaudière du haut et au même titre en argent que les cristaux restés sur la plaque filtrante ; et l'opération continue de même, par manipulations successives, jusqu'à ce qu'on arrive au plomb pauvre cristallisé, qu'on coule en saumons pour plomb marchand.

Dans ce procédé, outre une économie de travail et de combustible, on obtient, par l'action chimique de la vapeur d'eau, un véritable raffinage du plomb, ses impuretés, telles que cuivre, arsenic, fer et antimoine, étant rapidement oxydées pourvu qu'elles soient en proportion modérée.

B. — Zingage.

La méthode du zingage est fondée sur la propriété découverte par Karsten, qu'a le zinc d'enlever l'argent au plomb argentifère fondu. On introduit donc, dans le plomb fondu, une certaine dose de zinc, (ce qui, en pratique, présente des difficultés spéciales) et on écume les crasses zincifères, qui montent à la surface en entraînant peu à peu tout l'argent. C'est-à-dire que, de même qu'en général on concentre l'argent en se servant de son affinité pour le plomb, ici on le sépare du plomb en se servant de son affinité pour le zinc, qui, à la température du traitement, est encore plus grande.

a. — Zingage proprement dit.

Le procédé d'introduction du zinc est, soit l'immersion (la méthode la plus habituelle), soit l'imbibition (employée d'abord par Karsten et abandonnée), soit le flottage, assez répandu, mais exigeant une grande élévation de température, parce qu'on y fait fondre le zinc à la surface du bain, à près d'un mètre du foyer.

Dans la méthode par *l'immersion*, on met généralement le zinc en plaques dans une feuille de tôle repliée et percée de trous, qu'on descend, au moyen d'une tige, jusqu'au fond du bain.

Une remarque importante c'est que, d'après M. Roswag, le zinc n'enlève pas l'argent au plomb pur, mais au plomb allié à une proportion donnée de zinc, qui constitue une perte de zinc d'environ 1 pour 100.

La proportion de zinc est en kilos par tonne de plomb argentifère

$$Z = 10^{kg}39 + 0,035 \text{ T},$$

T étant la teneur en grammes d'argent par 100 kilogrammes.

En général, on ajoute le zinc par fractions successives, que séparent des périodes de refroidissement durant 3 ou 4 heures, où se fait lentement l'espèce de stratification par couches de densité différente, sur laquelle est fondée la méthode. Pendant chacun de ces refroidissements, le zinc argentifère monte vers la surface, où il forme une croûte qu'on brise et enlève avec soin pour la porter dans un chaudron voisin; après quoi, on réchauffe et réajoute du zinc.

Il se produit donc, en résumé : 1° à la surface, un alliage ternaire argentifère tenant environ 26 pour 100 de zinc et 2° au fond, un alliage de plomb et zinc appauvri en argent et tenant à peine 0,75 à 1 pour 100 de zinc.

Si l'on fait des analyses après chaque addition de zinc, on constate très nettement l'appauvrissement progressif du plomb en argent.

Dans la *méthode par imbibition*, on faisait d'abord fondre le zinc dans la chaudière et on y coulait le plomb, fondu à part et divisé en filets minces, à l'aide d'un tamis placé au-dessus du bain. L'inconvénient de cette méthode était la grande quantité d'écumes et d'oxydes qu'elle produisait.

Enfin, dans la *méthode par flottage,* on fait fondre les saumons de zinc sur le plomb et on brasse ensuite, à l'aide d'écumoires, la masse avec l'alliage flottant à la partie supérieure du bain.

Quelle que soit la méthode employée pour le zingage, il doit être suivi de deux opérations complémentaires : 1° un ressuage ou liquation des crasses riches ; 2° un traitement de ces crasses riches, ou alliage ternaire, destiné à en extraire l'argent.

En résumé, dans l'opération du zingage proprement dit, 100 tonnes de plomb brut argentifère, tenant 2^{kg},560 d'argent à la tonne, donnent, d'après M. Roswag, les produits suivants :

Plomb réel.		99,744	
Argent contenu. . . .		0,256	
Incorporés à	zinc.	1,931	pour leur désargentation
Total.. . .		101,931	d'alliages plombo-zinco-argentifères
augmentés, après raffinage préalable, de.. . . .		17,820	de *plombs liquatés* et d'écumes d'une opération précédente (tenant 14 kil. 400 d'argent et 180 kil. de zinc).
Total.. . .		119,751	se décomposant comme suit :

	PLOMB	ARGENT	ZINC
	tonnes	kilos	tonnes
a. Plomb des crasses du raffinage préalable pesant 2ᵗ10 et tenant 93 % de plomb et 2ᵏ5 d'argent par tonne.	1,96	5,250	»
b. Plomb marchand, obtenu directement (tenant 15 gr. à la tonne).	67,10	1,006	»
c. Plomb des écumes de raffinage (métalliques) et des plombs de liquation (18 T tenant 0ᵏ800 d'argent, 1 % de zinc et 99 % de plomb).	17,82	14,400	0,180
d. Plomb des crasses riches, après liquation : 6ᵗ192 (à 4 % d'argent, 63 % de plomb et 26,55 % de zinc).	4,30	248,855	1,644
e. Plomb des crasses de raffinage pauvre (oxydées), 28ᵗ755 (tenant 0ᵏ020 d'argent, 86 % de plomb et 1 % de zinc. . . .	24,72	0.575	0,287
Totaux.	115,90	270,086	2,111
A diminuer, pour les 17ᵗ820 de plombs liquatés et d'écumes (pour une opération prochaine).	17,82	14,400	0,180
	98,08	255,686	1,931
Perte.	1,66	0,314	»
	99,74	256	1,931
(Roswag).			

b. — Liquation des crasses riches.

Les crasses riches de l'opération précédente, avant qu'on en extraie l'argent, sont soumises à une liquation, qui a pour but d'éliminer, à une température au-dessous de la fusion du zinc, du plomb en excès qui s'est uni aux crasses.

Généralement, on charge les crasses dans une chaudière vide de désargentation, à l'intérieur de laquelle on a parfois placé un filtre en tôle percée qui supporte ces crasses. Sous l'action d'un feu modéré, les gouttes de plomb perlent à travers la masse et traversent lentement le filtre, en même temps qu'il se produit une légère oxydation des crasses à la surface.

c. — Extraction de l'argent des crasses riches ou alliage ternaire.

Les traitements métallurgiques, auxquels on soumet l'alliage ternaire, résultant du zingage, pour en tirer l'argent, se divisent en deux séries :

α. *Ceux qui traitent les crasses riches à l'état métallique ;* — β. *Ceux qui les traitent à l'état de chlorures, oxydes ou sulfates.*

Dans chaque série, il y a, d'ailleurs, lieu de distinguer si le zinc est régénéré, au moins partiellement, ou sacrifié.

Les méthodes principales sont, en résumé, les suivantes :

α.
1. Distillation du zinc des crasses riches (procédés Parks, etc.).
2. Fusion des crasses riches avec des scories de fer au four à cuve (procédés Flach, etc.).

β.
3. Traitement par chloruration au moyen de la carnallite et du sel ammoniac (procédé Herbst frères), ou au moyen du sel marin (procédé Pirath et Yung).
4. Traitement par oxydation au moyen de la vapeur d'eau et dissolution de l'oxyde de zinc dans l'acide chlorhydrique, le carbonate d'ammoniaque ou l'acide sulfurique (procédé Cordurié).
5. Traitement par sulfatation à l'acide sulfurique (procédé Roswag-Martin).

Les seules méthodes, où l'on récupère le zinc sous une forme directement utilisable, sont la distillation, qui donne du zinc métallique et l'oxydation, qui produit de l'oxyde, du carbonate basique et du sulfate. Dans le procédé Cordurié, le zinc est aussi partiellement régénéré ; dans toutes les autres méthodes, il est perdu.

Suivant les cours du zinc et de l'argent, l'une ou l'autre méthode pourra devenir préférable ; ainsi, quand le zinc est cher et l'argent bon marché, on emploiera volontiers la distillation. Les méthodes, qui produisent du zinc carbonaté, oxydé ou sulfaté, ont, il est vrai, l'avantage de retirer une plus forte proportion de l'argent contenu, mais ne sont utilisables que lorsque ces composés sont à un prix suffisamment élevé.

Le procédé par fusion des crasses riches avec des scories ferrugineuses au four à manche est le plus économique de tous, mais ne permet d'extraire qu'une proportion relativement faible de l'argent et laisse perdre tout le zinc, en sorte qu'il n'est recommandable que lorsque ce métal est à des prix très bas.

Quant au traitement par les chlorures alcalins, il occasionne des pertes d'argent sensibles et laisse tout le zinc sous forme d'une scorie sans valeur ; aussi a-t-il été tout à fait abandonné.

1. *Procédé par distillation du zinc.*

(Procédés Parks, etc.)

Ce procédé a l'avantage de séparer rapidement le zinc de la crasse riche et de le récupérer en grande partie à l'état métallique ; mais il occasionne de grandes pertes en zinc et en argent, surtout par volatilisation.

L'opération, très simple, consiste à chauffer la crasse riche dans une cornue jusqu'au-dessus du point de distillation du zinc. Le zinc est recueilli dans une allonge, tandis que le plomb argentifère reste dans la cornue.

Pour que cette cornue ne soit pas attaquée par le plomb, on la fait en argile graphiteuse avec un revêtement intérieur de graphite ou de charbon de bois ; il est essentiel que la cornue soit très bien conditionnée si l'on veut éviter des ruptures occasionnant des pertes de plomb riche.

Le four de distillation est, tantôt un four fixe, tel que la cornue Landsberg, installée à Stolberg, tantôt un four rotatoire marchant au coke ou à la houille, tel que le Kippofen ou four du Faur utilisé d'abord à Newark (États-Unis), puis répandu de divers côtés, notamment à Mechernich en Prusse Rhénane.

Les figures 30 et 31 représentent un four à bascule *de Balbach Works* (Newark) : la figure 30 donne une coupe horizontale au niveau de la grille, montrant le mécanisme pour la bascule *o b*; la figure 31 est une coupe verticale passant par la cornue.

A est une cornue en graphite de 0^m,80 de hauteur, 0^m,07 d'épaisseur au fond, placée dans le four B, de façon à s'appuyer sur l'arc en briques *f*; la grille est en *g*; les supports fixes en fonte du four, en *h h*; le carneau des flammes en *ee*; les ouvertures de chargement du combustible en *dd*. Enfin *co* (fig. 30) est l'axe en fer du four, lequel peut s'incliner et se renverser à l'aide d'un simple mécanisme, composé d'un pignon commandé par une vis sans fin *o*, terminée par un volant *b*, servant de manivelle.

On charge par cornue environ 125 à 200 kilogrammes d'alliage ternaire, réduit en morceaux de la dimension d'une noix, avec 1^{kr},5 à 2^{kr},5 de charbon de bois menu ; puis on chauffe au rouge blanc pendant 8 à 10 heures, durée de l'opération. Au bout de ce temps, on ren-

verse lentement le four et on recueille le plomb argentifère dans une lingotière que l'on porte à la coupellation.

Le prix de revient de la distillation par tonne de
crasses riches (y compris la coupellation et le raffinage
de l'argent) a été estimé à 44 fr. 85.

Tandis que, en Amérique, les fours rotatoires sont
d'un usage presque général, sur le continent, on adopte
de préférence des fours fixes à plusieurs cornues (jusqu'à 5) chauffés au gaz.

2. *Fusion de la crasse riche avec des scories ferrugineuses
au four à manche.* (Procédé Flach.)

En fondant l'alliage ternaire au four à manche avec
des scories de puddlage, on peut faire passer le zinc
dans la scorie en obtenant un plomb argentifère et, si
on maintient le vent assez faible, on n'a que des
pertes en plomb et en argent restreintes. Ces pertes
partielles, comparables à celles de la méthode par distillation et le sacrifice complet du zinc de l'alliage, sont
néanmoins les inconvénients graves de cette méthode
qui est, en somme, assez grossière et peu recommandable.

3. *Traitement par les chlorures alcalins.*

Ce traitement, qui a été quelque temps employé en
Europe, et est aujourd'hui abandonné, consistait à
transformer le zinc en chlorure par l'intervention de
chlorures alcalins. Son défaut est d'être coûteux, d'a-
mener des pertes d'argent et de laisser le zinc à l'état
de scorie chloro-zincifère sans valeur.

Dans le procédé Herbst frères, la chloruration du
zinc se faisait par la carnallite $[2 (KCL) + 2 MgCl^2 +
12 H^2O]$; dans le procédé Pirath et Yung, par le sel
marin.

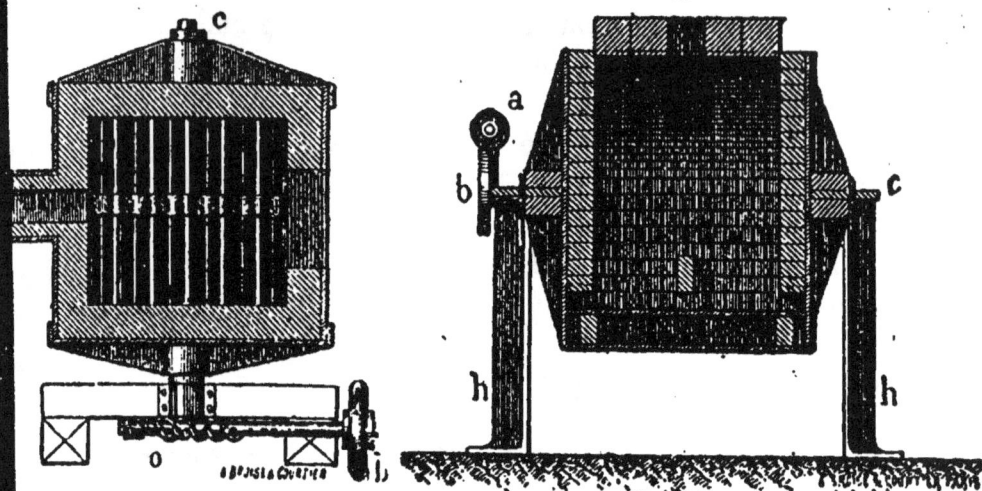

Fig. 30. — Four à bascule, dit four eau de Balbach.

(Roswag, *Encyclopédie chimique : Métallurgie de l'argent.*)

Fig. 31. — Coupe verticale passant par la cornue.

4. *Traitement par oxydation au moyen de la vapeur d'eau et dissolution de l'oxyde de zinc dans l'acide chlorhydrique.* (Procédé Cordurié.)

Le traitement de l'alliage ternaire par la vapeur d'eau a été, pour la première fois, indiqué par Cordurié et appliqué aux usines Rotschild au Havre.

La méthode primitive Cordurié, que nous allons commencer par décrire, comportait le zingage (après affinage préalable) et le traitement des crasses riches à l'acide chlorhydrique.

L'appareil de zingage présente, dans ce cas, une chaudière avec boîte plongeante et agitateur.

Le plomb impur est d'abord fondu ; le zinc est placé dans une boîte en fer percée de trous, fixée à l'extrémité d'un arbre vertical pouvant recevoir un mouvement de rotation. Le même arbre porte, au-dessus de la boîte à zinc, un agitateur à hélice qui prolonge le parcours des gouttelettes de zinc. On retire cet appareil peu après la fusion complète du zinc ; puis on laisse refroidir et l'on écume les croûtes de zinc argentifères, que l'on transporte dans une petite chaudière voisine pour les liquater. Enfin on abaisse, au-dessus de l'appareil, un dôme en tôle et l'on fait passer de la vapeur d'eau surchauffée qui oxyde le fer, le zinc et une partie de l'antimoine en laissant un plomb doux qu'il suffit, après écumage, de couler en lingots.

Quant aux crasses riches, on les oxyde par la vapeur d'eau ; puis, après tamisage, on attaque par l'acide chlorhydrique à 12° B qui dissout le chlorure de zinc en laissant un plomb argentifère avec quelques oxychlorures et sous-chlorures insolubles de plomb et d'argent.

Ce procédé primitif a subi diverses modifications, dans lesquelles on a toujours laissé subsister l'oxydation par la vapeur d'eau, qui en est la partie caractéristique, mais en remplaçant, par exemple, le traitement à l'acide chlorhydrique par une coupellation.

Dans la méthode Cordurié, telle que l'appliquent les usines du Harz, on oxyde le zinc par de la vapeur d'eau à 2 ou 3 atmosphères de pression ; puis, après oxydation du zinc et écumage des oxydes, on expulse encore l'antimoine en faisant intervenir latéralement, par deux ouvertures à la base du couvercle en dôme de la chaudière, de la vapeur et de l'air atmosphérique, en même temps que la vapeur qui brasse la masse du plomb. On termine par une coupellation.

La crasse riche est donc fondue dans une chaudière en fer, coiffée d'un couvercle, où l'on introduit de la vapeur d'eau à une pression qui peut aller de 1 1/2 à 5 atmosphères. Cette vapeur oxyde le zinc en donnant de l'hydrogène libre ; aussi, pour éviter des explosions, est-on forcé de laisser l'air circuler librement, d'où résulte une oxydation assez notable du plomb. Les oxydes de zinc et de plomb commencent par se mélanger avec la masse liquide, puis se concentrent à la surface sous forme d'une poudre gris brun, tandis que le plomb argentifère se rassemble au fond. La partie oxydée peut retenir 1 à 2 pour 100 d'argent, le bain de plomb en contenant 2 à 4.

Comme la vapeur entraîne toujours des poussières argentifères, l'appareil doit être suivi de chambres de condensation.

Les oxydes peuvent être fondus avec des scories plombeuses ou de la galène, le zinc passant alors dans la scorie ; mais il résulte de ce procédé des pertes en argent, que l'on évite en dissolvant l'oxyde de zinc, soit dans le carbonate d'ammoniaque (procédé Schnabel), soit dans l'acide sulfurique.

La méthode au carbonate d'ammoniaque a l'avantage de récupérer le zinc; on peut, en effet, après dissolution de l'oxyde de zinc dans la liqueur ammoniacale, faire bouillir celle-ci de manière à obtenir : d'une part, l'ammoniaque distillé, de l'autre un précipité de carbonate de zinc basique, qui, traité à chaud par le chlorure de sodium, donne de l'oxyde de zinc. Le carbonate d'ammoniaque se reconstitue aisément.

A Lautenthal, on a employé un traitement à l'acide sulfurique qui, lorsque cet acide n'est pas trop coûteux et lorsque le sulfate de zinc trouve un placement, a, sur la méthode précédente, l'avantage d'une grande simplicité.

Il suffit de traiter le mélange des oxydes par l'acide sulfurique étendu pour dissoudre le zinc sans attaquer le plomb argentifère.

5. *Traitement par sulfatation au moyen de l'acide sulfurique.*
(Procédé Roswag Martin.)

Ce procédé, qui a été seulement l'objet de quelques essais, consistait à traiter directement les crasses finement broyées par de l'acide sulfurique étendu, dans des caisses garnies de serpentins chauffés à la vapeur et doublées de feuilles de plomb. Le sulfate de zinc est reçu dans un bassin de décantation, où l'on provoque sa cristallisation ; mais l'opération n'est pas applicable économiquement à cause du trop bas prix du produit ainsi obtenu.

C. — Coupellation (Treib Prozess).

L'opération de la coupellation, c'est-à-dire de la séparation du plomb et de l'argent par oxydation du premier métal, les oxydes étant retirés peu à peu ou dissous dans les cendres d'os qui constituent les coupelles de laboratoire, tandis que l'argent s'isole à l'état métallique, est très anciennement connue et était déjà pratiquée par les Égyptiens. Elle demeure encore le dernier terme de tous les traitements métallurgiques par voie sèche qui commencent par dissoudre l'argent dans le plomb, soit que ce plomb argentifère passe directement à la coupellation, soit qu'on commence par lui faire subir un enrichissement par les méthodes que nous venons de décrire sous les noms de cristallisation et de zingage.

La coupellation s'applique, en outre, couramment, en petit, dans un four à moufle, pour les essais au laboratoire et ce que nous avons dit plus haut[1] de ce genre d'opérations pourra nous dispenser de revenir ici sur les principes de la méthode. Quand elle doit se faire industriellement et en grand, l'appareil adopté, qui repose toujours sur le même principe, peut présenter deux types distincts : ou bien la coupelle se déplace et la voûte du four est fixe : ce qui est le cas des *fours anglais,* où l'on ne traite que de petites quantités de plomb à la fois, mais où on peut le faire d'une façon plus continue ; ou la coupelle est fixe et la voûte se déplace, comme dans le *four allemand,* applicable à de plus grandes masses.

Le four allemand, qui est le plus ancien type, paraît bien être inférieur, comme nous le verrons, dans la majorité des cas ; mais il a l'avantage de présenter une rusticité plus grande et d'exiger, par suite, des ouvriers moins soigneux ; en outre, on a la possibilité de faire la coupelle toute en marne, tandis qu'avec les coupelles anglaises il faut au moins 60 à 70 pour 100 d'os et une sole établie avec soin, séchée longtemps d'avance, etc.

Par contre, la coupelle anglaise, qui se rapproche tout à fait du type usité en petit dans les laboratoires,

1. Page 19.

est beaucoup plus maniable et plus pratique et donne lieu à des pertes moindres en plomb et en argent.

Nous reviendrons, d'ailleurs, sur cette comparaison après avoir décrit successivement les deux systèmes.

Dans l'opération de la coupellation, l'oxydation du plomb se produit : pour la plus grande partie, par l'action directe de l'air atmosphérique sur le plomb ; accessoirement, par l'intervention de l'oxyde de plomb, la litharge, qui, à l'état fondu, a la propriété d'absorber l'oxygène de l'air et le fait alors agir sur le plomb métallique.

Pendant le travail, il est nécessaire que l'oxyde de plomb soit maintenu à l'état liquide de manière à couler au dehors sans entraîner des quantités appréciables de plomb argentifère.

Pour accélérer l'oxydation, on fait arriver de l'air soufflé sur la surface du plomb fondu.

La coupellation peut avoir lieu de trois manières différentes :

1° de manière à obtenir seulement du plomb enrichi en argent (à 50 ou 60 pour 100 d'argent) qui, dans une coupellation suivante, est alors traité pour argent proprement dit ; c'est le procédé de concentration, particulièrement employé avec les coupelles anglaises ;

2° de manière à obtenir un argent impur à environ 10 pour 100 d'impuretés, qui doit ensuite être raffiné dans un four spécial (cas général pour les coupelles allemandes);

3° de manière à obtenir aussitôt de l'argent fin (coupelles anglaises).

En ce qui concerne les impuretés du plomb d'œuvre, il se fait une épuration analogue à celle qui a lieu dans le raffinage du plomb au réverbère.

Dès la fusion, les éléments mécaniquement incorporés, tels que les sulfures et les scories, se séparent du plomb, et viennent flotter à la surface, ainsi que la plus grande partie du cuivre, du cobalt et du nickel. Les autres métaux sont transformés en oxydes : tout d'abord, le zinc, le fer, l'étain, le cobalt et le nickel ; puis l'arsenic et l'antimoine ; à la fin seulement, le nickel.

La litharge a, comme nous l'avons dit plus haut, une influence oxydante très marquée et peut notamment oxyder le cuivre en donnant du plomb métallique ; néanmoins, quand la proportion de cuivre est forte, le cuivre à l'état métallique se rassemble avec l'argent dans le bouton final. Il en est de même de l'or.

Pendant le travail, une partie de l'argent peut passer dans les litharges, dont certaines, les dernières surtout, devront être retraitées en conséquence ; une autre partie est volatilisée, en sorte qu'on doit munir la coupelle d'appareils de condensation.

Nous avons déjà nommé les deux appareils de coupellation principaux, le four anglais et le four allemand ; avant de les décrire, rappelons encore qu'ils s'appliquent à des cas un peu différents. Dans le four anglais plus petit, le plomb n'est généralement traité qu'après avoir déjà subi une concentration préliminaire qui se fait, d'ailleurs, dans un four semblable et on amène directement l'argent à l'état d'argent fin ; les produits d'oxydation, abzugs, abstrichs et litharges ne sont pas séparés. Dans le four allemand, au contraire, ces produits sont séparés ; le plomb est apporté sans concentration antérieure et l'on n'amène l'argent qu'à l'état d'argent brut, rarement à l'état d'argent fin.

Quelle que soit la méthode adoptée, la fabrication de la sole du four de coupelle est une opération essentielle, qui demande certaines précautions et certains tours de mains pour donner de bons résultats.

On prend des os calcinés dans une sorte de four à chaux, puis triés à la main, broyés et tamisés, on les additionne de 2 à 5 pour 100 de potasse pour les agglutiner et on les dame dans un espace circulaire : soit en briques (coupelle allemande), soit en fer (coupelle anglaise). L'important est de ne laisser dans la masse aucune trace de substance combustible, telle que paille, brindilles de bois, parcelle de charbon, qui amènerait une fissure et un écoulement de plomb.

Le battage doit se faire en spirale, à l'aide de pilons en bois ou en fer, d'abord du centre à un point de la circonférence, puis, à rebours, de ce point au centre, en ayant soin que les cercles produits par l'empreinte du pilon s'entrecroisent et donnent à l'ensemble une structure en écailles qui contribue à la résistance . de la masse.

Nous décrirons successivement la coupelle allemande et la coupelle anglaise.

a. — Coupelle allemande.

La *coupelle allemande*, la plus simple, est représentée figure 32 ; *i* est la coupelle, qui ici est souvent toute en marnes, *n*, le chapeau mobile ; *x*, les orifices des tuyères ; *r*, la grille avec air soufflé arrivant par *w* ; *f*, le tuyau d'échappement des gaz ; *g*, l'orifice d'écoulement des litharges.

La sole, fixe dans ce cas, est établie sur un support en briques réfractaires ; elle se compose d'environ 20 centimètres de marne, damée comme nous venons de le dire, avec une rigole pour l'écoulement des litharges. Au centre, on creuse une petite excavation circulaire d'environ 2 centimètres de profondeur, destinée à recueillir le bouton d'argent qui s'y concentrera à la fin de l'opération. Le chapeau mobile *n* peut être soulevé avec une chaîne, de manière à permettre le travail de la sole, qui doit être refroidie, puis refaite après chaque opération.

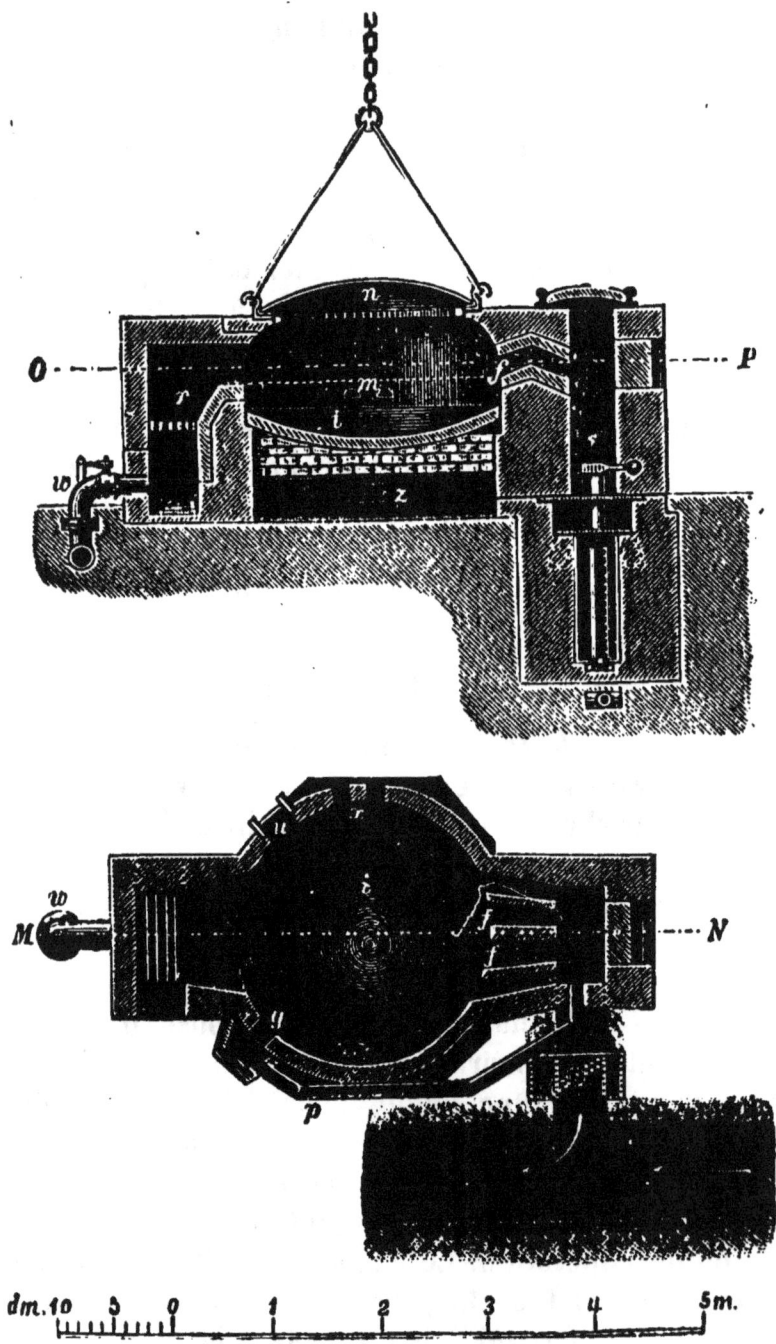

Fig. 32. — Coupelle allemande.

Le chauffage s'opère avec de la houille, du lignite, du bois ou de la tourbe, rarement avec des gaz.

Les tuyères sont au nombre de trois.

Quand on augmente les dimensions de ces coupelles, on emploie parfois la disposition des figures 33 et 34, qui représentent un four ovale à grande charge de Lautenthal marchant au charbon de bois. Les tuyères, qui sont souvent mobiles afin de pouvoir suivre le bain de plomb dans son abaissement progressif, sont dirigées de manière à chasser les litharges dans une rigole.

L'opération, dans toutes les coupelles allemandes, est conduite de la manière suivante :

Après avoir établi soigneusement et damé la sole, on apporte le plomb, soit en une fois, si la quantité ne dépasse pas la capacité du four ; soit, si cette quantité est trop forte, par charges successives que l'on renouvelle à mesure que la concentration s'opère.

Quand on cherche à obtenir des litharges marchandes, il faut, au préalable, avoir fait subir au plomb un raffinage, sans lequel la litharge perdrait beaucoup de ses qualités.

Une fois le chargement opéré, on descend le chapeau sur la sole et l'on fait fondre le plomb d'œuvre. En pratiquant cette fusion lentement, on donne aux impuretés, telles que sulfures, cuivre métallique, etc., le temps de se rassembler, avec les substances très oxydables, en une écume noire, incomplètement fondue, à la surface du bain. Cette écume, que l'on enlève aussitôt et qui constitue ce qu'on nomme l'*abzug*, ne se forme que lorsque le plomb est très impur.

L'abzug une fois enlevé, on donne du vent avec les tuyères et l'on produit bientôt l'oxydation de l'arsenic et de l'antimoine qui, avec l'oxyde de plomb, forment à la surface une masse foncée appelée l'*abstrich*.

On retire cet abstrich peu à peu ; mais, quand la

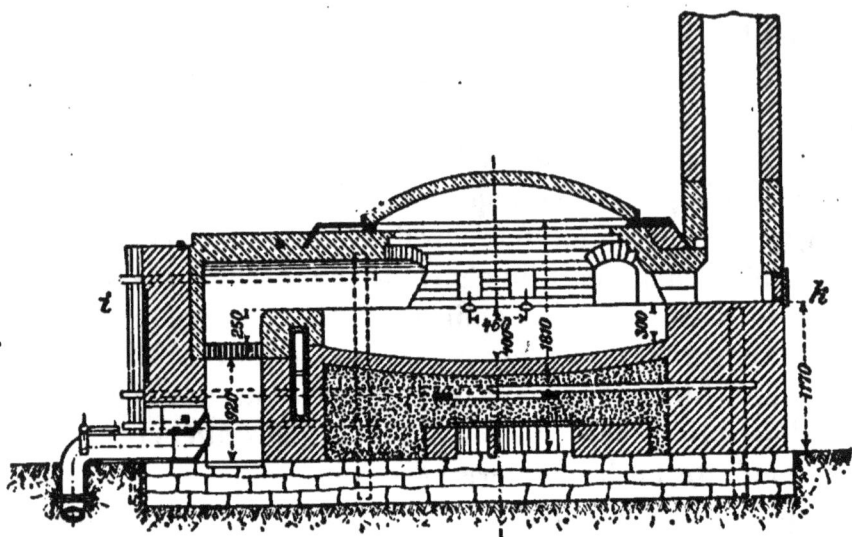

Fig. 33. — Four de coupelle allemande à grande charge de Lautenthal.
Coupe suivant *a-b, c-d.*

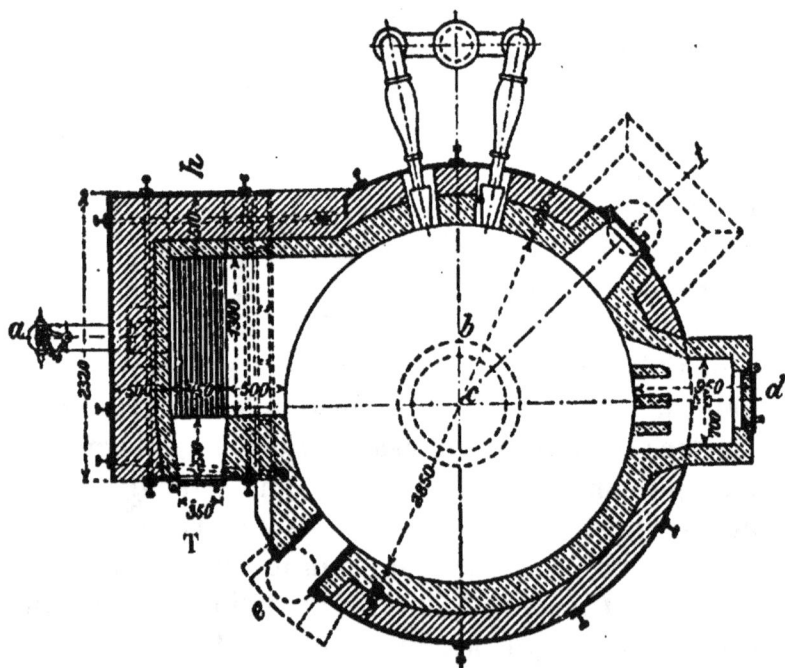

Fig. 34. — Four de coupelle allemande à grande charge de Lautenthal.
Coupe suivant *i-k*. (Schnabel.)

proportion d'antimoine est forte, il en résulte une grande gêne pour la coupellation ; car la formation des litharges ne se produit que quand tout le plomb est passé à l'état d'abstrichs.

A la suite des abstrichs, commence donc la période des litharges, qui dure tout le reste de l'opération. La litharge est, au fur et à mesure, poussée par le vent des tuyères vers le trou de coulée et, en l'aidant avec un instrument en fer recourbé, on la fait couler au dehors.

Pour empêcher une trop grande volatilisation du plomb qui entraînerait des pertes d'argent, on conduit l'opération de telle sorte et l'on maintient le trou de coulée des litharges à un niveau tel qu'une grande partie du bain métallique et surtout son bord, souvent même le bain tout entier, soient couverts d'une couche de litharge. L'écoulement des litharges par leur canal de sortie doit être rigoureusement proportionnel à la charge du plomb qu'on renouvelle par petits pains circulaires placés sur les bords d'une porte du four, plomb que l'on a appelé le filage.

La première litharge formée a une couleur vert sombre ou brunâtre, étant salie par divers éléments, tels que l'antimoine et le cuivre. Cette litharge est refondue comme plomb d'œuvre.

Les litharges suivantes sont, au contraire, pures et d'une belle couleur rouge ou jaune (les deux couleurs rouges et jaunes ne correspondant à aucune différence de constitution chimique, mais seulement à des formes isomériques de cristallisation). On appelle souvent la litharge jaune, qui est obtenue par refroidissement rapide du bain fondu, litharge d'argent et la litharge rouge, qui se produit dans un refroidissement lent, litharge d'or.

Ces litharges, dans le cas où l'on travaille sur des plombs riches en argent comme ceux qui résultent de la cristallisation ou du zingage, retiennent une proportion de métal précieux assez forte pour qu'il soit nécessaire de les retraiter.

Enfin, dans la dernière partie de l'opération, on a toujours, quelle que soit la teneur en argent initiale du plomb, une litharge argentifère, où se concentre également le bismuth qu'on peut en extraire plus tard par voie humide. A mesure que le plomb disparaît, on voit les litharges tournoyer de plus en plus fort à la surface; l'argent, si on regarde le bain horizontalement, apparaît comme un globe miroitant au milieu de la masse plus foncée; les teintes de l'arc en ciel, en mille nuances parmi lesquelles le bleu azur domine, parcourent les bords du bain; le gâteau d'argent émerge peu à peu; enfin se produit le phénomène connu sous le nom de l'éclair à la suite duquel l'opération est terminée.

Le gâteau d'argent est alors noyé avec de l'eau envoyée par un conduit de tôle dans le four après qu'on a fait baisser sa température, arrêté le feu et le vent; on le frappe avec des marteaux sur les points où les taches de litharge et de briques fondues sont adhérentes et l'on termine en le coupant au ciseau pour le raffinage.

L'envoi d'une masse d'eau dans les fours à coupelle allemands a cependant de graves inconvénients; en effet, quel qu'ait été le soin apporté à la confection de la sole, il est rare qu'il ne s'y trouve pas quelque fissure où l'argent pénètre, quelque petit creux où une plaque d'argent s'est concentrée avant l'éclair définitif, en sorte que cet argent, porté à une haute température, crache et se perd en parties; on a quelquefois essayé de refroidir simplement avec un courant d'air froid.

La sole d'un four de coupelle allemand doit être refaite après chaque opération.

Voici des exemples de composition des abzugs, abstrichs et litharges, produit d'une coupellation au four
allemand.

ABZUG DE PONTGIBAUD

	1	2
Oxyde de plomb.. . . .	37,9	56,2
Oxyde de cuivre.. . . .	5,0	2,2
Oxyde de fer. . . .	5,8	5,7
Oxyde de zinc. . . .	5,4	4,9
Oxyde d'antimoine. . .	5,2	0,5
Soufre..	7,3	»
Plomb..	34,9	24,4

ABSTRICHS

	FREIBERG	ALTENAU	KAPNIK
PbO.	95,5	67,13	53,28
CuO.	0,5	traces	0,05
Fe²O².	0,3	traces	0,58
ZnO.	1,1	0,38	»
Sb²O³.	»	31,10	42,90
As²O³.	2,3	»	2,34
S.	»	2,23	0,07
Pb.	»	»	0,45

LITHARGES

	FREIBERG	CLAUSTHAL	PRZIBRAM
PbO. . . .	96,21	99,69	97,88
CuO. . . .	0,82	0,04	0,24
Fe²O³. . . .	0,41	traces	traces
ZnO. . . .	1,31	»	»
Ag²O. . . .	0,003	»	0,002
Sb²O³ et As²O³. .	1,21	»	traces
CaO. . . .	»	»	0,24
Al²O³. . . .	»	»	0,07
CO². . . .	»	»	0,10
SiO². . . .	»	»	0,66

b. — Coupelle anglaise.

La *coupelle anglaise* est représentée fig. 35. C'est un cercle en fer plat soutenu par des traverses, où un mélange de $\frac{2}{3}$ de marnes et $\frac{1}{3}$ de cendres d'os a été damé de façon à préparer une cuvette *b* pour le bain métallique ; des canaux *a*, entaillés dans la pâte de la coupelle, servent à la sortie des litharges qui s'écoulent par une échancrure *d* entre la coupelle et le centre.

Les coupelles ont des dimensions qui varient de 1ᵐ,25 à 1ᵐ,10 en longueur, de 0ᵐ,70 à 0ᵐ,75 en largeur et 0ᵐ,10 à 0ᵐ,06 en épaisseur ; avec un vide de 0ᵐ,06 à 0ᵐ,07, elles tiennent 2 à 4 tonnes de plomb d'œuvre, ce qui correspond à environ 24 heures de travail.

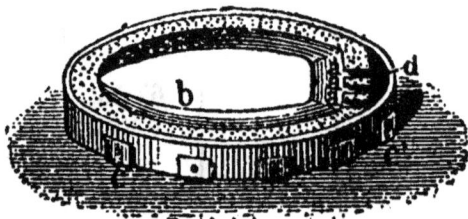

FIG. 35. — Coupelle anglaise (Roswag).

Aux États-Unis, le four à coupelle anglais a reçu, dans ces derniers temps, de nombreux perfectionnements, notamment en vue de lui donner une capacité plus grande et une résistance plus forte aux altérations : c'est ainsi qu'on y adapte une réfrigération par circulation d'eau et, sous cette forme perfectionnée, le four anglais, devenu le four américain, est préférable au four allemand, surtout quand il s'agit de traiter du plomb riche en argent.

La réfrigération par un water jacket porte, soit seulement sur la poitrine, soit seulement sur les deux longs côtés, soit sur tous les côtés comme dans le système de Steitz qui paraît le meilleur (fig. 36).

Dans ce système, *j* est une enveloppe en tôle présentant, à sa face antérieure, un vide où s'introduit la caisse en fonte *b*, formant un petit water jacket boulonné au grand. Cette caisse *b* porte, à sa partie supérieure, une rigole *e* qui constitue le canal d'écoulement des litharges. Contre la caisse *j* on applique un revêtement *f* de 0^m,10 d'épaisseur, qui sépare le water jacket de la litharge en fusion ; au contraire, en *e*, la litharge est en contact direct avec le fer qu'elle ronge rapidement.

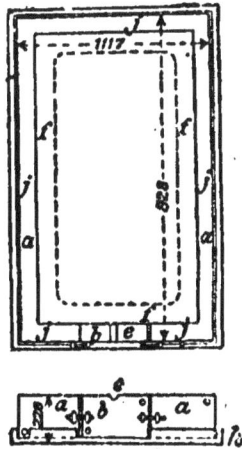

Fig. 36. — Réfrigération par un Water Jacket comme dans le système de Steltz.

Par suite de cette disposition, qui maintient le niveau des litharges à peu près constant, le système est surtout approprié à la concentration des plombs d'œuvre plutôt qu'à l'obtention de l'argent.

Le travail au four anglais se distingue surtout du travail au four allemand en ce qu'on n'y sépare pas les abzugs, abstrichs et litharges et que la coupellation proprement dite est toujours précédée d'une concentration dans un four spécial.

Sauf dans le cas du four à water jacket de Steitz que

nous venons de signaler, l'écoulement des litharges s'opère toujours par une rigole creusée dans le bord de la sole et pouvant être approfondie au fur et à mesure. Ces litharges sont recueillies dans des vases en fonte, que l'on place au-dessous du trou de coulée.

Dans le travail de concentration, on s'arrange de manière à amener le plomb à une teneur en argent de 60 à 70 pour 100. Quand l'enrichissement s'est produit, on retire le plomb argentifère de la sole et, sans interruption, on le remplace par du plomb d'œuvre nouveau jusqu'à ce que la sole soit tellement corrodée qu'il faille la refaire en entier.

Le plomb concentré est ensuite traité, d'habitude, pour argent dans des coupelles anglaises ordinaires sans refroidissement par l'eau. On ajoute du plomb d'œuvre par fractions successives jusqu'à ce que la plus grande partie de la sole soit remplie d'argent. Cet argent est épuré au moyen du courant d'air oxydant des tuyères et les oxydes ainsi formés sont recueillis dans de petites quantités de marne ou de cendre d'os qu'on répand sur la surface du bain et qui les absorbent. En outre, on peut faciliter l'oxydation en ajoutant du salpètre. On obtient de l'argent fin à au moins 997 pour 1000 que l'on puise dans le four pour le couler dans des moules.

Les produits secondaires de la coupellation anglaise, abzugs, litharges, poussières et débris de sole, sont si riches en argent qu'il faut les fondre pour plomb d'œuvre, soit seuls, soit avec d'autres matières argentifères et ce plomb d'œuvre passe ensuite à la coupellation, soit directement, soit après un zingage. On n'obtient donc jamais de litharges marchandes.

COMPARAISON DES COUPELLES ANGLAISES ET ALLEMANDES.

En résumé, la coupelle anglaise a, sur la coupelle allemande, cet avantage qu'on peut y faire une opération continue et, par suite, passer des quantités beaucoup plus grandes de plomb pour une même capacité de four. En outre, la sole est plus résistante et demande moins d'entretien, en même temps qu'elle occasionne moins de pertes.

La dépense en combustible est, il est vrai, un peu plus forte que dans les grands fours de coupelle alle-mands ; mais la dépense en main d'œuvre est moindre ; car le four allemand nécessite au moins la présence de deux hommes, tandis qu'avec le four anglais un suffit.

Par contre, avec le four anglais, on ne peut pas, comme avec le four allemand, obtenir de litharges marchandes (c'est-à-dire pures et peu argentifères) ; mais cet inconvénient disparaît quand il s'agit de plombs très argentifères, puisqu'avec ceux-ci les litharges re-tiennent, dans tous les cas, trop d'argent pour qu'on ait intérêt à les vendre comme litharges.

Coût de la coupellation. — La coupellation est une opération assez coûteuse. Voici quelques prix de re-vient empruntés à M. Roswag et se rapportant à une coupellation anglaise.

1º Pour un plomb tenant $12^{kg},412$ d'argent à la tonne, à l'usine Pattinson, à Newcastle, on a par tonne de plomb d'œuvre, avec un combustible à très bas prix :

Salaires. .	coupelle..	5,22	7,19
	machine..	1,97	
Combustible	coupelle..	1	2,25 (0ᵗ41 de combustible)
	machine..	1,25	
Os, potasse, divers. . .		4,22	
Réparations.		0,51	

14,17 ce qui peut s'écrire encore $11,9 + 0,41 n$, n étant le prix de la tonne de houille.

2º Dans les mines espagnoles, la dépense est de $27 + 0,82 n$.

Ces chiffres s'appliquent à des plombs riches, venant déjà en général du pattinsonage ou du zingage. Si l'on admet que 1 tonne de ces plombs riches correspondе à 10 tonnes de plomb brut, il faut, pour avoir la dépense afférente à la tonne de plomb brut, diviser les formules précédentes par 10.

Quant aux pertes, elles sont, pour le plomb, de 10 pour 100, dont moitié, retrouvée dans les chambres de condensation, doit être retraitée; une proportion d'argent, très variable suivant l'habileté de l'ouvrier, est perdue par entraînement.

III.

Traitement par amalgamation.

Généralités. — Les divers procédés d'extraction de l'argent par amalgamation sont fondés sur la propriété qu'a le mercure de précipiter l'argent d'un certain nombre de ses dissolutions et de dissoudre l'argent métallique avec lequel il se trouve en contact. Il se produit alors un alliage d'argent et de mercure appelé amalgame, qui, soumis à une température de 315°, se sépare en ses deux éléments : le mercure distillant, tandis que l'argent reste à l'état métallique.

L'amalgamation, qui se produit par simple contact, est facilitée :

Soit physiquement, par un échauffement artificiel de la masse et par une trituration continue, qui dépouille constamment chaque grain de minerai de la croûte d'amalgame déjà produite empêchant, si on la laisse, l'amalgamation du centre;

Soit chimiquement, par certains réactifs, tels que

le sodium métallique[1], ou par la substitution d'un
amalgame d'étain ou de cuivre au mercure proprement
dit, le métal (cuivre ou étain) opérant alors la réduction de l'argent, auquel le mercure n'a plus qu'à se
combiner.

L'échauffement lui-même, nécessaire pour permettre
aux réactions chimiques de se produire, peut être
déterminé, tantôt, dans le procédé dit du patio, par
l'hydratation du magistral (sulfate de cuivre); dans
celui du cazo, par le combustible placé sous le chaudron; dans le pan, par la vapeur introduite dans la
cuve.

L'amalgamation comprend en théorie les phases
suivantes : 1° pulvérisation; 2° réactions chimiques
amenant les minerais à un état tel que le mercure
puisse agir sur eux; 3° formation de l'amalgame;
4° distillation du mercure.

De ces quatre phases, la seconde est celle qui introduit le plus de diversité entre les traitements des
divers minerais et qui permet d'indiquer ceux auxquels l'amalgamation ne convient pas.

L'action du mercure ne s'applique, en effet, qu'à
un petit nombre de composés de l'argent, argent métallique, chlorure, sulfure, etc., qu'il n'est pas toujours
possible d'obtenir et, en outre, il est certains corps
tels que le plomb et le cuivre, l'arsenic, l'antimoine,
etc., dont la présence donne lieu à des difficultés toutes
spéciales, sinon à des impossibilités.

Nous étudierons successivement les divers procédés
d'amalgamation, soit à froid, soit à chaud :

A. — Procédés d'amalgamation à froid.

L'amalgamation à froid consiste, en principe, à

1. Procédé courant pour l'or, appliqué par M. Crookes à l'argent.

additionner le minerai, pulvérisé et mélangé d'eau, de
chlorure de sodium et de sulfate de cuivre, puis de
mercure, en assurant, par une trituration continue et
prolongée, le contact intime des divers éléments chimiques. Le mélange du chlorure de sodium et du
sulfate de cuivre, en présence de l'eau, a pour effet
de donner, d'abord, une liqueur chlorurée de chlorure
de cuivre, qui dissout l'argent des minerais à l'état de
chlorure d'argent dans le chlorure de sodium : après
quoi, le mercure forme, avec le chlorure d'argent, un
amalgame d'argent, qu'il ne reste plus qu'à distiller
pour obtenir l'argent métallique et récupérer le mercure.

Les réactions, qui se font lentement en se répartis-
sant sur une durée de 1 à 3 mois, peuvent être représentées par les formules suivantes :

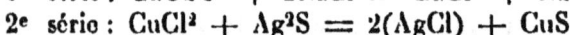

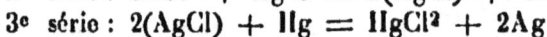

$$\text{1re série : } CuOSO^3 + 2NaCl = CuCl^2 + Na^2OSO^3$$
$$\text{2e série : } CuCl^2 + Ag^2S = 2(AgCl) + CuS$$
$$\text{3e série : } 2(AgCl) + Hg = HgCl^2 + 2Ag$$

les réactions de la deuxième série devant être remplacés plutôt par les suivantes :

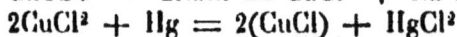

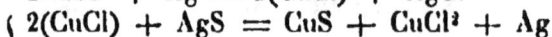

$$CuOSO^3 + 2NaCl = CuCl^2 + Na^2OSO^3$$
$$2CuCl^2 + Hg = 2(CuCl) + HgCl^2$$
$$\begin{cases} 2(CuCl) + AgS = CuS + CuCl^2 + Ag \\ 2(CuCl) + Ag^2S = CuS + CuCl^2 + 2Ag \end{cases}$$

C'est-à-dire que la réaction du sulfure d'argent par
le bichlorure de cuivre ne se ferait qu'après la transformation du bichlorure en protochlorure par le mercure.

Dans ces réactions, on voit que le mercure joue un
double rôle : 1° comme réducteur de l'argent, ou plutôt du chlorure de cuivre; 2° comme dissolvant. Le
mercure employé dans cette seconde réaction se retrouve en grande partie; mais celui qui sert à la pre-

mière passe à l'état de chlorure et se perd. Comme la perte en mercure est la dépense principale de ce mode de traitement, on s'attache essentiellement à la restreindre : ce qui ne peut s'obtenir qu'en maintenant un parallélisme aussi absolu que possible entre la dissolution de l'argent à l'état de chlorure dans la liqueur saline et la réduction de ce chlorure d'argent. Si la dissolution va plus vite, ce qui se produit quand la température s'abaisse, « quand la tourte a froid », l'inconvénient n'est pas grave : il n'y a qu'un ralentissement dans la marche des opérations, qui entraîne seulement une dépense plus forte pour la trituration, le piétinement de la tourte ; mais, si la dissolution va plus lentement, par suite d'un échauffement exagéré ou d'un excès de sulfate de cuivre, « si la tourte a trop chaud », comme disent les amalgameurs, le mercure, ne trouvant plus assez de chlorure d'argent à réduire, s'emploie inutilement à réduire une surabondance de bichlorure de cuivre en protochlorure. Il y a alors quelquefois intérêt à neutraliser l'excès des sulfates acides de cuivre et de fer par de la chaux caustique ou par un autre réactif alcalin. Cette chaux a de plus l'avantage de décomposer une partie du protochlorure de mercure déjà formé et de régénérer ainsi du métal utile, mais elle ralentit l'opération.

Parmi les procédés d'amalgamation à froid, nous étudierons le patio et la tinette norvégienne.

a. — Amalgamation au patio.

C'est un procédé, très usité au Mexique, au Pérou, etc., dont l'invention remonte à Bartholomeo Medina. Les minerais traités sont principalement des colorados au Mexique, des pacos au Pérou, c'est-à-dire surtout du sulfure d'argent avec du chlorure et de l'argent métallique.

Ces minerais arrivent, en général, à l'usine, en fragments assez gros, la mine n'ayant pas d'intérêt à appliquer une préparation mécanique, toujours très

Fig. 37. — Vue de la Hacienda de Rocha, Guanajato.
D'après une photographie communiquée par Don Mariano Barcena.

défectueuse et entraînant de grandes pertes d'argent, à des minerais fins :

On commence par les pulvériser[1] sous des bocards

---

1. Il n'y a pas pratiquement grand intérêt à pousser trop loin la pulvérisation, pourvu que les grains ne soient pas trop gros pour laisser les réactifs pénétrer jusqu'à leur centre dans la durée moyenne d'une opération (30 à 45 jours).

(*molinos*) et des meules (*arrastres*) et les additionner d'eau de manière à former une bouillie très liquide ; puis on met cette bouillie dans des bassins en maçonnerie, où on la laisse prendre de la consistance par évaporation de l'eau et on l'étend alors dans la cour dallée de l'usine (*patio*) (fig. 37) en tas circulaires de 0^m,25 à 0^m,30 de hauteur environ et de 15 à 18 mètres de diamètre (15 mètres pour un tas de 60 tonnes). Cette boue argentifère est la *torta* ou tourte.

Une fois qu'elle est sur les aires, on l'humecte d'eau, on y ajoute 2 à 5 pour 100 de sel commun et on la fait piétiner par des mules de manière à obtenir un mélange intime. Après quelques jours, on ajoute un nouveau réactif : le *magistral,* ou pyrite de cuivre et de fer grillée, renfermant 8 à 10 pour 100 de sulfate de cuivre, qui en est la partie active. Ce magistral, qui est destiné à introduire le soufre et le cuivre nécessaires aux réactions chimiques, a été obtenu, soit en grillant dans un réverbère des sulfures de cuivre, soit, si l'on n'a que des minerais de cuivre oxydés, en les mélangeant de pyrite de fer[1]. Dans ces dernières années, l'usage s'est introduit, d'ailleurs, de plus en plus, de substituer au magistral du sulfate de cuivre cristallisé[2] qui est d'un effet plus régulier et plus sûr.

L'incorporation du magistral se fait dans la proportion de 1/2 à 2 pour 100 de la masse, à l'aide de piétinements successifs. Son action, très rapide sur les

---

1. On juge pratiquement de la qualité d'un magistral par le temps plus ou moins grand pendant lequel la main fermée peut supporter la chaleur qu'il développe, après avoir été mouillé d'eau. Ce temps doit être de 60 à 70 secondes.

2. Ce sulfate de cuivre peut provenir, notamment au Mexique, de la séparation de l'or et de l'argent par l'acide sulfurique. La quantité de sulfate à employer, toujours moindre que celle de magistral, ne dépasse guère 1 p. 100.

parties fines, est beaucoup plus lente sur les grains un peu gros. Aussi est-on conduit à mettre, à la fin de l'opération, trop de magistral (quand celui-ci n'a plus qu'à s'attaquer aux grains grossiers) et il en résulte une perte trop forte en mercure, par formation d'un excès de chlorure de mercure. Pour l'éviter, on peut, soit saturer à la fin l'excès de magistral par de la chaux, soit plutôt ralentir la réaction au début en employant une quantité trop faible de magistral.

Il faut éviter un échauffement trop grand de la tourte (qui résulte toujours d'un excès de magistral). En été, on emploie, par suite, moins de magistral qu'en hiver.

Quand le magistral a pénétré dans la tourte, celle-ci s'échauffe et devient rouge sombre avec un aspect spongieux.

Bientôt après, on commence à ajouter du mercure à l'état de fine pluie sur toute la surface de la tourte en l'obligeant à filtrer à travers un morceau de drap grossier ou un sac de coutil. On opère généralement trois de ces additions de mercure, à quinze jours ou trois semaines d'intervalle, en les faisant suivre d'un piétinement par les mules ou *repaso*. La seconde n'est que les 3/8 et la troisième que le 1/8 du poids primitivement ajouté. La quantité totale de mercure employée est environ égale à six fois le poids de l'argent contenu dans le minerai. L'opération n'est souvent terminée qu'au bout de trois mois.

Pour voir où elle en est, on fait, de temps en temps, une prise d'essai qu'on lave à l'eau dans une sébille avec un mouvement de balancement tel que les parties légères s'écoulent avec un excès d'eau, tandis que l'amalgame en grains fins, le mercure altéré et les fragments de minerai restent au fond. On juge d'après l'aspect de ce résidu. A mesure que l'opération avance, la proportion de l'amalgame solide augmente et le mercure diminue. Si ni l'un ni l'autre ne varie, c'est que la tourte a froid; si le mercure diminue sans que l'amalgame augmente, c'est qu'elle a trop chaud: Quand l'opération est finie, l'amalgame ne varie plus de volume ni d'aspect et retient un petit excès constant de mercure liquide : le tas « a rendu » ce qu'il contenait d'argent.

Quand l'amalgamation est achevée, on ajoute beaucoup d'eau pour délayer les boues et en retirer l'amalgame avec un excès de mercure, qu'on filtre alors à travers des peaux ou des toiles.

Enfin, l'amalgame est moulé en gâteaux de 15 à 25 kilogrammes et distillé per descensum (le mercure éliminé par une volatilisation de haut en bas). La perte en mercure de toute l'opération est, en général, de 1,30 pour 100 d'argent obtenu; soit de 22 pour 100 du mercure employé.

b. — Amalgamation à froid dans la tinette norwégienne (système Cooper).

On désigne, sous le même nom de tina, deux modes d'amalgamation tout à fait différents : l'un venant de Kongsberg en Norvège, et usité en certains points du Chili, où l'on opère dans une cuve fixe, en bois, avec agitateur en fer et à froid; l'autre, très répandu au Chili, au Pérou, en Bolivie, au Mexique (où il prend le nom de cazo ou fondon), qui se pratique à chaud dans un appareil en cuivre, le cuivre jouant un rôle essentiel dans la méthode. C'est du premier système seulement qu'il s'agit ici. Le second sera décrit plus loin.

A Chanarcillo, au Chili, le minerai, composé d'argent natif, chlorure, chlorobromure et sulfure accessoire,

est chargé dans une tina, c'est-à-dire une cuve ou bac
en bois munie d'un agitateur. On y verse d'abord l'eau,
puis 200 à 300 kilogrammes de minerai d'argent, après
avoir mis l'agitateur en rotation avec une vitesse de
16 tours par minute.

Pour des minerais pauvres, on ajoute 75 kilogrammes
de mercure, proportion qui doit être augmentée pour
une richesse en argent plus grande de la matière
traitée.

Les résidus, ou *relaves*, contiennent des sulfures,
arséniures ou antimoniures d'argent qu'il faut traiter
par une autre méthode, par exemple par une chloruration préalable.

L'amalgame d'argent est recueilli, filtré dans des
sacs de coutil et distillé.

c. — Amalgamation à froid après chloruration.
Traitement aux tonneaux.

Cette méthode a été employée en Saxe, à Halsbrücke,
en France, à Huelgoat, pour des minerais argentifères
tenant de 1 à 2 kilogrammes à la tonne avec une forte
proportion de sulfures.

Les schlamms argentifères d'Huelgoat étaient séchés
à l'air, moulés en briquettes, et calcinés pour faciliter
leur division en poussière fine qu'auraient empêchée
l'argile plastique et l'oxyde de fer hydraté; puis on
les réduisait en poussière fine et mélangeait avec 7 pour
100 de sel marin; c'est ce mélange chauffé au réverbère, qu'on amalgamait ensuite dans des tonnes tour-
nantes.

La proportion pour l'amalgamation était de 360
kilogrammes de matière et 270 litres d'eau; puis 30
kilogrammes de mercure et 40 kilogrammes de fer.

B. — Procédés d'amalgamation à chaud.

a. — Procédé du Cazo, ou Fondon (Tina en Bolivie).

Ce procédé est appliqué surtout aux minerais de l'Amérique du Sud renfermant de l'argent natif avec des chlorures, bromures et iodures (colorados et pacos) minerais notablement plus riches que ceux soumis à l'amalgamation à froid. — Au Chili, on s'en est servi avec une variante pour des minerais sulfurés (negros).

Les minerais, pulvérisés en sable fin, sont d'abord soumis à une préparation mécanique par lavages, qui les ramène à 2 pour 100 de leur poids primordial, non sans occasionner des pertes souvent considérables; puis on les charge dans une chaudière à fond de cuivre avec une quantité d'eau suffisante pour former une bouillie très claire et l'on chauffe à ébullition en ajoutant successivement du sel marin dans la proportion de 10 à 15 pour 100, puis du mercure.

Pendant toute l'opération, on brasse énergiquement : soit avec un pilon en bois mu à la main, dans le cazo ; soit avec des blocs de cuivre actionnés mécaniquement, dans le fondo. Le brassage doit surtout s'exercer sur le fond en cuivre. A un moment donné (dont on juge sur une prise d'essai), on enlève le contenu de la chaudière et on le porte dans de grandes cuves, où l'on met environ 4 fois autant de mercure qu'il en a été employé dans la chaudière ; c'est le *baño*, après lequel on procède au lavage.

La théorie de la méthode est la suivante : les minerais d'argent existent dans le chaudron sous deux formes différentes : les uns à l'état de chlorures, bromures, etc., assez altérés par la lumière pour ne pas se dissoudre dans le chlorure de sodium, les autres à l'état de dissolution saline.

Les premiers subissent la réaction du cuivre du chaudron à mesure qu'ils sont amenés à son contact; le cuivre se substitue à l'argent dans le sel, et l'argent, ramené à l'état métallique, se combine au mercure.

Les seconds sont décomposés par le protochlorure de cuivre en dissolution, qui donne du bichlorure et de l'argent métallique; le bichlorure, avec le cuivre du bassin, redonne en partie du protochlorure.

On a donc en résumé :

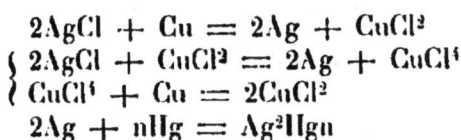

$$2AgCl + Cu = 2Ag + CuCl^2$$
$$\begin{cases} 2AgCl + CuCl^2 = 2Ag + CuCl^4 \\ CuCl^4 + Cu = 2CuCl^2 \end{cases}$$
$$2Ag + nHg = Ag^2Hg^n$$

Le mercure n'agit pas directement sur le chlorure d'argent (comme dans la tinette norwégienne), ne contribue pas à la précipitation de l'argent et, par suite, ne donne lieu à aucune perte chimique de mercure à l'état de chlorure, puisque ce sel, s'il se produisait, serait détruit par le cuivre métallique.

La dissolution de l'argent dans le mercure est facilitée par une action galvanique résultant du contact du cuivre et du mercure en présence de la liqueur saline. L'électrode positive, représentée par le cuivre, se dissout progressivement sous forme de chlorure de cuivre, c'est-à-dire que le cuivre remplace l'argent dans la liqueur.

Quand le minerai est surtout sulfuré (negros), on ajoute du sulfure de cuivre (c'est-à-dire du magistral comme dans le procédé au patio) et les réactions deviennent :

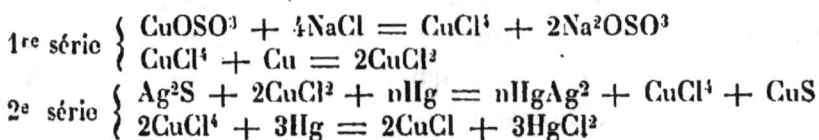

1re série $\begin{cases} CuOSO^3 + 4NaCl = CuCl^4 + 2Na^2OSO^3 \\ CuCl^4 + Cu = 2CuCl^2 \end{cases}$

2e série $\begin{cases} Ag^2S + 2CuCl^2 + nHg = nHgAg^2 + CuCl^4 + CuS \\ 2CuCl^4 + 3Hg = 2CuCl + 3HgCl^2 \end{cases}$

Cette dernière réaction du chlorure de cuivre sur le mercure a pour effet d'augmenter la perte de ce métal.

b. — Procédé Washoé ou des Pans.

Le procédé Washoé, très usité dans l'Amérique du Nord, au Comstock, dans l'Idaho, l'Utah, etc., se rapproche beaucoup du procédé du cazo, tel qu'il est pratiqué au Chili pour les minerais sulfurés avec addition de magistral. Mais, au lieu d'employer une cuve en cuivre, on prend une chaudière ou *pan* en fer, dont le métal, sous l'action de la vapeur chauffée à 94°, agit pour précipiter l'argent comme le cuivre du cazo.

Dès que les minerais deviennent fortement sulfureux et se mélangent de sulfures divers, on est obligé d'avoir recours à un grillage chlorurant préalable, qui rapproche alors la méthode du système Reese River décrit plus loin. La différence essentielle entre les deux systèmes tient à ce que, dans la méthode des pans proprement dite, la chloruration se fait par voie humide tandis que, dans le système Reese River, elle a lieu au préalable et à sec, ce qui est préférable pour les minerais complexes.

On facilite parfois le grillage de ces minerais complexes en faisant intervenir la vapeur d'eau. Celle-ci, d'après Rivot, agissant au rouge sombre sur les sulfures simples, les arséniosulfures, les antimoniosulfures, mélangés intimement avec une proportion convenable de pyrite de fer, expulse le soufre à l'état d'hydrogène sulfuré, l'antimoine et l'arsenic à l'état d'oxydes, fait passer à l'état d'oxydes fixes les métaux, fer, cuivre, zinc, etc., et enfin amène l'argent à l'état métallique.

L'absence de grillage préalable et de chloruration sèche dans le procédé ordinaire des pans est un des grands avantages de la méthode pour tous les pays où

le combustible fait défaut ; mais cet avantage, comme
nous venons de le dire, disparaît pour les minerais
trop complexes.

Le procédé des pans, qui est le grand mode de
traitement des minerais d'argent dans l'ouest américain, peut également être précédé de certaines opérations d'enrichissement spéciales, notamment aux fruc
vanners, une partie des minerais séparés par cette préparation mécanique antérieure allant aux pans, tandis
que le reste va à la fusion ; c'est ce que l'on appelle
le combination process, très usité aujourd'hui pour les
minerais de seconde classe [1].

Entrons maintenant dans le détail du procédé des
pans, tel qu'il est pratiqué, par exemple, à Comstock
mill, sur les minerais provenant du filon du Comstock.

Les minerais cuivreux ou plombo argentifères ayant
été, au préalable, soigneusement triés pour être en-
voyés à des opérations spéciales, les minerais traités
aux pans sont peu sulfureux : le fer et l'argent seuls y
sont à l'état de sulfures, en compagnie de l'argent
natif ; la teneur est d'environ 836 grammes d'argent
et 41 grammes d'or à la tonne.

Ces minerais commencent par subir une trituration
très fine pour que l'action des liqueurs chlorurantes
et du fer puisse se faire en mélange très intime et, par
suite, être très rapide. Après un concassage à l'appareil
Blake (décrit page 127), ces minerais sont broyés
aux brocards californiens, puis apportés aux pans.

Ces pans sont de bien des espèces, parmi lesquelles
on peut citer les *Amalgamating pans de Wheeler;*
ceux de *Berdan, Denny et Robert, Horn, Dickson,* etc.
La chaudière de Wheeler (modifiée par Randall) et
connue sous le nom d'*excelsior* est la plus répandue.

1. Voir plus loin, page 201.

Cette chaudière (fig. 38) présente un fond conique[1], qui a l'avantage de s'user uniformément et de triturer convenablement les matières au contact du mercure.

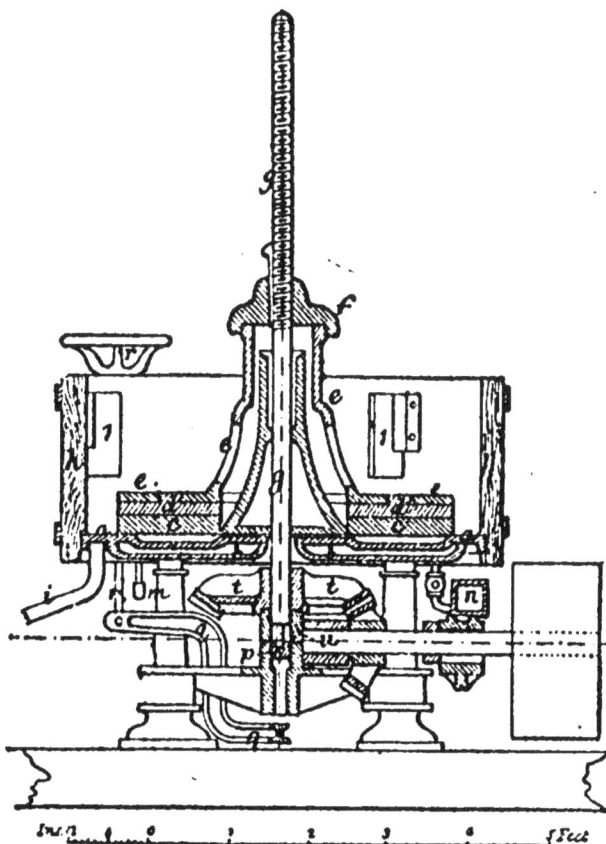

Fɪɢ. 38. — Pan de Wheeler.

L'appareil a ordinairement 1m,30 de diamètre avec un fond plat en fer et une chambre de vapeur b; les parois sont en bois ou en fonte; les coins c sont fixés au fond par des queues d'aronde; la molette e est fixée à une tige verticale g qui passe dans une pièce conique au centre du pan. Les sabots d sont fixés à la molette et la distance entre ces sabots et les coins est réglée par la pièce r.

L'agitateur est garni de pièces de bois renouvelables et disposées de façon à obliger la matière (pulp) à circuler et à se baigner dans le mercure; il peut être levé à différents niveaux, de manière à produire un

1. Dans la chaudière primitive, que représente la figure, le fond était plat.

contact plus ou moins rapproché et à faciliter le chargement. L'appareil a généralement 1ᵐ,30 de diamètre,
un poids de 2ᵗ,5 et peut passer par charge 1ᵗ,5
de minerai à amalgamer. Le mouvement de rotation
de l'agitateur est produit par une roue d'angle, qui
engrène avec une roue dentée horizontale, venue à la
fonte sur la base même extérieure du fond de la chaudière ou pan.

L'*Amalgamating pan de Readning* consiste en deux
cuvettes latérales, où le minerai est broyé par le rou-
lement de deux pilons ellipsoïdaux, dont l'axe passe
par les pôles et qui sont assujettis à tourner dans un
godet situé au fond de la cuvette et contenant le
mercure ; ils sont mus, à la partie supérieure, par une
glissière guide qui fait sa rotation autour d'un axe
vertical pour chaque capsule.

L'*appareil Bazin*, très ingénieux, est fondé sur la
force centrifuge. Une cuvette en tôle, noyée sous
l'eau et garnie de mercure (150 kilogrammes environ),
reçoit un mouvement rotatoire par la base, au moyen
de roues d'angle et d'un moteur : le mercure, au bout
de quelques minutes, s'élève et forme une cuvette de
vif-argent, d'une faible épaisseur (0ᵐ,02) et de la
même figure qu'elle ; il présente, par suite, à la matière
argentifère une grande surface pour l'amalgamation ;
et l'action dissolvante du mercure est encore augmentée par l'addition de 1 pour 100 de sodium métallique et par le courant d'une machine électrody-
namique, mise en mouvement par le mercure.

Ce dernier appareil s'emploie notamment pour des
schlamms qui ont été, au préalable, chlorurés et réduits par le fer dans un malaxeur situé en contre
haut. Dans la plupart des autres appareils, on fait, au
contraire, à la fois, la chloruration et l'amalgamation.

La charge faite, après avoir, à cet effet, soulevé

l'agitateur (*runner*), on ajoute donc de l'eau en quantité suffisante pour obtenir une bouillie assez épaisse qui reçoit le nom de pulp. Puis on verse du sel, dont la quantité varie en poids de 1 kilogramme à 1^{kg},60 pour une charge de 1,5 à 2 tonnes suivant la nature du minerai et 0^{kg},30 à 1^{kg},40 de sulfate de cuivre ou vitriol.

On introduit alors la vapeur, soit par un barboteur, soit dans le double fond, jusqu'à ce qu'on atteigne l'ébullition ; après quoi, on laisse la température du bain s'abaisser à 94°. L'agitateur reçoit une vitesse de 60 à 90 tours par minute et fonctionne pendant deux ou trois heures. Cette première période de l'opération constitue ce qu'on appelle la porphyrisation.

Une seconde période commence par l'élévation de l'agitateur à une plus grande hauteur au-dessus du fond et l'incorporation du mercure sodique en petits jets, au centre de l'axe, à raison de 27 jusqu'à 36 kilogrammes, suivant la teneur en argent. Le mouvement rotatoire continue pendant trois heures. On fait alors la décharge de l'amalgame, en élevant encore plus haut l'axe de l'agitateur ; on vide le mercure dans la cuve de bronze appelée *settler*, et on arrête l'écoulement, aussitôt que les boues se présentent.

Le settler américain (fig. 39) est ordinairement une chaudière garnie d'agitateurs et d'un tuyau collecteur de l'amalgame présentant au centre un cône venu au fond même du vase ; ce cône renferme un axe vertical actionné par l'intermédiaire de roues d'angle.

Les bras horizontaux, généralement au nombre de quatre, souvent réduits à un seul, qui sont mus par l'arbre, portent une série de blocs de bois qui mettent le liquide boueux, contenant l'amalgame, en motion assez lente pour que les parties métalliques ne soient pas entraînées et se concentrent, au contraire, au fond, tandis que les parties stériles restent en suspension.

Le lavage à l'eau froide dans les settlers dure ordinairement quatre heures. Des orifices de décharge, placés à divers niveaux, facilitent la sortie graduelle du liquide jusqu'à ce qu'à la fin il ne reste plus que le mercure en excès et l'amalgame : le tout est recueilli

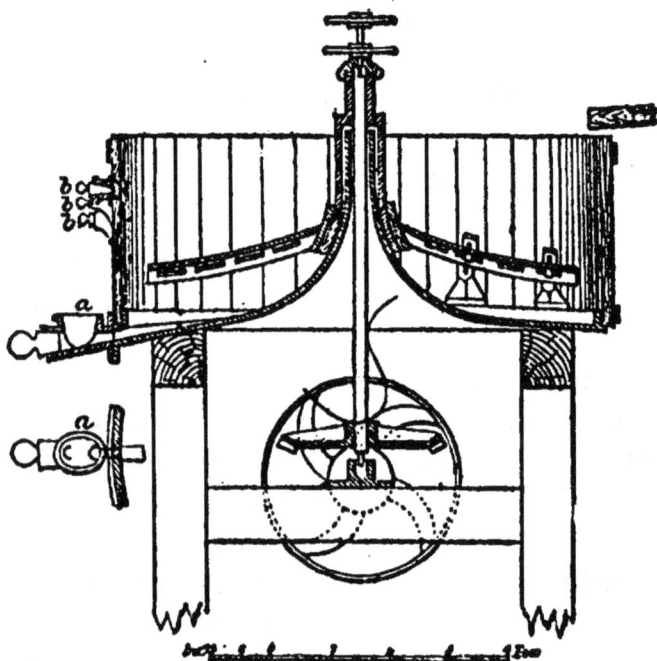

Fig. 39. — Settler américain.

dans une écuelle placée à la base, d'où on l'extrait pour la filtration et la distillation. Les boues stériles sont généralement classées dans des labyrinthes ou des spitzkasten.

Quant à l'amalgame, après un lavage à grande eau, on le filtre à travers un sac de coutil et on le comprime à l'aide d'une presse à vapeur ; enfin on le distille et on procède au raffinage de l'argent.

c. — Procédé Kröncke.

Le procédé Kröncke, en vigueur dans quelques usines chiliennes, se rapproche beaucoup du procédé des pans en ce que la chloruration s'y fait par voie humide au moyen du sel marin et du chlorure de cuivre avec intervention de la chaleur : une particularité remarquable est l'emploi comme réductifs du plomb et du zinc ou mieux encore des amalgames de ces deux métaux : ce qui réduit beaucoup la perte de mercure, mais donne un amalgame chargé de zinc et de plomb, qu'il faut ensuite soumettre à une épuration spéciale.

Les minerais, très chargés de soufre, arsenic et antimoine avec mélange de chlorures, sont d'abord finement broyés, puis additionnés de liqueur salée chaude en quantité suffisante pour produire une bouillie assez épaisse. Après quoi, on ajoute une solution de chlorure de cuivre dans des proportions déterminées par l'argent en présence et la nature des gangues.

L'oxyde de fer ou la magnésie n'ont point d'action sur le chlorure de cuivre, tandis que la chaux le décompose. Pour des minerais à 20 kilogrammes d'argent à la tonne et à gangues variées, la dose est généralement de 28 à 30 litres de liqueur cuivreuse.

Les bondes fermées, on fait tourner les tonnes pendant une demi-heure; puis on leur donne : 1° le mercure nécessaire, c'est-à-dire 20 ou 25 fois le poids de l'argent en jeu et 2° les doses de zinc et plomb ou d'amalgames de ces deux métaux, qui se calculent à 25 pour 100 du poids de l'argent.

L'amalgamation est terminée, après une rotation prolongée de 6 heures, à raison de 4 à 5 tours par minute. On fait alors la vidange du mercure et des boues.

La perte d'argent est estimée à 2 pour 100; celle du mercure à 12 ou 35 pour 100 du poids de l'argent extrait, c'est-à-dire relativement faible.

d. — Procédé Reese River.

Les minerais complexes exigent souvent, avant de passer aux pans, un grillage chlorurant qui caractérise surtout la méthode Reese River.

Ce grillage est pratiqué, après bocardage, dans des fours de diverses espèces (ou calcinadores): réverbères à plusieurs soles; fours à cuve et à cascade comme le four Stetefeld pour les minerais menus; fours rota- toires (Bruckner, etc...)[1]. La quantité de sel à introduire dans la charge est d'environ 10 pour 100 du poids du minerai. L'odeur dominante du chlore libre et l'aspect spongieux de la masse en indiquent la fin.

Puis l'amalgamation se fait dans des tonneaux en bois doublés de tôle ayant 1m,30 de diamètre sur 1m,60 de long, à Métacomhill; 1m,20 sur 2 mètres, à Pelican mine (Colorado). La charge comprend 1,000 kilogrammes de minerai, 200 kilogrammes de mercure et 100 kilo- grammes de ferraille; le volume est complété avec de l'eau bouillante chauffée par un barboteur à vapeur. La rotation dure 14 heures à 20 heures; on délaye finalement les boues avec de l'eau pendant une heure et on vidange.

L'amalgame est filtré et enfermé dans des sacs de coutil; on le plonge alors dans l'eau bouillante et l'on écume jusqu'à ce que la surface du métal devienne brillante; puis on le soumet, dans d'autres sacs, à une filtration nouvelle et à une nouvelle compression, exécutées dans l'eau froide.

Enfin l'on distille.

1. Voir pages 131 à 134.

Le lavage des boues se fait souvent dans l'appareil que nous venons de décrire sous le nom de *settler*.

Dans ce mode de traitement, la présence du plomb est une gêne notable ; l'amalgame de plomb qui en résulte rend, en effet, le liquide des pans pâteux et empêche la réunion des particules disséminées dans la masse. Le zinc, au contraire, gêne peu.

On peut admettre que le grillage chlorurant a pour effet de donner, avec les sulfures de zinc et d'argent, des sulfates que le chlorure de sodium transforme en chlorures ; la pyrite de fer donne du sulfate de fer et de l'acide sulfurique en excès qui agit, à son tour, tant sur les sels d'argent que sur le chlorure de sodium. Quant au sulfate de fer, il est transformé en chlorure. La pyrite de fer, par l'acide sulfurique mis en liberté, amène la dissolution des chlorures et bromures d'argent altérés à la lumière qui, sans cela, ne se dissoudraient pas. Le chlorure de zinc, n'étant pas décomposé par le fer, ne participe pas aux réactions chimiques qui amènent l'argent à l'état d'amalgame. La présence de la blende ne nuit donc pas de ce côté ; son défaut, quand elle est en proportion sensible, est de forcer à prolonger le grillage et d'amener une volatilisation de chlorure de zinc qui entraîne et fait perdre du chlorure d'argent.

Quant à la galène, elle donne du sulfate et du chlorure de plomb, dont une partie se dissout pendant l'amalgamation et produit, en présence du fer, une certaine quantité de plomb métallique, qui empêche la réunion des parties mercurielles et, une perte de mercure et d'amalgame dans les résidus. D'où la supériorité de la méthode par voie sèche quand la proportion de galène est élevée.

Voici un exemple de prix de revient du traitement par grillage chlorurant et amalgamation à

Parck city (d'après Rothwell : *Trans of the Inst. of Am Eng.*).

1º Consommation par tonne :

Sel marin..	8 »
Mercure.	9 »
Bois et charbon.	18 »
Dépense de fonderie.	6.80
Huile.	1,30
Produits chimiques . . . , . . .	2.60
Charbon de bois pour analyses.. . .	2.30
	47 »
2º Main-d'œuvre.	15 »
Total.	62 »

Dans ce procédé, la perte par volatilisation à l'état de chlorure atteint souvent 30 pour 100, et le « bullion » d'argent produit est de qualité inférieure.

e. — Combination Process.

Un procédé nouveau de traitement des minerais argentifères de seconde classe a pris, en ces dernières années, un grand développement dans l'Utah, c'est le Combination Process, dont nous allons donner la description d'après un rapport de M. Chevrillon, Ingénieur civil des Mines.

Ce procédé permet d'utiliser les minerais à faible teneur en argent (rebellious ou refractory ores), contenant à la fois des métaux communs et des sulfures, minerais trop pauvres pour aller à la fusion, trop impurs pour l'amalgamation ou la lixiviation et dont une faible partie jusqu'ici, la plus riche en argent, passait à un grillage chlorurant (procédé Reese River), le reste étant simplement réjeté sur les haldes.

Par ce procédé on transforme sans grand frais les minerais réfractaires en un minerai artificiel épuré qu'on traite, en général, par les pans.

Le système est essentiellement basé sur une préparation mécanique opérée par les fruc vanners et ayant
pour effet de donner : d'une part, le mélange concentré des sulfures et des métaux lourds avec une portion
de métaux précieux allant à la fusion; de l'autre, un
résidu contenant le reste de l'or et de l'argent et envoyé aux pans (procédé Washoë).

En résumé, il faut une usine où se font le broyage
et la concentration aux fruc vanners, deux autres usines
pour la fusion et l'amalgamation.

Dans le district de Tintic (Utah), le Combination
Process fonctionne notamment pour les minerais de
seconde classe de la mine Eureka Hill et pour ceux de
la mine Mammoth. Les produits de la concentration,
qui représentent environ $\frac{1}{10}$ du tonnage initial, vont
aux grands smelters établis dans la vallée du Salt
Lake city; l'amalgamation aux pans se fait, au contraire, sur place.

Le minerai, d'abord concentré, puis bocardé très
fin, passe sur des plaques de cuivre argentées et
amalgamées, qui retiennent environ 25 pour 100 de
l'or contenu et arrive de là à une série de vanners où
doit se faire la séparation.

Ces vanners, du type dit *Woodburg concentrator*,
sont composés de courroies de caoutchouc étroites à
percussion longitudinale. La séparation y est tellement
parfaite que les minerais les plus impurs à 20 pour 100
de plomb n'en retiennent plus que 1 pour 100 dans
le refus final. En outre, en restreignant la quantité
d'eau en circulation, on diminue la perte des métaux
précieux dans les fines particules de sulfures, chlorures, etc. Au besoin, quand les minerais sont trop
impurs, on peut faire précéder les vanners de cribles
à secousses ou *jigs*.

Le travail de ces vanners est assez précis pour permettre, par un simple réglage de l'inclinaison de la courroie, la séparation des minerais les plus complexes. L'eau entraînant le refus des vanners (ou les tailings) arrive à des bassins de dépôt, où les parties fines sont recueillies pour être traitées, comme d'habitude, par le procédé des pans.

Voici environ comment s'isolent les métaux précieux dans les produits successifs qui sont tous soigneusement analysés.

SPÉCIFICATION	ARGENT	OR
	onces	onces
Minerai broyé.	12,9	0,44
Refus des 1ers vanners.. .	7	0,3
Refus des 2es vanners. .	6,8	0,24
Tailings.	3,9	0,12
1ers concentrates.. . .	60,9	1,44
2es concentrates. . . .	24,6	1,12

En remarquant que les concentrates correspondent à 10 pour 100 du minerai primitif, les tailings à 90 pour 100, on voit que 70,3 pour 100 de l'argent et 75,43 pour 100 de l'or passent dans ces tailings. On arrive assez aisément en marche continue à faire passer jusqu'à 80 et 84 pour 100 des métaux précieux dans les tailings et ce pour des minerais tenant à la fois de la galène, de la blende, des minerais de cuivre, d'antimoine et des carbonates de toute espèce, à la condition seulement que ces minerais ne tiennent pas plus de 20 pour 100 de métaux communs.

Le développement de ce système, très économique comme nous allons le dire, a pour effet de permettre le traitement de haldes entassées depuis longtemps sur le carreau des mines et amènera, sans doute, pendant quelques années, malgré la baisse du prix de l'argent, une augmentation nouvelle dans sa production.

Voici un exemple du prix de revient :

Personnel. — 2 hommes aux concasseurs, 1 aux bocards, 2 aux vanners, 2 aux bassins de dépôt, 5 pour les pans et settlers ; 1 chef amalgamator, 1 mécanicien, 1 chauffeur, 1 charpentier forgeron, 1 chimiste, 1 aide-chimiste et un directeur : 100 dollars par jour pour 100 tonnes passées, soit, par tonne. .   5 fr. 20.

Consommation :

Produits chimiques par tonne :

Sel marin..	35 kil.	. . . .	0,65
Sulfate de cuivre. . .	0 800 grammes.	. .	0,50
Acide sulfurique.. . .	0 800.	. . . . .	0,50
Cyanure de potassium. .	0 031.	. . . . .	0,26
Chaux vive.	6 ».	. . . . . .	0,15
Limaille de fer. . . .	0 550 grammes.	. .	0,15
	Total.		2,21
Charbon : 7 tonnes à 25 fr. (pour 100 t. de minerai).			1,35
Mercure : perte de 0 k. 370.. .	. . . . . .		1,40
Huile, graisse, etc..	. . . . . .		0,50
	Total des consommations.	. .	5,46

Frais de traitement par tonne de concentrates (correspondant à 10 tonnes de minerai) ; 78 francs, soit par tonne de minerai.   7,80

Entretien et réparation.		1 »
Intérêt et amortissement.. . . . . . . , . . .		5 »
Frais généraux, etc.		3,00
Total par tonne de minerai. . .		**22,26**

Voici, dès lors, un exemple de balance industrielle :

Recette	Argent 11 onces à 3 fr.	33 fr.
	Or 0 once 33 à 100 fr.	33 »
	Plomb 4 pour 100.	6,24
	Cuivre 0,5 pour 100..	4 »
	Total des recettes. . .	76,24

		Report. . . .	76,24
	Transport à l'usine. . . .	1 »	
Dépense	Pertes de 20 pour 100. . .	15 »	
	Frais de traitement. . . .	22,26	
		38,26	38,26
	Bénéfice net. . .		37,98

f. — Traitement par amalgamation des minerais et produits cuivreux argentifères.

Pendant longtemps, on a traité par l'amalgamation les mattes du Mansfeld. Le procédé comprenait : *a*, trituration ; *b*, grillage sur un réverbère à double sole ; *c*, chloruration de l'argent, commencée par voie humide, achevée par grillage de la pâte ainsi obtenue; *d*, amalgamation dans des tonneaux tournants en présence de l'eau et du fer ; *e*, distillation et raffinage.

L'amalgamation des cuivres noirs s'opère en Hongrie, Transylvanie et Banat. Le cuivre noir traité contient environ $1^{kg},800$ d'argent et 850 à 890 kilogrammes de cuivre par tonne. On le bocarde après l'avoir porté au rouge cerise; on mélange avec du sel marin, et l'on calcine; puis on broie et tamise de nouveau la masse chlorurée, qui est amalgamée dans des tonnes roulantes en présence de l'eau chaude et du cuivre.

g. — Amalgamation des speiss argentifères.

Les speiss sont des combinaisons d'arsenic, antimoine, nickel, cobalt et fer, retenant parfois un peu de bismuth, du soufre et souvent de l'argent. Des speiss argentifères tenant 600 grammes à $1^{kg}.800$ d'argent par tonne sont traités par amalgamation à Schneeberg en Saxe, à Oberschlema, etc.

Après trituration, les speiss sont grillés dans un four à réverbère en faisant des incorporations de charbon pour dégager l'arsenic à l'état d'acide arsénieux (qu'on recueille). Puis on mélange le produit avec 8 pour 100 de sel marin et 2 pour 100 de sulfate de fer et l'on grille ; ce qui fait passer l'argent à l'état de chlorure, par l'action du chlore résultant de l'action du sulfate de fer sur le chlorure de sodium. Enfin, on traite dans des tonnes roulantes par le mercure en présence de l'eau et du fer.

IV.

Traitement des minerais d'argent par voie humide.
(Leaching processes).

Les deux grandes méthodes de traitement que nous venons d'étudier, fusion et amalgamation, sont insuffisantes pour toute une classe de minerais, rebelles ou réfractaires, soit qu'ils occasionnent des pertes trop grandes en métaux précieux, soit que les frais en soient trop élevés. A ces catégories de minerais on applique aujourd'hui, de plus en plus, dans l'Ouest américain, les méthodes de traitement par voie humide, c'est-à-dire, de lessivage ou lixiviation, ce qu'on appelle les Leaching processes.

Les procédés de traitement par voie humide les plus anciennement connus consistaient dans l'emploi, soit d'un acide (chlorhydrique, sulfurique, nitrique ou, très exceptionnellement, acétique), soit d'un sel, tel que le chlorure de sodium dans le procédé Augustin, le sulfate dans le procédé Zirvogel, l'iodure de potassium et de zinc dans le procédé Claudet, l'hyposulfite de soude dans le procédé Patera, ou de chaux dans le procédé Kiss. Les méthodes, qui se sont surtout développées dans ces dernières années, sont celles de traitement aux hyposulfites (procédés Patera, Kiss et Russel); le procédé Patera, déjà appliqué depuis long-temps à Joachimsthal, a été adopté pour les minerais rebelles, toutes les fois qu'ils ne sont pas trop riches en plomb et, dans ce dernier cas, on emploie le procédé Russel. Ce sont donc ces deux méthodes sur lesquelles nous aurons particulièrement à nous étendre; mais auparavant nous voulons au moins rappeler le prin-cipe des autres systèmes, qui ont reçu quelques appli-cations restreintes.

A. — Traitement des minerais d'argent aux acides.

On extrait parfois l'argent de ses minerais au moyen d'acides, soit que ces acides aient pour effet de dissoudre l'argent (et l'or) et de permettre ensuite sa précipitation par un réductif [*extraction process*], soit que les acides débarrassent l'argent (et l'or) d'un excès de matières étrangères en laissant les métaux précieux dans les résidus [*Sauer Laugerei*, dissolution dans l'acide]. Nous allons voir utiliser ces deux systèmes, soit séparément, soit conjointement.

Les acides employés sont l'acide chlorhydrique et l'acide sulfurique ou, rarement, l'acide nitrique. Avec les acides chlorhydrique et azotique on cherche à dissoudre l'argent; avec l'acide sulfurique, les métaux précieux restent, au contraire, dans les résidus.

Quand on attaque par l'acide chlorhydrique, il faut des artifices spéciaux pour dissoudre le chlorure d'ar-gent (très insoluble dans les conditions ordinaires).

Un de ces artifices est fondé sur ce que le chlorure d'argent est soluble dans l'acide chlorhydrique addi-tionné d'eau bouillante, si cette liqueur a déjà dissous du chlorure de plomb; car il se forme alors un chlo-rure double, soluble, de plomb et d'argent. On peut donc attaquer par l'acide chlorhydrique bouillant des minerais où la proportion de plomb, soit naturellement, soit par des additions calculées, est d'environ 75 à 100 kilogrammes de plomb par chaque 500 grammes d'argent. Cette attaque se fait dans des cuves en bois de sapin fortement imprégnées de pétrole. Le liquide bouillant est décanté et on y introduit des plaques de zinc, sur lesquelles le plomb se précipite à l'état spongieux entraînant l'argent avec lui. Il ne reste plus qu'à recueillir ce plomb, le laver, l'essorer, le fondre et le désargenter. Quant au chlorure de zinc qui s'est formé, on peut en récupérer le zinc à l'état d'oxyde en précipitant par la chaux.

Ce procédé ne peut s'appliquer qu'à des minerais tenant peu de zinc, de cuivre et d'autres métaux accessoires.

Quand le minerai est très complexe, la liqueur chlorurée obtenue par l'acide bouillant renfermerait un mélange de toute espèce de métaux. On cherche alors à laisser l'argent et le plomb dans les résidus en traitant par de l'acide dilué et faisant refroidir ou neutralisant les dissolutions obtenues, de manière à précipiter le chlorure de plomb qui aurait pu être dissous. Par une série d'opérations de ce genre on obtient enfin : d'une part, une dissolution des chlorures de zinc, cuivre et autres métaux solubles ; de l'autre, une gangue contenant des chlorures de plomb et d'argent cristallisés. On dissout alors ces derniers par une liqueur chaude de chlorure de sodium ou de chlorure de calcium.

Ces procédés à l'acide chlorhydrique, qui exigent des installations soignées et des réactifs à bon marché, seraient inapplicables en Amérique ; en Europe, leur emploi est restreint.

Le traitement à l'acide sulfurique n'a guère été employé d'une façon suivie que pour des matières cuivreuses, mattes ou cuivres noirs en Allemagne, Autriche, etc.

Quant à l'attaque par l'acide nitrique, elle reste, jusqu'ici à peu près à l'état théorique, cet acide étant coûteux, destructeur pour les vases et dangereux à manier par les vapeurs qu'il dégage. Dans le traitement de Joachimsthal et de Brixlegg, on dissout l'argent par un mélange d'acide nitrique et d'acide sulfurique; puis on le précipite par du sel marin à l'état de chlorure d'argent.

B. — Traitement des minerais d'argent par les sels.

On peut employer, pour dissoudre l'argent, les chlorures ou sulfates de sodium, de calcium et de fer, les iodures de potassium ou de zinc, les hyposulfites de soude et de chaux, l'hydrogène sulfuré, les sulfures alcalins.

Pratiquement on n'utilise guère que le chlorure de sodium (procédé Augustin), l'iodure de potassium (procédé Claudet), l'hyposulfite de soude (procédé Patera), celui de chaux (procédé Kiss) ou celui de soude et de cuivre (procédé Russel).

a. — Procédé Augustin (au sel marin).

L'application du sel marin est logiquement fondée sur la solubilité facile du chlorure d'argent dans ce sel. Elle a été appliquée surtout dans le *procédé d'Augustin* qui, après un moment de grande vogue, n'est plus guère employé que pour quelques cuivres noirs argentifères (procédé de chloruration ou d'extraction).

Le minerai est grillé avec du sel marin, puis traité, dans une tonne en bois, par de la saumure qui dissout les chlorures de cuivre et d'argent; on décante et on précipite l'argent par du cuivre; après quoi, on récupère ce cuivre dissous en le précipitant à son tour par du fer. Le chlorure de calcium, résidu presque toujours sans valeur dans les usines de produits chimiques, est un assez bon dissolvant du chlorure d'argent; on a, par suite, essayé de le substituer au chlorure de sodium.

b. — Procédé Zirvogel par sulfatation (Wasserlaugerei).

La dissolution à l'état de sulfates est la base du *procédé Zirvogel*, ou Wasserlaugerei (dissolution aqueuse), qui est appliqué courtamment aux mattes cuivreuses du Mansfeld.

Un grillage, au besoin avec addition de pyrites, amène l'argent, le cuivre et le fer à l'état de sulfates qu'on dissout facilement dans l'eau chaude; après quoi, on précipite l'argent par le cuivre et le cuivre par le fer.

c. — Procédé Claudet, à l'iodure de potassium et au zinc.

Ce procédé s'applique régulièrement, dans l'usine de Widness, près Liverpool, aux résidus argentifères et aurifères d'usine à très faible teneur en métaux précieux. Les pyrites y sont grillées pour acide sulfurique; le résidu oxydé et sulfaté est lavé à l'eau chaude, et additionné d'iodure de zinc, puis d'iodure de potassium en proportion calculée sur la teneur évaluée d'après une prise d'essai.

Le précipité obtenu est composé d'iodures d'argent, d'or et de plomb, de sulfate de plomb et de quelques sels de fer et de cuivre. Ces derniers sont dissous par l'acide sulfurique étendu; après quoi, on dissout le plomb, l'argent et l'or dans l'acide chlorhydrique bouillant; enfin, on précipite par le zinc. Le plomb argentifère va à la coupellation.

Ce procédé permet de retirer économiquement d'une tonne de pyrites grillées 11^{gr},60 d'argent contenant 97 milligrammes d'or, soit une valeur de 2 fr. 50 à 2 fr. 70.

d, e, f. — Procédés aux hyposulfites (Patera, Kiss, Rüssel, etc.).

L'hyposulfite de soude a été employé longtemps comme dissolvant du chlorure d'argent dans le procédé Patera (à Joachimsthal) pour des minerais très compliqués tenant, avec l'argent, du cobalt, du nickel, de l'urane et du bismuth. Un grillage et une chloruration à la vapeur (par le chlorure de sodium et le sulfate de fer) permettent de dissoudre par l'eau chaude le fer, le cobalt, le nickel, le zinc, le cuivre, le plomb, etc., en laissant un résidu de chlorure d'argent, qu'on dissout dans l'hyposulfite de soude et précipite par le sulfure de sodium à l'état de sulfure d'argent.

Ce procédé Patera, de Joachimsthal, a, légèrement modifié, pris, dans ces dernières années, un développement considérable aux États-Unis.

d. — Procédé Patera[1].

Le procédé Patera consiste, en principe, dans un grillage chlorurant des minerais argentifères, suivi d'une dissolution du chlorure d'argent dans l'hyposulfite de soude ; après quoi, l'argent est précipité à l'état de sulfure au moyen du sulfure de sodium, et l'hyposulfite de soude se trouve ainsi régénéré. On peut aussi substituer aux sels de soude les mêmes sels de calcium qui sont plus économiques : c'est alors le pro-

---

1. *Schnabel* (1894), t. I, p. 741 à 757; *Eggleston* (1887), t. I, p. 484. Cf. Ann. des Mines, série V, tome VIII, p. 68; Zeitschr. für Berg Hütten und Salinen Wesen, t. XXI (1873, p. 134).

cédé Kiss, auquel on a longtemps attribué, en outre, l'avantage d'amener une dissolution plus commode de l'or.

Le procédé Patera a été appliqué, depuis 1858, à l'usine de Joachimsthal, en Bohême, aujourd'hui abandonnée ; puis celui de Kiss en 1860 à Schmöllnitz, en Hongrie. Aujourd'hui c'est surtout dans l'ouest américain, le Nevada, l'Utah, le Mexique, etc., que ces procédés de lixiviation se sont très développés, bien que le prix de l'hyposulfite de soude ait longtemps arrêté les industriels ; mais, par contre, les frais de premier établissement et la dépense en eau sont relativement faibles. A Broken Hill, dans la Nouvelles Galles du sud (Australie), on utilise également l'hyposulfite de soude pour traiter des chlorures d'argent naturels.

La méthode donne de bons résultats, même pour des minerais pauvres en argent, à la condition qu'ils ne contiennent pas une trop forte proportion de plomb, cuivre et calcite, et qu'on en surveille l'application de très près pour éviter des pertes, soit d'argent, soit de réactif.

L'inconvénient du plomb est que, pendant le grillage, il passe à l'état de chlorure et de sulfate qui fondent en enveloppant les sels d'argent et empêchent les réactions de se produire ; il peut également se produire un silicate de plomb qui a les mêmes défauts; puis ces sels de plomb se dissolvent en même temps que le chlorure d'argent dans l'hyposulfite et le plomb se reprécipite avec l'argent en sulfures. Dans le cas où la proportion de plomb est forte, il faut prendre des précautions spéciales pour le grillage et le conduire à basse température.

De même, le cuivre passe, en partie, dans le précipité argentifère et le rend impur.

Quant à la calcite, elle produit de la chaux, qui

réduit le chlorure d'argent et diminue la solubilité de l'argent dans l'hyposulfite de soude ; de plus, elle amène la précipitation d'hydroxyde de plomb qui enveloppe le chlorure d'argent et arrête la dissolution.

Jusqu'à un certain point, on peut remédier à l'effet nuisible du plomb et du cuivre en dissolvant leurs sels à l'eau chaude avant d'amener l'hyposulfite au contact du minerai.

L'on peut également, d'après la méthode de Russel, précipiter le plomb entré en dissolution dans l'hyposulfite de soude par le carbonate de soude, qui donne un carbonate de plomb insoluble.

Avec ces restrictions et ces correctifs, le procédé comprend les opérations suivantes :

1° Broyage du minerai ;

2° Séchage ;

3° Rôtissage chlorurant ;

4° Lessivage (leaching) des métaux inférieurs par l'eau ;

5° Lessivage par l'hyposulfite de soude ;

6° Précipitation de l'argent par le sulfure de sodium;

7° Raffinage de l'argent.

1° **Broyage du minerai.** — Le minerai ne doit pas être réduit en parcelles trop fines ; sans quoi, la lixiviation ne se ferait plus bien. Sauf cette observation générale, le degré de broyage dépend absolument de la nature du minerai et de la façon dont il se comporte au traitement ultérieur ; en sorte qu'il doit être déterminé expérimentalement dans chaque cas. Ce broyage, suivant la nature du minerai, se fera, soit, le plus souvent, par cylindrage quand on ne veut pas une trop grande finesse, soit, au contraire, par bocardage quand cette finesse se trouve être nécessaire.

2° **Séchage du minerai.** — Le minerai, une fois broyé, passe à une dessiccation, soit dans des cylindres de fer tournants qu'il ne fait que traverser, soit dans des séchoirs de Stetefeldt[1] et va au rôtissage chlorurant.

3° **Rôtissage chlorurant.** — Le sel est mélangé au minerai dans une proportion d'environ 4 à 5 pour 100 en poids, soit dans les séchoirs, soit dans les trémies conduisant aux appareils de grillage. L'incorporation dans les séchoirs paraît être la plus favorable et est même considérée comme préférable aux mélangeurs spéciaux adoptés dans certaines usines européennes. Parfois on ajoute un peu de pyrite de fer quand la proportion des bases est forte ; cette addition de pyrites dans un proportion de 2 pour 100 était même la règle autrefois.

Le rôtissage peut se faire dans n'importe quel appareil, souvent un réverbère avec la sole en trois étages successifs, ou des fours rotatoires cylindriques de Brückner[2].

Quand les minerais ont une forte teneur de soufre, un grillage soigné et à basse température doit précéder la chloruration ; parfois aussi, on introduit de la vapeur à faible pression qui, outre son action sur le soufre, l'arsenic et l'antimoine, a l'avantage de décomposer les chlorures des bases métalliques en donnant du chlore naissant, qui se porte aussitôt sur l'argent.

Comme nous l'avons dit, la présence de métaux inférieurs en forte proportion entraîne des précautions toutes spéciales. S'il y a du plomb, on doit opérer à basse température pour empêcher la fusion de composés plombifères qui aggloméreraient les minerais et empêcherait les réactions, ou encore la formation d'un silicate de plomb qui empêcherait la dissolution de

1. Voir plus haut page 131.
2. Voir plus haut page 133.

l'argent. Il est, en outre, indispensable, dans ce cas, d'assurer toute la transformation du plomb en chlorure, le chlorure de plomb étant soluble dans l'eau chaude et, par suite, pouvant être enlevé par un premier lessivage, tandis que le sulfate ne l'est pas.

Le rôtissage dure de huit à onze heures suivant la charge. Quand il est terminé, on ouvre le trou d'homme sans arrêter la rotation du cylindre qui se décharge en tournant. Le minerai tombe alors dans des fosses, où on le laisse séjourner environ neuf heures, l'expérience ayant montré que la chloruration s'y achevait.

Une assez forte proportion de chlorure d'argent et d'argent natif est entraînée par la vapeur ou s'échappe mécaniquement des séchoirs et des cylindres de Brückner ; aussi est-il indispensable d'avoir des chambres de condensation.

4° Lessivage ou lixiviation (leaching, Auslaugen) des sels de métaux inférieurs par l'eau. — Quand le rôtissage est terminé, il est nécessaire, avant de faire agir l'hyposulfite de soude, de se débarrasser d'un certain nombre d'impuretés, tels que les sulfates et chlorures de cuivre, fer et zinc, ou encore le chlorure de plomb, qui entreraient en dissolution dans l'hyposulfite en même temps que l'argent. Cette épuration peut se faire par un simple lessivage à l'eau chaude précédant celui à l'hyposulfite dans les mêmes appareils. Quand on applique le procédé Russel, c'est aussi à ce moment qu'on traite par l'hyposulfite double de soude et de cuivre.

La chambre où se fait le lessivage, ou lixiviation, contient en général 24 cuves, 12 sur chaque côté, de 2 à 3 mètres de diamètre et 1 à 2 mètres de profondeur, la profondeur étant réglée de façon à permettre un filtrage facile de l'eau à travers les minerais et, en outre, à rendre commode l'extraction des minerais. Les plus grandes de ces cuves peuvent contenir 35 à 50 tonnes de minerais crus ou 25 à 10 tonnes de minerai rôti. L'expérience a montré que des cuves un peu larges rendaient l'opération plus commode.

Les cuves de lessivage sont en général en bois, rarement en ciment ; les figures 40 à 43 montrent leur disposition habituelle (d'après M. Schnabel) ; les douves des parois ont 0^m,07 d'épaisseur ; les lattes qui forment le sol 0^m,10 ; les joints sont en céruse (insoluble dans les hyposulfites) ; les cercles en fer. Le filtre placé au fond est formé d'une toile à voile (y) portée par un entrelacement d'aubier, qui repose lui-même sur une série de lattes (fig. 43) convenablement espacées.

Le minerai, apporté sur des rails placés à la partie supérieure des cuves, y est vidé ; puis l'eau est introduite, soit par en haut, soit plus souvent par en bas ; une fois la dissolution produite, cette eau s'en va par le tube *d* communiquant avec un tube de caoutchouc *u*, d'où elle tombe en *g*. Un autre tube, *t*, relié à un injecteur de Körting, a pour but d'opérer un vide partiel sous le filtre et de faciliter l'opération.

Souvent on se sert d'eau chaude ; quelquefois aussi on se contente d'eau froide arrivant au contact du minerai, encore chaud de son grillage antérieur. L'eau froide a l'avantage de ne pas dissoudre le chlorure d'argent qui, une fois dissous, pourrait se trouver perdu.

Quand l'eau est introduite par en bas, il se forme à sa partie supérieure une croûte mince très argentifère que l'on recueille avec grand soin. C'est généralement la disposition que l'on préfère, surtout si l'on dispose de peu d'eau, à moins qu'il n'y ait un excès de plomb et d'antimoine. Dans ce cas, la difficulté qui se présente est que les chlorures de ces métaux sont précipités par

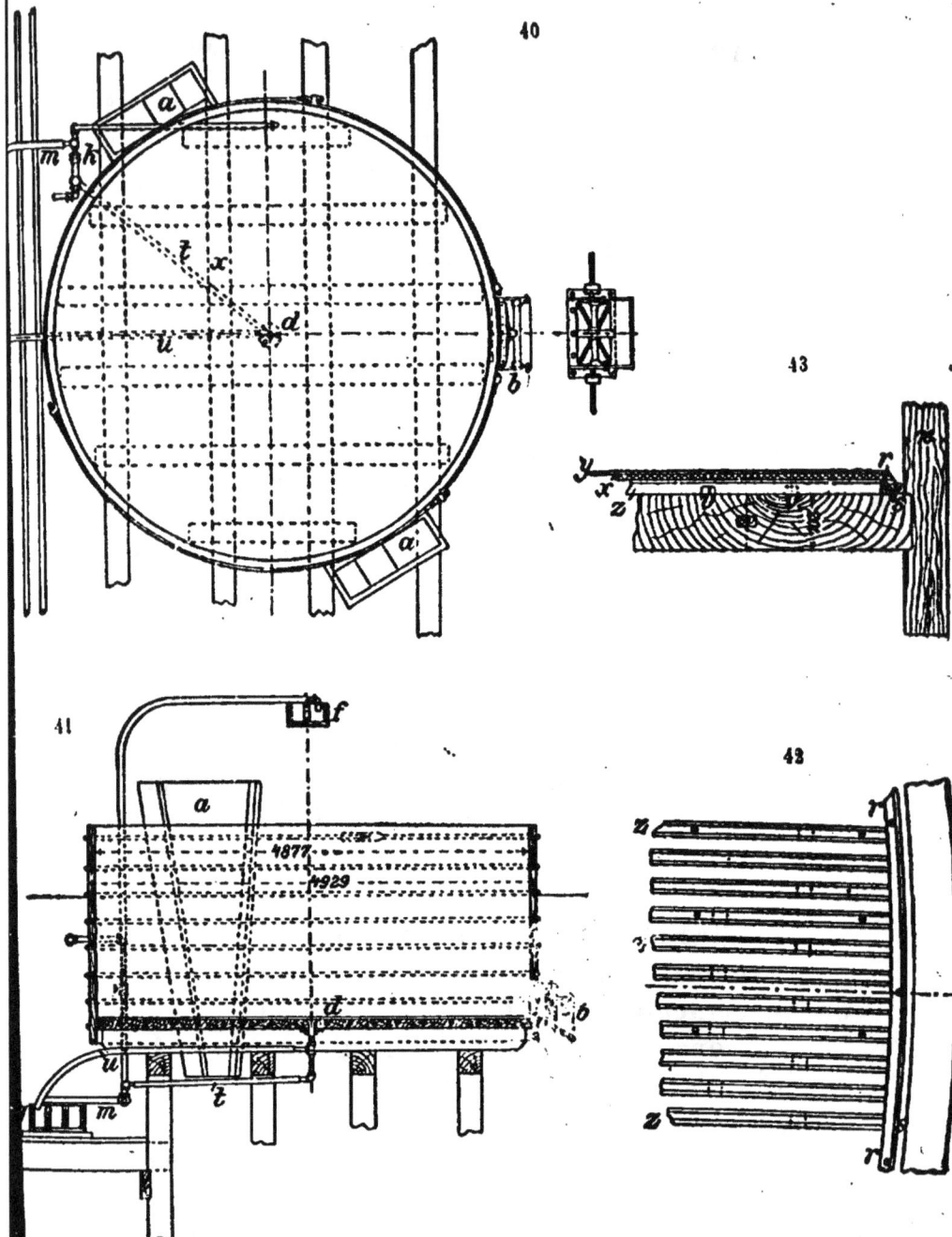

40

43

41

42

43

Fig. 40 à 43. — Cuve servant à l'application du procédé Patera.

x représente le filtre; r, un cercle en lattes de bois de $0^m,038$ de haut et $0^m,025$ de large; s, une corde de chanvre; u et t, des tubes de caoutchouc, dont l'un u coule dans le récipient g et l'autre t est en relation avec un injecteur de Körting, par le moyen duquel la dissolution se rend en m et peut, de là, soit couler en g, soit remonter dans le récipient f.

l'eau et gènent le travail; on amène alors l'eau par le haut, en fermant l'orifice de sortie et l'on remplit la cuve ; puis on rouvre cet orifice et l'on fait couler de l'eau jusqu'à ce que tous les sels solubles aient été dissous : ce que l'on reconnaît aisément à l'absence de précipité par le sulfure de sodium dans cette dissolution.

Quand l'eau est amenée par en bas, on la fait arriver jusqu'au moment où on la voit apparaître à la partie supérieure de la cuve ; puis on la fait écouler, en même temps qu'on produit un ruissellement d'eau fraîche à la partie supérieure, de manière à reprécipiter le chlorure d'argent qui aurait pu être dissous.

5° Lessivage à l'hyposulfite de soude. — Quand les minerais ont été traités à l'eau pure et que toute cette eau s'est écoulée, on amène l'hyposulfite de soude qui, agissant sur le chlorure d'argent, dissout le métal précieux à l'état d'hyposulfite double d'argent et de soude. Une partie d'hyposulfite dissout 0,485 de chlorure d'argent, soit 0,365 d'argent, tandis qu'il faudrait 68 parties de chlorure de sodium pour dissoudre une partie d'argent.

L'hyposulfite dissout, d'ailleurs, en outre, l'argent et l'or métalliques, l'oxyde d'argent, l'arséniate et l'antimoniate d'argent.

Parmi les métaux qui peuvent se trouver associés à l'argent, le cuivre se comporte à peu près comme lui; car son carbonate, son chlorure et son oxydule sont solubles ; le sulfate de plomb est soluble, d'autant plus que la température est plus élevée et retire, par suite, à l'argent une partie de son dissolvant, etc.

La dissolution d'hyposulfite est, de préférence, apportée à la température ordinaire pour éviter de dissoudre trop de métaux inférieurs; aussi, quand le minerai a été préalablement lessivé à l'eau chaude, commence-t-on par le refroidir. Si le minerai est très riche en argent, on emploie une liqueur à 2 1/2 pour 100 d'hyposulfite ; mais, pour les minerais pauvres et chargés de plomb et de cuivre, il ne faut pas dépasser 1 pour 100.

On fait couler de l'hyposulfite dans la cuve, tant que la liqueur qui s'écoule en bas entraîne encore de l'argent.

La durée de la lixiviation peut être de 6 à 30 heures suivant la teneur en argent, la proportion de matières argileuses, la rapidité du filtrage, etc.

6° **Précipitation de l'argent.** — La dissolution d'hyposulfite renferme ordinairement, outre l'argent, du plomb, du cuivre, de l'or, de l'antimoine, de l'arsenic et du calcium.

Quand la proportion de plomb est forte, il est bon, avant d'extraire l'argent, de précipiter le carbonate de plomb par le carbonate de soude, qui n'agit ni sur l'argent ni sur le cuivre.

Puis on traite par une dissolution de sulfure de sodium, qui précipite l'argent, en même temps que l'or, le cuivre, ou les métaux inférieurs à l'état de sulfures. On évite soigneusement de mettre un excès de sulfure de sodium ; car la dissolution d'hyposulfite, qui se trouve régénérée après qu'on en a extrait l'argent, retourne, en effet, à la lixiviation et, si elle contenait du sulfure de sodium, elle amènerait une précipitation et, par suite, une perte d'argent. On s'en assure en précipitant ce qu'il pourrait y avoir de sulfure de calcium en excès par un peu de dissolution argentifère.

Les cuves où se fait l'opération ont environ 3 mètres de diamètre sur 2 mètres de profondeur ; on y fait mouvoir des agitateurs ; un tube coudé dont on peut déplacer la partie à 90° au moyen d'une manivelle de manière à l'amener de la position verticale à la position horizontale, sert à l'écoulement du liquide.

Le sulfure de sodium est produit en jetant du soufre en poudre dans une dissolution de soude caustique portée à 80°. On utilise, pour une partie d'argent, 1,25 de soufre et la quantité correspondante de soude, soit 1,90. Ce sulfure de sodium est transformé en hyposulfite par la réaction qui précipite l'argent :

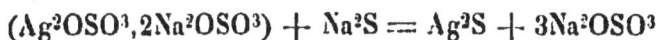

$$(Ag^2OSO^3, 2Na^2OSO^3) + Na^2S = Ag^2S + 3Na^2OSO^3$$

Cette dissolution d'hyposulfite de soude est employée ensuite à la lixiviation ; en sorte que la perte de soude dans le procédé Patera est, en somme, très faible ; par tonne de minerai, on évalue la dépense totale à environ 1 ou 2 kilos d'hyposulfite de soude.

7° **Traitement du précipité de sulfure d'argent.** — Le sulfure d'argent précipité est comprimé, puis séché à basse température, et va alors, soit à un rôtissage suivi d'une dissolution dans un bain de plomb, soit directement à un bain de plomb. Le plomb riche est ensuite coupellé.

En résumé, on estime que, par le procédé Patera, on peut extraire 70 à 90 pour 100 de l'argent contenu dans les minerais, suivant leur composition.

e. — Procédé Kiss.

Le procédé Kiss est identique au procédé Patera dans son principe comme dans son application, sauf que l'on substitue les sels de chaux plus économiques aux sels de soude. Il est impossible, dans ce cas, d'employer la précipitation du plomb par la soude, parce qu'on précipiterait en même temps la chaux de l'hyposulfite ; l'emploi de l'hyposulfite double de soude et de cuivre par la méthode Russel devient également inapplicable.

La solubilité du chlorure d'argent dans l'hyposulfite de chaux est un peu plus faible que dans l'hyposulfite de soude; celle de l'or est identique, bien qu'on l'ait crue autrefois plus forte.

Pour ces divers motifs, le procédé Patera est généralement préféré, bien qu'on se serve également du procédé Kiss dans certaines usines près de Nagybanya en Hongrie, aux États-Unis et au Mexique.

f. — Procédé Russel.

Le procédé Russel consiste dans la dissolution de l'argent associé à du soufre, de l'arsenic ou de l'antimoine, ainsi que de l'argent et de l'or natifs, au moyen d'un hyposulfite de soude et de cuivre; après quoi, l'argent et le cuivre sont précipités par le sulfure de sodium et le précipité est traité pour argent métallique et sulfate de cuivre. L'on ne peut ici remplacer l'hyposulfite de soude par l'hyposulfite de chaux parce que, dans la précipitation du plomb en liqueur d'hyposulfite par la soude, précipitation qui doit intervenir pour débarrasser de ce métal, la chaux serait précipitée en même temps.

Le procédé Russel est surtout employé aux États-Unis comme adjuvant du procédé Patera; c'est-à-dire qu'après avoir, dans ce procédé, traité le minerai par l'hyposulfite de soude pour dissoudre tout l'argent chloruré, on fait encore passer une liqueur d'hyposulfite double de soude et de cuivre afin de dissoudre l'argent qui pourrait avoir été retenu sous forme d'argent natif, de sulfure, arséniure, antimoniure, arséniate ou antimoniate d'argent.

La liqueur cuivreuse nécessaire est obtenue en mélangeant du sulfate de cuivre et de l'hyposulfite de soude. Si les dissolutions ne sont pas trop étendues, il se forme un précipité jaune d'hyposulfite double, qui se dissout dans un excès d'hyposulfite de soude :

$$11Na^2OS^2O^3 + 6CuOSO^3 = 2Na^2OS^2O^4, 3Cu^2OS^2O^2 + 3(Na^2O2S^2O^2) + 6Na^2OSO^3$$

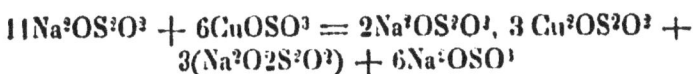

La liqueur s'altère à l'air en donnant du tétrathionate de soude et de l'oxydule de cuivre ; un peu d'acide sulfurique retarde cette décomposition.

L'hyposulfite utilisé, $4Na^2OS^2O^2$, $3Cu^2OS^2O^2$: nH^2O, dissout très rapidement l'argent métallique, 9 fois plus à la température ordinaire que l'hyposulfite de soude, par suite de la propriété qu'ont les sels de cuivre d'absorber rapidement l'oxygène de l'air pour le reporter sur d'autres corps, ici sur l'argent.

Le sulfure d'argent est décomposé et l'argent métallique se dissout.

La dissolution cuivreuse employée ne peut être régénérée.

La façon d'opérer, semblable à celle du procédé Patera, diffère suivant que les minerais sont exempts de bases à réaction alcaline, ou contiennent de la chaux avec de l'acide arsénieux ou enfin renferment de la chaux avec des alcalis.

Dans le premier cas, on fait suivre aussitôt le traitement Patera à l'hyposulfite de soude du traitement cuivreux et on prolonge l'action de 3 à 5 heures jusqu'à ce que tout l'argent soit dissous.

Quand les minerais sont calcaires, on intercale, au contraire, le traitement cuivreux entre le lessivage à l'eau et le lessivage à l'hyposulfite. La liqueur cuivreuse a, en effet, pour avantage de neutraliser la dissolution et d'empêcher ainsi le fâcheux effet de la chaux sur la solubilité de l'argent. Au lieu de faire circuler la liqueur cuivreuse, on la laisse séjourner 10 à 12 heures sur le minerai, puis on traite à l'hyposulfite de soude à la manière habituelle.

Dans la dissolution par l'hyposulfite comme dans celle par la liqueur cuivreuse, on commence par précipiter le plomb par la soude à l'état de carbonate ; puis, après décantation, on précipite le cuivre et l'argent par le sulfure de sodium. Le précipité est comprimé, séché et.fondu avec du cuivre de manière à avoir parties égales de cuivre et d'argent. Enfin, l'on pulvérise, on grille de manière à oxyder le cuivre et on traite par de l'acide sulfurique étendu, qui dissout le cuivre en laissant l'argent. Le sulfate de cuivre obtenu sert de nouveau à la préparation de l'hyposulfite double de soude et de cuivre.

Le prix de revient du procédé Russel est estimé à environ 50 francs par tonne de minerai.

g. — Procédés électrolytiques.

Les procédés électrolytiques, qui constituent peut-être la métallurgie de l'avenir, ne sont guère appliqués à l'extraction de l'argent que pour certains cuivres noirs et certaines mattes cuivreuses.

V.

Raffinage de l'argent brut.

Toutes les opérations métallurgiques d'extraction de l'argent aboutissent à donner de l'argent brut, qui contient en général 10 pour 100 de métaux étrangers : plomb, cuivre, arsenic, antimoine, bismuth, nickel, cobalt, sélénium, mercure, or, platine, etc. Il est donc nécessaire de le raffiner, opération qui se fait dans trois espèces d'appareils: 1° dans des capsules de fer garnies d'os placées dans des fours spéciaux, avec ou sans mouffle ; 2° dans des petits fours à reverbère, véritables fours à coupelle, allemands ou anglais ; 3° dans des creusets.

Dans tous ces appareils, on se propose d'achever l'épuration qui n'a pu être faite par la coupelle proprement dite en restreignant les dimensions, en forçant l'intensité du foyer qui arrive à 1100 degrés de chaleur au lieu de 900, en augmentant le tirage, etc.

Le premier procédé, qui est le plus ancien, est aujourd'hui presque abandonné à cause des grandes volatilisations qu'il amène, et n'est mentionné que pour mémoire.

Le raffinage au four à coupelle (allemand ou anglais) est employé quand on a à fondre des quantités d'argent considérables ; c'est ainsi qu'à Freiberg on opère par charges de 1250 kilogrammes demandant 3 heures de fusion et 10 à 12 heures d'affinage.

L'argent est chargé en morceaux dans la cavité d'une sole en os ou en marnes, et rarement de charbons incandescents, fréquemment renouvelés, avec addition de flux ou de fondants destinés à oxyder les impuretés.

L'opération est une véritable coupellation prolongée qui entraîne une assez forte volatilisation de l'argent.

Enfin, le raffinage au creuset est adopté toutes les fois que la quantité d'argent brut à raffiner ne dépasse pas 200 à 250 kilogrammes à la fois.

Dans un four à vent (fig. 44) chauffé au coke, on place des creusets en plombagine, en terre réfractaire ou en fonte tenant 25 à 30 kilogrammes d'argent fondu. Les creusets en plombagine sont les plus résistants, ceux en fer doivent être d'une qualité excellente pour ne pas donner de mauvais résultats.

Sur la surface du bain (réverbère ou creuset), on jette de la chaux, des flux, des os en poudre destinés à absorber les oxydes produits, parfois même des réactifs spéciaux, tels que le plomb, la litharge, le nitre, ayant pour effet de faciliter la scorification.

Le raffinage au creuset coûte plus cher qu'au réverbère, parce qu'il ne peut porter que sur de petites quantités; mais il donne lieu à moins de pertes par volatilisation et peut être poussé jusqu'à un degré de fin plus avancé.

Fig. 44. — Four à vent pour raffinage au creuset[1].

L'argent doit être coulé, au moment où il tend à se couvrir de rides, pour qu'il ne soit pas cassant. Il est reçu dans des lingotières chauffées sous le cendrier du four et enduites d'huile: on couvre le saumon d'un couvercle également enduit d'huile, le tout afin d'éviter le rochage. Lorsque la masse est solidifiée, mais encore rouge dans les lingotières, on martèle soigneusement les boursouflures qui tendent à se produire et l'on décape les points où des taches de litharge ou autres oxydes demeurent apparentes.

L'argent, produit par les usines de coupellation et

1. Figure empruntée à l'*Encyclopédie chimique* de Fremy.

raffiné industriellement, est toujours, en réalité, un alliage dont le titre ne dépasse pas 995 à 997 millièmes. Quand l'impureté n'est que du cuivre, l'inconvénient est faible, puisque l'argent est généralement utilisé en alliage avec le cuivre. Cet argent des coupelles, ainsi que celui des usines d'amalgamation (retenant un peu de mercure) et l'argent natif des filons, est dit argent vierge.

QUATRIÈME PARTIE

EMPLOI DE L'ARGENT ET DE SES ALLIAGES DANS L'INDUSTRIE

L'argent et ses alliages ont un assez grand nombre d'applications industrielles fondées sur la blancheur, le beau poli du métal, sa malléabilité, sa ductilité, sa résistance aux altérations, etc.

Parmi ces usages de l'argent, il faut citer, en premier lieu, la fabrication des monnaies, dont nous n'étudierons ici que le côté technique, réservant pour un chapitre spécial toutes les questions économiques qui se rattachent à l'emploi des monnaies.

Un autre usage considérable de l'argent consiste dans la bijouterie, la joaillerie et l'orfèvrerie.

Puis on doit citer un certain nombre d'applications secondaires, telles que l'argenture et le plaqué, l'argenture des glaces et des miroirs de télescope, la photographie, etc.

En feuilles battues, l'argent est encore en usage dans les pharmacies pour argenter les pilules ; en feuilles plus épaisses, il fournit des creusets, capsules et spatules aux laboratoires de chimie ; on en fait également des poids pour les balances de précision.

L'argent dit oxydé, employé dans le commerce, est, parfois, de l'argent, sur lequel on a appliqué au pinceau une dissolution de platine dans l'eau régale, plus ou moins étendue d'eau suivant le degré d'intensité qu'on veut donner à la teinte; souvent aussi, c'est de l'argent légèrement sulfuré ou chloruré à la surface.

Quelques chiffres, empruntés à un rapport de M. André Bouilhet sur l'orfèvrerie à l'exposition de Chicago, montreront l'importance des industries qui travaillent l'argent.

En France, en 1860, le nombre des ouvriers travaillant l'or et l'argent était de 7,233, ainsi décomposés :

Affineurs et apprêteurs.	1.240	
Polisseurs et brunisseurs.	870	
Ciseleurs, graveurs, guillocheurs.	638	
Doreurs et argenteurs.	418	
Estampeurs.	165	
Lamineurs.	114	
Métiers annexes.	3.445	3.445
Orfèvres d'argent..	694	
Petits orfèvres..	401	
Cuilleristes..	225	
Ouvriers orfèvres en argent.	1.320	1.320
Orfèvres en plaqué.	468	
Orfèvres en argenté.	2.000	
Ouvriers orfèvres en orfèvrerie argentée.	2.468	2.468
		7.233

La consommation industrielle de l'argent métal en France se décompose ainsi :

Pour l'orfèvrerie.	70.000	kilg.
Pour la bijouterie.	30.000	»
Pour les produits chimiques.	25.000	»
Pour l'argenterie.	20.000	»
Divers..	12.000	»
	157.000	kilg.

Aux États-Unis, en 1891, la même industrie occupait 6,465 ouvriers et consommait 259,000 kilogrammes, dont 140,000 pour la fabrication des objets en argent massif et 84,000 pour l'argenture. — Sur le total des ouvriers, 1,915 fabriquaient l'argent [500 à la maison Gorham et Cie à Providence, 330 à la maison Whiting, 300 à la maison Tiffany] et 4,550 l'argenté [1,500 à Meriden Britannia, 1,000 à Gorham].

Dans la plupart des applications que nous avons énumérées plus haut, sauf dans l'argenture, l'argent est utilisé à l'état d'alliages avec le cuivre, alliages plus durs et moins altérables que l'argent lui-même. Parfois également, l'argent est allié avec d'autres substances, or, palladium, etc.

On estime généralement le degré de pureté de l'argent en millièmes, l'argent pur étant donc à mille millièmes. Anciennement, on l'estimait en deniers et l'argent pur était à 12 deniers ou 288 grains (un denier valant 24 grains). De l'argent à 8 deniers, 5 grains était donc au titre de $\frac{8 \times 24 + 5}{248}$ = 684 millièmes.

Nous commencerons par quelques généralités sur ces alliages, dont la composition est, comme on sait, réglée très strictement en France par la loi.

I.

Alliages d'argent et de cuivre.

La nature et la composition des alliages d'argent et de cuivre ont été, en raison de l'importance pratique de la question, l'objet de nombreux travaux, qui ont montré qu'ils n'étaient pas homogènes dans toutes leurs parties, mais soumis à une liquation résultant, sans doute, de l'inégalité de refroidissement.

D'une manière générale, on peut admettre que les lingots à haut titre, à partir de $\frac{700}{1,000}$ de fin, sont plus riches au centre qu'à leur périphérie, l'effet inverse se produisant pour les lingots à bas titre.

C'est ainsi que les lames d'argent, destinées à frapper des pièces de 5 francs, sont généralement découpées à l'emporte-pièce sur une barre coulée dans une lingotière verticale, qui fournit habituellement 40 pièces. Le flanc n° 1 pris à la partie supérieure étant au titre de $\frac{900,4}{1.000}$, le flanc n° 40 est à $\frac{897,3}{1.000}$.

Ces phénomènes de liquation rendent très difficile l'analyse précise d'un lingot d'argent tenant une certaine proportion de cuivre et ce sont eux aussi qui ont nécessité la tolérance admise légalement dans le titre des monnaies d'argent, tolérance dont nous donnerons bientôt les limites.

A. **Alliages monétaires d'argent.** — Les alliages monétaires et monnaies d'argent sont, d'après la convention du 6 novembre 1885, réglés en France, Grèce, Italie et Suisse, de la façon suivante :

NATURE des PIÈCES	TITRE		POIDS		Diamètre
	Titre droit	Tolérance	Poids droit	Tolérance	
	millièmes	millièmes	grammes	millièmes	millimètres
5 fr.	900	1	25	3	37
2			10	5	27
1	835	3	5	5	23
0, 50			2,5	7	18
0, 20			1	10	16

Les pièces ne sont mises en circulation qu'après vérification du titre ci-dessus, garanti par leur estampille même. Elles doivent être refondues par les gouvernements qui les ont émises lorsque le frai, c'est-à-dire l'usure, les a réduites de 5 pour 100 au-dessous des tolérances indiquées.

B. **Alliages employés par les bijoutiers.** — Jusqu'à
la loi du 19 brumaire an VI, qui règle encore actuellement, sauf de légères modifications, la composition des alliages d'argent, le titre, ou richesse en
argent, était apprécié en deniers et en grains : 1 denier
valant 83 millièmes ; 1 grain, 3 millièmes, c'est-à-dire
que les mille parties étaient divisées en 12 deniers,
divisés à leur tour chacun en 24 grains. Aujourd'hui
ce titre est estimé en millièmes d'argent. L'État se
charge, depuis deux siècles au moins, de le vérifier et le
certifie par un poinçon.

Cette vérification, ce contrôle de l'État sur les objets
d'argent et d'or, établis en principe sous Henri III,
ne le furent en pratique qu'en 1672, mais ont fonctionné depuis lors sans interruption.

C'est le 19 brumaire an VI (9 novembre 1797), que
fut promulguée la loi encore actuellement en vigueur
avec quelques modifications de détail seulement.

A ce moment, on fit une *recense*, c'est-à-dire que
l'autorité publique ordonna l'application d'un poinçon
spécial, dit de recense, sur tous les ouvrages antérieurs. Depuis cette époque, il y a eu trois autres
recenses, en 1809, en 1816, en 1838, et une recense
partielle pour les articles d'horlogerie en 1822. On a
recours à cette mesure lorsque, par suite d'infidélités
sur les poinçons ou de négligence sur les titres, le
Trésor ou le public ne sont plus suffisamment garantis
par l'apposition des poinçons en cours.

En raison de cette loi, il y a deux titres légaux pour
les ouvrages d'argent :

Le premier titre, qui est celui des objets destinés à
la vaisselle et à l'argenterie, est de 950 millièmes,
supérieur par suite à celui des monnaies. Cet alliage,
presque égal comme dureté à celui des monnaies, est
d'un plus bel éclat, d'un blanc plus pur, moins oxydable

à l'air. Il équivaut à 11 deniers, 9 grains et 6 dixièmes de grain. La tolérance, dont nous avons indiqué plus haut la cause, est de 5 millièmes.

Pour la *bijouterie,* on a un second titre à 800 millièmes avec tolérance de 5 millièmes, alliage un peu attaquable par l'action des liqueurs légèrement acides qui servent pour nos aliments et, par suite, proscrit pour la vaisselle et l'argenterie.

En outre, une loi du 25 janvier 1884 autorise à fabriquer des objets d'argent à tous autres titres, exclusivement destinés à l'exportation et marqués d'un poinçon spécial.

La garantie du titre des ouvrages d'argent est assurée par des poinçons qui sont de trois espèces : celui du fabricant, celui du titre et celui du bureau de garantie.

Gros charançon   Petit charançon

Fig. 45. — Poinçon d'importation.

Il y a, de plus, un poinçon particulier représentant une hache pour les vieux ouvrages, dits de *hasard,* et un pour les objets importés de l'étranger, qui, n'étant soumis à aucun contrôle, sont à des titres très divers : ce dernier figure un charançon (fig. 45).

Les poinçons de titre sont apposés en France, après vérification, par 67 bureaux de garantie : un signe, appelé le *différent,* désigne chaque bureau.

Nous donnons ci-joint (figure 46) un tableau des poinçons établis en exécution de la loi du 19 brumaire an VI, et ayant remplacé ceux des communautés d'orfèvres ; la figure 47 représente les poinçons établis

| Argent, premier titre.. | | | Millièmes 950 |
| — deuxième titre | | | Millièmes 800 |

Fig. 46. — Poinçons d'argent établis en exécution de la loi du 19 brumaire an VI (9 novembre 1797) et ayant remplacé ceux des communautés d'orfèvres.

| Argent, premier titre.. | | | Millièmes 950 |
| — deuxième titre | | | Millièmes 800 |

Fig. 47. — Poinçons d'argent établis en exécution du décret du 11 prairial an XI (31 mai 1803).

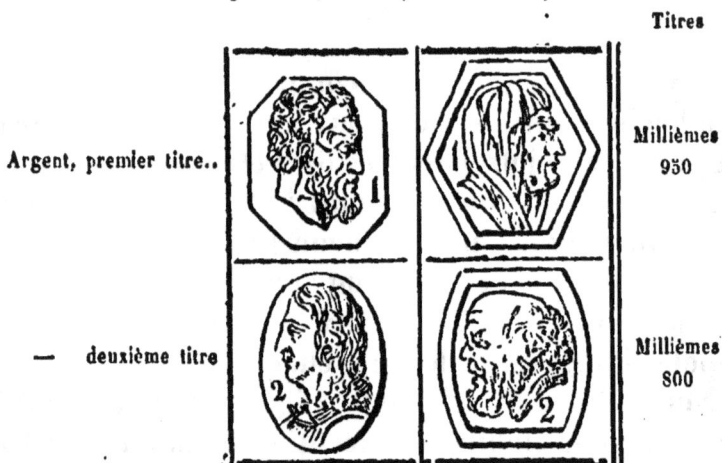

| Argent, premier titre.. | | | Millièmes 950 |
| — deuxième titre | | | Millièmes 800 |

Fig. 48. — Poinçons d'argent établis en exécution de l'ordonnance royale du 22 octobre 1817.

Receuse grosse.. . .		
Recense moyenne. . .		
Recense petite. . . .		

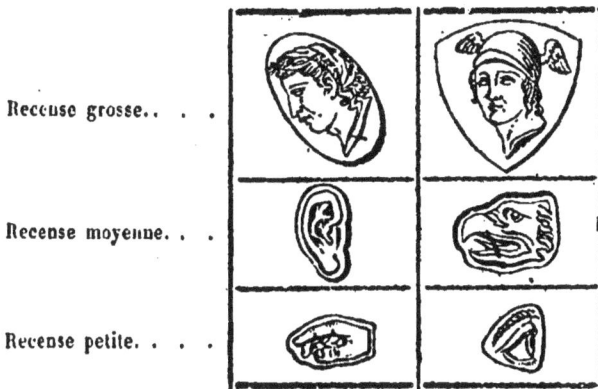

Fig. 49. — Recenses. Décret du 11 prairial an XI (31 mai 1803).

1. Nord.	Papillon.	4. Sud-Est.	Trombidion.	7. Ouest.	Limaçon.
2. Nord-Est.	Tortue.	5. Sud.	Lysse.	8. Nord-Ouest.	Raie.
3. Est.	Coquille.	6. Sud-Ouest.	Grenouille.	9. Centre.	Cochon d'Inde.

Fig. 50. — Garantie. Poinçons divisionnaires de 1819 affectés aux neuf régions dans lesquelles on avait divisé la France.

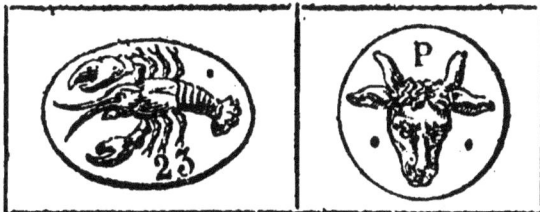

Poinçon pour l'horlogerie d'argent. Poinçon pour l'horlogerie d'or.

Fig. 51. — Poinçons d'horlogerie.

en exécution du décret du 11 prairial an XI (31 mai
1803) à la suite de la disparition d'un certain nombre
d'anciens poinçons ; la figure 48, ceux résultant de
l'ordonnance royale du 22 octobre 1817 ; la figure 49,
les recenses ; la figure 50, les poinçons divisionnaires
affectés aux neuf régions dans lesquels on avait divisé

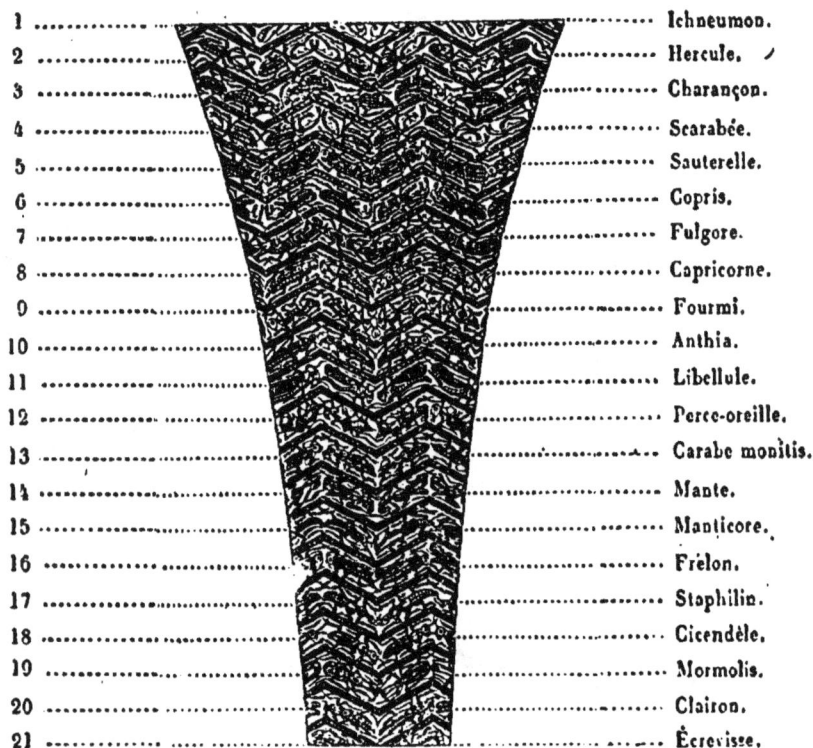

1	Ichneumon.
2	Hercule.
3	Charançon.
4	Scarabée.
5	Sauterelle.
6	Copris.
7	Fulgore.
8	Capricorne.
9	Fourmi.
10	Anthia.
11	Libellule.
12	Perce-oreille.
13	Carabe monilis.
14	Mante.
15	Manticore.
16	Frelon.
17	Staphilin.
18	Cicendèle.
19	Mormolis.
20	Clairon.
21	Écrevisse.

FIG. 52. — Petite bigorne méplate (grossie 4 fois).

la France en 1819 ; la figure 51, les poinçons pour
l'horlogerie, institués le 19 septembre 1821, l'un pour
l'argent, l'autre pour l'or.

Depuis 1819, en même temps que le poinçon, on
applique une contremarque appelée *bigorne*, qui est
gravée sur une enclume d'acier où l'on place le bijou
pour lui apposer le poinçon. Le coup de marteau, qui

enfonce le poinçon, imprime en même temps le dessin,
extrêmement fin et presque impossible à imiter, de la
bigorne. Ces bigornes ont été très perfectionnées
depuis 1838 et portent un dessin formé d'insectes
assemblés d'une finesse extrême : 21 sortes d'insectes
en bandes sur la corne méplate de la petite bigorne
(fig. 52).

1ᵉʳ titre.

Titre = 910 mm.
Kilogs = 209 fr. 53.
Différent sous le front.

2ᵉ titre.

Titre = 800 mm.
Kilogs = 176 fr. 44.
Différent sous le menton.

Fig. 53. — Argent. La Minerve.

Les figures 53 et 54 représentent les poinçons
actuels.

Paris.

Tête de sanglier

Départements.

Crabe

Fig. 54. — Argent. Petite garantie.

Pour le premier titre, on a une tête de Minerve avec
le nº 1 devant le front ; pour le deuxième une tête de
Minerve dans un ovale avec le nº 2 sous le menton ; il
n'y a pas de signe particulier pour les poinçons de
Paris, tandis qu'il y a, sous le menton, derrière la
nuque, devant le front, un signe distinctif (*déférent ou
différent*) pour chaque bureau des départements. Pour

les petits ouvrages au titre de 669 millièmes, les poinçons représentent : un sanglier à Paris, un crabe dans les départements.

Quand un objet d'argent est à bas titre, pour lui donner extérieurement l'aspect de l'argent pur, on lui fait subir un *blanchiment*, qui a pour but de dissoudre le cuivre et, par suite, d'augmenter le titre sur une couche superficielle. A cet effet, on chauffe au rouge sombre et l'on traite par une dissolution bouillante de tartre et de sel marin, ou par l'acide sulfurique étendu et additionné de quelques gouttes d'acide acétique, ou encore par l'ammoniaque.

C. **Alliages divers d'argent (doré, tiers argent, etc.)** — Indépendamment de ces alliages d'argent et de cuivre, qui sont de beaucoup les plus importants, on utilise encore certains autres alliages.

Ainsi, le *doré,* employé en France, est un alliage d'or, d'argent et de cuivre, contenant environ 10 pour 100 d'or et 20 à 30 pour 100 de cuivre; l'alliage de Mousset ou *tiers argent,* utilisé pour les couverts et la vaisselle de table, contient 27,53 pour 100 d'argent, 59 de cuivre, 9,17 de zinc, et 3,42 de nickel ; les alliages d'argent, de palladium et de cuivre sont, en raison de leur dureté, utilisés en horlogerie, notamment pour remplacer les rubis ; l'argent allié à l'acier donne un alliage remarquablement dur ; enfin quelques alliages d'argent, d'or et de cuivre servent en bijouterie, notamment les suivants :

	OR	ARGENT	CUIVRE
Or jaune et or pâle.	708	292	»
Or vert.	700	300	»
Electrum.	800	200	»
Or de Nuremberg.	55	55	890
Soudure pour objets d'or à 750 millièmes..	666,67	166,67	166,67

Les *alliages imitant l'argent* sont nombreux ; un des plus connus est composé de 71 de cuivre, 16,50 de nickel, 1,75 de cobalt, 2,20 d'étain, 1,25 de fer et zinc 7. On utilise aussi la formule suivante : cuivre 70, manganèse 30, zinc 25 à 35.

II.

Fabrication des monnaies d'argent.

Une monnaie est une pièce de métal frappée d'une estampille par une autorité souveraine et destinée aux échanges. On y distingue : la *face,* côté où est généra-lement figurée une tête et le *revers,* côté opposé ; la *légende,* gravée autour de la figure ou sur le champ de la pièce ; l'*exergue,* espace réservé du côté du revers pour une inscription quelconque ; le *cordon,* qui est le tour de la pièce sur son épaisseur et le *millésime,* qui indique l'année de sa fabrication[1].

Les médailles, qui ont pour objet de perpétuer le souvenir d'un événement ou les traits d'un personnage, ont les mêmes caractères que les monnaies. Les mon-naies d'argent furent faites d'abord en métal pur et c'est seulement sous les derniers empereurs romains qu'on commença à y introduire du cuivre dans un but de falsification. L'alliage cuivre et argent s'étant trouvé plus résistant à l'usure et, par suite, plus avantageux que l'argent pur, a été conservé d'une façon générale pour la confection des monnaies ; celles-ci ont, donc, à la fois, un *titre* déterminé et un poids invariable. Les

[1]. Nous donnons ci-joint, fig. 55, 56, 57, quelques types des mon-naies d'argent japonaises usitées en Orient.

procédés de fabrication des monnaies d'argent ont
passé par une série de phases successives.

C'est vers le vii° siècle avant Jésus-Christ que les
Grecs frappèrent leurs premières pièces d'argent.
L'empreinte était alors donnée au moyen de deux coins
en bronze gravés, entre lesquels se plaçait le disque

Fig. 55. — Monnaie d'argent
japonaise.

Fig. 56. — Ancien senni japonais.
Argent.

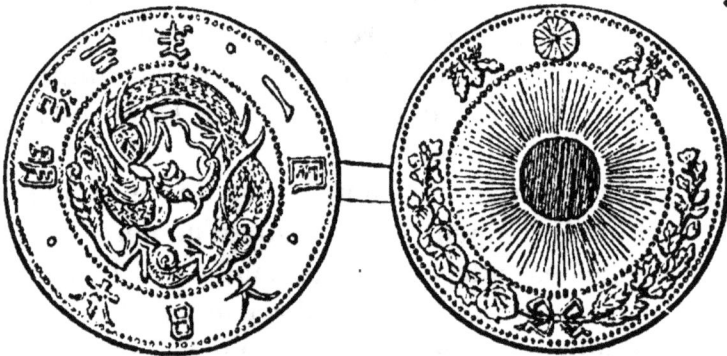

Fig. 57. — Dollar japonais.

de métal découpé et rougi au feu. Pour maintenir son
immobilité, pendant qu'on frappait sur le coin supérieur, qui avait seul un relief, le coin inférieur portait
des entailles en forme de figures géométriques, dans
lesquelles le métal pénétrait et se trouvait ainsi maintenu; ces reliefs de la monnaie constituaient le *carré
creux*, qui subsista longtemps à titre d'ornement.

Chez les Romains, les premiers ateliers de fabrica-

tion des monnaies étaient installés au Capitole dans les
dépendances du temple de Juno Moneta, d'où, paraît-
il, l'origine du mot monnaie. On employa, à l'époque
romaine, des matrices en acier trempé et encastrées
dans un bloc de fer, matrices que l'on grava au touret
jusqu'au v° siècle.

Au moyen âge, le palais de Charlemagne devint, en
805, le siège exclusif de la fabrication, qui se faisait
toujours par un procédé analogue, mais avec des coins
gravés au burin et frappés à froid.

Ultérieurement, le monnayage se continua exclusivement au marteau jusque vers la fin du xvi° siècle et
c'est sous Henri IV seulement qu'un mécanicien français, Aubin Olivier, établit à Paris le premier balancier pour la frappe mécanique. Enfin, la fabrication
actuelle, qui est la même dans tous les ateliers monétaires d'Europe, ne date que de ce siècle.

Cette fabrication actuelle comprend deux séries d'o-
pérations successives :

1° La fusion des métaux, la coulée de l'alliage, le
laminage, le découpage, l'ajustage, les recuits, le machinage et le blanchiment ;

2° Le frappage des pièces.

L'alliage d'argent et de cuivre est préparé dans un
grand creuset en fer forgé, qui peut en contenir 800
kilos. On brasse, pendant la fusion, avec un instrument
en fer et, quand la matière est bien mélangée, on en
prend, avec une cuiller en fer, une *goutte,* c'est-à-dire
une prise d'essai de 15 à 25 grammes, que l'on analyse
de manière à rectifier, au besoin, la proportion de cuivre
et d'argent.

La coulée se fait ensuite dans des lingotières en
fonte au moyen de poches de fer recouvertes d'argile ;
on obtient ainsi des lames qui, après ébarbage, pèsent,
pour les pièces de 5 francs, environ 1 kilogramme.

Ces lames, réunies en paquet, sont recuites 15 ou 20 minutes au rouge sombre, passées à un laminoir réglé d'une façon très précise et recuites encore une fois. On y découpe alors, avec un balancier muni d'un emporte-pièce, des flans qui, s'ils sont trop épais, doivent parfois être rabotés avec un appareil particulier.

Ces flans sont ensuite soumis au *machinage* ou *cordonnage,* qui a pour but de refouler le métal à sa circonférence, de manière à produire, sur le pourtour de la pièce, une légère surépaisseur équivalente à celle de l'empreinte et permettant de mettre les pièces en piles plus facilement. Après le cordonnage, les flans sont recuits et plongés encore rouges dans un mélange d'acide sulfurique et de tartre, qui a pour but de les blanchir, c'est-à-dire de les empêcher de miroiter ; et, alors seulement, ils passent au frappage.

Ce frappage a été fait longtemps exclusivement et se fait encore pour les médailles et jetons au moyen du balancier. Pour les monnaies, on se sert aujourd'hui de la presse de Uhlhorn, perfectionnée par Thonnelier, où la percussion est remplacée par l'action d'un levier vertical, mis en mouvement par une manivelle mue elle-même par une machine à vapeur avec une régularité parfaite et une force constante. Une presse peut fournir, en moyenne, 20,000 pièces par journée de dix heures.

III.

Fabrication de la bijouterie et de la joaillerie.

Bijouterie. — L'argent est généralement employé dans la *bijouterie* à l'état d'alliage ; on commence par en fabriquer des plaques, des rubans ou des fils qui sont combinés, martelés, ciselés, repoussés ensuite au gré de l'artiste. Pour obtenir le *fil d'argent*, par exemple, on coule l'argent sous forme de gros bâtons d'environ 45 à 50 centimètres de longueur qui peuvent être étirés à froid, d'abord dans des filières en acier, puis dans des filières en diamant jusqu'à un dixième de millimètre.

Les plaques et rubans sont façonnés au laminoir, puis découpés, emboutis ou estampés suivant les besoins. Ayant choisi une plaque, un ruban ou un fil en rapport avec les éléments de son modèle, qui a été lui-même façonné en plâtre, l'ouvrier met ces pièces en *ciment*, c'est-à-dire qu'il les fixe sur une plaque de ciment contenue dans le creux d'une calotte de fer creuse ; puis il les façonne par la ciselure, la gravure, etc., et les soude les unes aux autres. Souvent aussi, la pièce est ornée par estampage en la frappant au balancier dans une matrice, soit en fonte pour le travail ordinaire, soit en acier pour le travail très fin.

La *soudure* présente une importance capitale dans la bijouterie. Comme le métal soudant doit être plus fusible que les pièces à souder, il est également à un titre inférieur, qu'on désigne sous le nom de soudure au quart, au tiers, à deux suivant la proportion de métal fin et de cuivre employé. Le bijoutier soude généralement les pièces, préalablement enduites de borax, au chalumeau à bouche avec du gaz d'éclairage ; les grosses pièces seules sont soudées au chalumeau à soufflet.

Parmi les bijoux en argent, on peut citer les bagues, les bracelets, les chaînes, les boîtiers de montre, les articles de fumeurs, les ornements divers en filigranes, etc...

Souvent, en raison du prix du métal, le bijou d'or ou d'argent est un *bijou creux* ; les bijoux creux en

argent sont le plus souvent la réunion de deux coquilles
réunies ensemble par l'estampage, reliées par la soudure. Quand on veut employer des feuilles d'argent
très minces, on prend un noyau de fer qu'on recouvre
d'abord d'une couche de cuivre, puis d'une couche
d'argent. Ce noyau de fer, une fois les pièces prépa-
rées, se détruit aisément par l'acide sulfurique étendu
d'eau, sans que, pour cela, l'argent ou le cuivre soient
attaqués.

Le *filigrane d'argent*, c'est-à-dire le bijou fabriqué
avec des fils, est très en honneur en Orient ; on en
fait de très beaux en France, en Italie (Gênes, Rome
et Naples), en Norvège, etc.

Les *nielles* sont des dessins sur fond d'argent,
obtenus simplement par des différences de teintes, sans
relief ni creux. On les fait généralement en ciselant
assez profondément le dessin et coulant, dans le creux
obtenu, un émail noir.

Quant à *l'argent noir*, dit *oxydé* ou galvanisé, il est
presque toujours obtenu en sulfurant ou chlorurant
légèrement la surface de l'objet, suivant qu'on veut
avoir une teinte noir bleu ou brune. Pour sulfurer, on
trempe l'objet dans une dissolution de sulfure de potassium ; pour le chlorurer, dans un mélange de sulfate
de cuivre et de sel ammoniac.

Joaillerie. — L'argent, outre sa grande application
en bijouterie, entre également dans la fabrication des
joyaux, c'est-à-dire des bijoux ornés de perles, bril-
lants ou autres pierres précieuses.

Le *joaillier* emploie généralement, plutôt que l'or,
un métal blanc qui fait mieux valoir l'éclat des bril-
lants, soit du doublé or et argent, soit du platine,
ce dernier métal ayant le grand avantage d'être inaltérable (tandis que l'argent est noirci par les émana-
tions sulfureuses du gaz d'éclairage).

Le doublé or et argent destiné à la joaillerie est façonné par brasure ou par soudure avec une feuille d'or dont l'épaisseur n'est au plus que le quart de celle de l'argent, et, plus souvent, arrive au 8e ou au 10e.

Le *sertissage des pierres* est fait à filet ou à griffes ; les demi-perles sont serties de même ; les perles entières sont collées avec de la résine, dite mastic en larmes, sur une tige d'or, qui est elle-même fixée au bijou.

IV.

Fabrication de l'orfèvrerie.

L'orfèvrerie, qui touche par bien des points à la bijouterie, comprend un certain nombre de professions spéciales, telles que dessinateurs, modeleurs, décorateurs, graveurs, ciseleurs, monteurs, orfèvres, fondeurs, lamineurs, estampeurs, planeurs, ajusteurs, soudeurs, reperceuses, brunisseuses et polisseuses.

Sans vouloir en faire ici l'historique, on peut rappeler qu'en France elle fut érigée en corps par Philippe VI en 1330 et reçut ses statuts au mois d'août 1345.

L'argenterie a joué, pendant longtemps, dans le luxe des grands seigneurs, un rôle vraiment extraordinaire et dont nous ne nous faisons plus aucune idée aujourd'hui, allant, il est vrai, de temps à autre, passer à la refonte quand les jours de dénûment arrivaient.

Au xive siècle, pour ne citer qu'un exemple, l'argenterie de Charles V représentait, d'après son inventaire, près de trois millions d'or, 300 000 francs d'argent doré ou verré, 300,000 francs d'argent blanc.

Cette argenterie comprenait tables, cuvettes, chandeliers, plats énormes, *cadenas*, coffrets, salières mo-

numentales, aiguières, gobelets, vaisseaux de toutes
sortes et boîtes gigantesques pour serrer les épices.

C'est avec des cadeaux d'argenterie qu'on achetait

Fig. 58. — Aiguière en argent repoussé, ciselé et doré, attribuée à
Benvenuto Cellini. (Palais Pitti.)

Dictionnaire de l'ameublement et de la décoration, par Henry Havard.
Quantin, éditeur.

les consciences et qu'on récompensait les services.
Sous François Ier, l'influence de la renaissance ita-

lienne commença à se faire sentir en France avec
l'installation de Benvenuto Cellini au petit Nesle
(fig. 58, 59); mais Cellini ne demeura que cinq ans
à Paris, plus occupé à ce moment de statuaire que
d'orfèvrerie et c'est seulement sous Henri II que cette
révolution du goût prit une forme définitive.

A la fin des Valois, l'orfèvre se fit surtout joaillier,

Fig. 59. — Salière en argent ciselé et doré, exécutée par Benvenuto Cellini.
(Trésor de Vienne.)

Dictionnaire de l'ameublement et de la décoration, par Henry Havard.
Quantin, éditeur.

préoccupé de mettre en œuvre dans ses pièces les
perles et les pierres fines.

Avec l'arrivée d'Anne d'Autriche, les idées espagnoles s'introduisirent dans notre pays. L'Espagne,
où affluaient les galions du Nouveau Monde, étalait
aux yeux, dans ses meubles, dans sa vaisselle, les amas
d'argent qui lui arrivaient et elle les décorait avec ces

complications un peu lourdes, ces exagérations redon-
dantes, qui constituent le style national de son archi-
tecture, de sa sculpture, de ses décorations de tout
genre (fig. 60).

Mazarin et Louis XIV trouvèrent bientôt le moyen
de donner à ce luxe de l'argenterie, déjà si grand
avant eux, un développement inusité. On eut alors de
véritables meubles en argent : des tables et un guéridon,
par exemple, dans la chambre du roi.

FIG. 60. — Corbeille en argent ciselé, modèle dessiné par René Boivin,
fin du xviᵉ siècle.

Dictionnaire de l'ameublement et de la décoration, par Henry Havard.
Quantin, éditeur.

L'argenterie du cardinal Mazarin comprenait 579
objets pesant 867 kilos (près de 180,000 francs), et sa
vaisselle de vermeil 144 objets pesant 414 kilos.

En 1682, on voyait, entre autres, dans la galerie des
jeux de Versailles : huit brancards d'argent portant
des girandoles entre quatre caisses d'oranger d'argent
portées sur des bases de même métal garnissant
l'entre-deux des fenêtres et accompagnés de huit vases
d'argent ; quatre torchères dorées, portant de grands

chandeliers d'argent ; huit girandoles d'argent sur des guéridons dorés et huit lustres d'argent à huit branches. Dans la chambre du trône, la table, les guéridons, la garniture de cheminée, le lustre, le trône de huit pieds de haut étaient en argent, etc.

Et, chez les particuliers, le déploiement d'argenterie était comparable : au camp de Compiègne, en 1698, le maréchal de Boufflers étalait pour son service « 80 douzaines d'assiettes d'argent, 6 douzaines de vermeil, des plats et des corbeilles d'argent pour le fruit et le reste à proportion ».

Fig. 61. — Boîte à épices en argent ciselé, xvii° siècle.
Dictionnaire de l'ameublement et de la décoration, par Henry Havard. Quantin, éditeur.

La plus grande partie de cette argenterie était gravée, ciselée, moulée et repoussée avec infiniment d'art (fig. 61).

Deux fois sous Louis XIV, l'argenterie, en raison des malheurs publics, dut passer à la refonte, en 1690 et en 1709. Et néanmoins, peu d'années après, sous la Régence, la vaisselle d'argent avait déjà reparu avec de nouvelles formes moins sévères, plus élégantes, plus gracieuses, mais aussi plus contournées suivant le goût

Fig. 62. — Argenterie. Moutardier du xviiie siècle.

Dictionnaire de l'ameublement et de la décoration, par Henry Havard.
Quantin, éditeur.

Fig. 63. — Cafetière en argent.

Dictionnaire de l'ameublement et de la décoration, par Henry Havard.
Quantin, éditeur.

dū temps (fig. 62 à 64). Ce n'est guère qu'à partir de 1760 que la porcelaine vint prendre, même dans les maisons aristocratiques, la place jusqu'alors exclusivement réservée à l'argent et, depuis cette époque, l'usage courant de l'argenterie est demeuré très restreint.

En raison de ces destructions systématiques, auxquelles l'argenterie a été périodiquement soumise, le nombre des œuvres anciennes qui nous sont parvenues

Fig. 64. — Soupière en argent, xviii° siècle.

Dictionnaire de l'ameublement et de la décoration, par Henry Havard.
Quantin, éditeur.

est assez rare et c'est surtout par des dessins que nous connaissons l'argenterie de Louis XIV : compositions de Le Brun, gravures de Bérain, modèles de Le Pautre, etc., œuvres de Ballin, Delaunay, Cousinet, Leroy, etc.

L'argenterie du xviii° siècle a été un peu mieux conservée, malgré une refonte de 1759, et nous possédons des œuvres des Germain, les grands orfèvres du temps de Louis XV (fig. 65 et 66).

Comme œuvres d'art, les années du Consulat furent

marqués par les pièces de Claude Odiot et d'Auguste fils.

Sous la Restauration, on cite le nom de Fauconnier; puis, plus récemment, ceux de Froment Meurice, Queyton, Bapst et Falize, Duron, Fannière, Christofle, etc...

Enfin, dans ces dernières années, l'orfèvrerie d'ar-

FIG. 65. — Sucrier en argent, ciselé par Pierre Germain.

Dictionnaire de l'ameublement et de la décoration, par Henry Havard. Quantin, éditeur.

gent ne paraît pas avoir encore éprouvé la sorte de Renaissance, qui est si manifeste pour d'autres produits de notre art industriel, poteries, vases, émaux, etc., et qui, pour l'orfèvrerie d'étain, se manifeste avec les œuvres de Desbois, Chéret, Charpentier, etc. Cependant on peut citer quelques pièces d'orfèvrerie (confinant à la joaillerie), de Boucheron ou de Froment Meurice

et des imitations plus ou moins directes de notre ancienne orfèvrerie française ou de l'art oriental exécutées
par MM. Christofle (fig. 67 et 68), Boin-Taburet, etc.

A l'exposition de Chicago en 1893, on a eu, à côté
de notre art français, la révélation de ce qu'on a

Fig. 66.— Petite aiguière en argent repoussé et ciselé, par Pierre Germain,
xviiiᵉ siècle.

Dictionnaire de l'ameublement et de la décoration, par Henry Havard.
Quantin, éditeur.

appelé un peu ambitieusement un art américain. Nous
donnons quelques spécimens de cette fabrication
choisis parmi les plus heureux et provenant de la
maison Tiffany; on peut y apprécier comment, dans des
motifs absolument japonais et que les artistes d'Extrème Orient eussent traités avec leur discrétion et leurs
goûts habituels, l'américanisme a introduit son amour

de la complication et de la surcharge, cet étalage de matières précieuses et cette surabondance d'ornements

Fig. 67. — Cafetière en argent ciselé, sculpture de Levillain.
(Christofle et Cie.)

qui caractérisent le sentiment général de l'art chez ce peuple, où dominent trop les parvenus. Dans le vase de la figure 69, qui est le plus original, une série de tortues, appliquées sur la forme, diminuent de taille du haut en bas. Dans celui de la figure 70, quatre têtes de grenouille sortent de la base. Enfin le vase fig. 71 (loving cup) a

Fig. 68. — Cafetière Renaissance en argent repoussé.
(Christofle et Cie.)

des anses en ivoire naturel reliées par des bagues ornées de perles ; il représente une chasse aux tigres.

Au point de vue technique, l'orfèvrerie est une industrie très intimement liée à l'art ; mais la grande valeur des substances employées introduit certaines

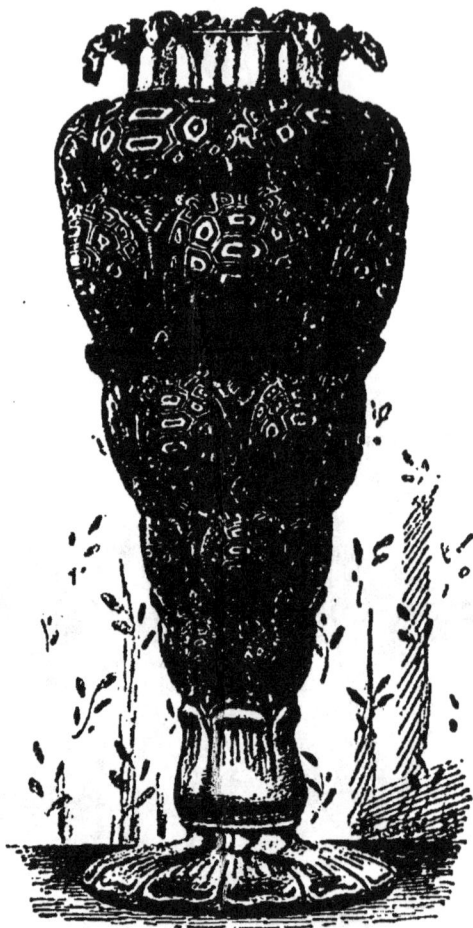

Fig. 69. — Vase aux tortues.
(Maison Tiffany à New York.)

difficultés particulières, l'orfèvre devant se préoccuper d'employer le moins possible de métal sans nuire pour cela à la solidité.

Dans l'orfèvrerie, on distingue les pièces moulées et

repoussées, habituellement commandées directement
par le client, et les pièces estampées qui sont, au contraire, de vente courante.

Les procédés de travail se divisent en trois grandes
catégories :

Travail au marteau, comprenant le repoussé ;

Fonte et ciselure ;

Procédés mécaniques (laminage, estampage et re-
poussage au tour).

Fig. 70. — Vase aux grenouilles.
(Maison Tiffany à New York).

Le *travail au marteau* (fig. 72), qui doit être accompagné de recuits pour éviter que le métal ne devienne
aigre et cassant, peut permettre d'établir une pièce quelconque d'orfèvrerie. Il se fait par laminage, emboutis-
sage ou estampage.

Le laminage consiste à augmenter la surface d'une
pièce en diminuant son épaisseur ; dans l'emboutis-

sage, on enfonce au marteau ou à la bouterolle les pièces qui doivent avoir une forme concave ; enfin, dans l'estampage, on frappe la pièce sur une matrice de manière à lui faire prendre une forme déterminée.

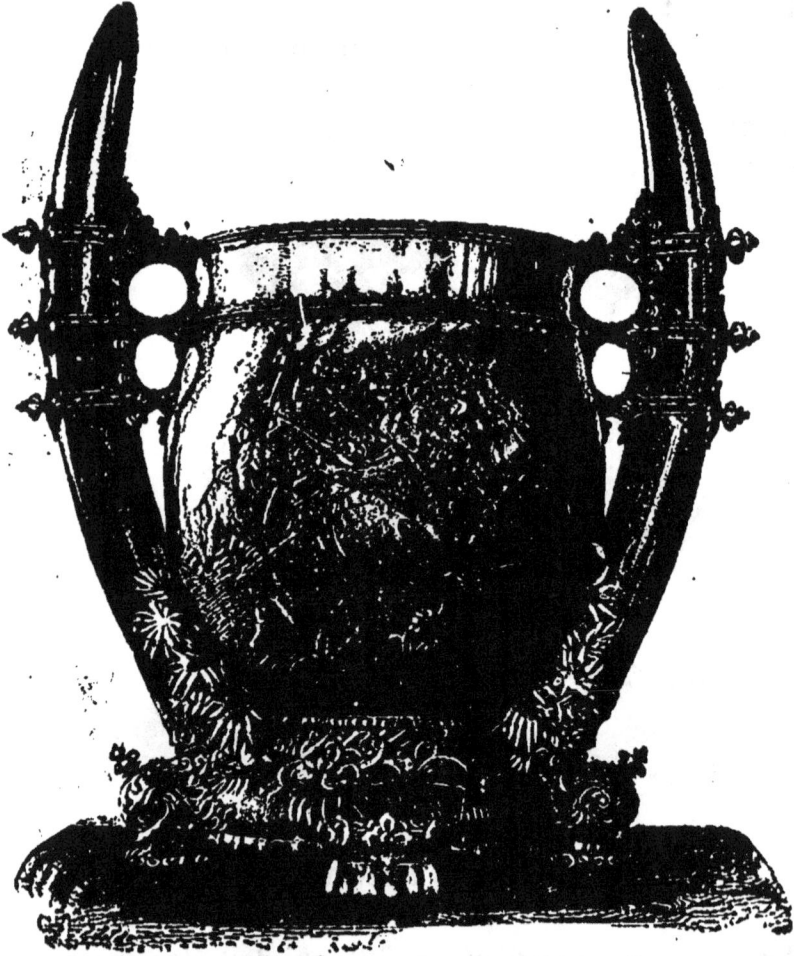

FIG. 71. — . *Loving cup*, argent repoussé à anses d'ivoire.
(Maison Tiffany à New York.)

Le procédé fondamental pour l'exécution d'une pièce d'orfèvrerie, par exemple d'un vase, est ce qu'on nomme la *réteinte*. L'orfèvre, prenant une feuille d'argent, trace en son centre un cercle marquant la partie

Fig. 72. — Travail au marteau.
Figure communiquée par MM. Christofle et Cie.

qui doit rester plate et servir « d'embase » ; puis, frappant le métal à petits coups, il lui donne peu à peu une forme sphérique, puis cylindrique, il l'*emboutit* et finit par lui faire prendre le galbe qu'il désire. Il ne reste plus alors qu'à décorer le vase au *repoussé,* ce qui s'exécute au ciselet et au marteau après avoir rempli le vase d'un mastic qui cède mollement sous le marteau et empêche le métal de se déchirer.

Le *moulage* s'emploie souvent sur des pièces très chargées de ciselure qui seraient trop coûteuses à façonner au repoussé ; il a, en outre, l'avantage de permettre d'établir rapidement plusieurs objets similaires. Enfin il y a des pièces massives, telles que les anses, les pieds de certains vases, les figures en ronde-bosse, etc., qui ne peuvent être obtenues autrement.

Une fois la pièce moulée à la fonderie, elle passe aux mains du ciseleur qui la termine.

Enfin, dans ces dernières années, on a beaucoup développé l'emploi des procédés mécaniques ; ainsi l'on substitue à la rétreinte le *tour* qui fait mouvoir un mandrin ou cylindre concave sur lequel on appuie la feuille de métal et celle-ci, par la force de rotation, se moule et prend la forme qu'on veut. De même, au lieu de battre au marteau les lingots de métal pour obtenir des feuilles de un ou deux millimètres d'épaisseur, on emploie les laminoirs mécaniques. Enfin l'on décore par estampage sur une matrice d'acier gravée en creux.

V.

Argenture.

L'argenture est une opération qui a pour but de recouvrir d'une couche plus ou moins épaisse d'argent la

surface d'une autre substance (cuivre, laiton, maillechort, métal anglais, etc.).

Cette application peut se faire par diverses méthodes,
telles que le plaqué ou doublé, l'argenture à la feuille
ou à la pâte, l'argenture par amalgamation, par trempé,
etc.; à ces procédés, qui étaient seuls utilisés autrefois, se substitue de plus en plus l'argenture galvanique.

On désigne sous le nom de *plaqué* un procédé par
lequel on recouvre une pièce de laiton, de maillechort
ou de fer, d'une feuille d'or ou d'argent plus ou moins
épaisse, qui fait corps avec la première matière et en
forme l'enveloppe. L'industrie du plaqué s'est surtout développée en Angleterre, à Birmingham, vers le milieu du
siècle dernier; elle a eu, vers 1833, un grand essor en
France; elle est aujourd'hui très délaissée pour l'argent et complètement abandonnée pour l'or.

Le *doublé*, qui diffère un peu du plaqué, dont il est
la forme ancienne, consistait à souder une feuille d'argent ayant un millimètre d'épaisseur sur une feuille de
cuivre quatre fois plus épaisse et à passer ensuite au
laminoir.

Le *plaqué* se fait, au contraire, sans soudure, par
l'élimination de l'air retenu entre le cuivre et l'argent
et la compression. A cet effet, on lamine d'abord une
plaque de cuivre rouge première qualité et, sur une
de ses faces qui doit être parfaitement polie, on verse
une dissolution concentrée d'azotate d'argent donnant
aussitôt un très léger dépôt d'argent pulvérulent; après
quoi, on applique une feuille mince d'argent fin, on
chauffe au rouge sombre et on passe au laminoir.

Comme les épaisseurs des deux métaux conservent,
après le laminage, leur rapport primitif, on peut faire
le plaqué au titre qu'on veut, généralement au dixième,
au vingtième ou au quarantième.

Parmi les graves inconvénients du plaqué, on remarquera aussitôt que, si la feuille plane doit être
ensuite emboutie, l'argenture deviendra beaucoup plus
mince sur les reliefs, où elle subira un effort d'extension,
que sur les bords et pourra, par suite, y être très
facilement détruite par l'usure.

L'*argenture à la feuille* remédie, dans une certaine
mesure, à l'inconvénient précédent; car la feuille d'argent n'est alors appliquée que sur l'objet déjà façonné;
mais le travail est plus délicat, plus coûteux et l'adhérence des deux métaux moins parfaite.

On commence par recuire la pièce à argenter, puis
on la trempe toute chaude dans une solution d'acide
sulfurique additionnée d'acide chlorhydrique et d'acide
azotique et on la sèche en la passant au feu.

On fixe alors l'objet dans un étau, on le chauffe et
on y applique des feuilles d'argent battu en les faisant
adhérer, d'abord par une pression légère, puis par un
frottement énergique au brunissoir d'acier poli. On
superpose ainsi jusqu'à 50 et 60 feuilles d'argent sur le
cuivre. Ce procédé ne s'emploie plus que pour les grands
ornements d'église : chandeliers, croix, bénitiers.

L'*argenture à la pâte* se fait avec une pâte à base
de chlorure d'argent, qui donne un précipité d'argent métallique.

L'*argenture par trempé à chaud* se fait dans une
chaudière, où l'on a versé successivement du cyanure
de potassium, puis du nitrate d'argent et porté à
l'ébullition; il suffit de tremper les objets dans ce bain
pour les argenter.

L'*argenture par trempé à froid*, qui est peu employée bien qu'elle donne de bons résultats, se fait
dans une solution de bisulfite de soude où l'on a versé
de l'azotate d'argent de manière à obtenir un sulfite
double de soude et d'argent.

Argenture électro-chimique. — L'argenture électro-chimique est fondée sur la décomposition par la pile d'un cyanure double de potassium et d'argent, qui donne, sur les objets plongés dans le bain, un dépôt métallique. C'est aujourd'hui le procédé d'argenture universellement répandu pour les services de table, cafetières, théières, etc., et, d'après M. Bouilhet, il ne faut pas évaluer la consommation de ce chef à moins de 125,000 kilogrammes d'argent par an. La seule usine Christofle à Paris, fondée en 1842, dépose annuellement plus de 6,000 kilogrammes d'argent et fabrique plus de 400 douzaines de couverts par jour. L'usine de Gorham à Providence, dans l'état de Rhode Island (États-Unis), occupe 1,500 ouvriers. L'usine de Meriden, dans le Connecticut, produit par jour plus de 300 douzaines de couverts argentés.

Parmi les métaux que l'on soumet à l'argenture, on peut citer, outre le cuivre et le laiton, le Britannir Métal (alliage d'étain, d'antimoine et de plomb, dont les anglais ont presque seuls le monopole). La Meriden Britannia Cy à Meriden (Connecticut) a la spécialité de cette fabrication courante, qui donne des couverts à bon marché mais aussitôt détériorés. Cette seule maison passe pour faire 25 millions d'affaires par an. Pour obtenir des pièces de meilleure qualité on argente le maillechort. C'est ce qui se fait notamment à l'usine Christofle.

Nous allons examiner successivement les diverses phases de l'opération.

A. Préparation des pièces a argenter. — Cette préparation comprend, outre le polissage qui doit être bien soigné, le dégraissage, le dérochage, le décapage et l'amalgamation.

Les pièces arrivent ordinairement salies par des corps gras qu'il faut commencer par détruire, soit en les chauffant à un feu doux de poussière de charbon,

Fig. 73. — Atelier d'argenture de Christofle et Cie.

soit, pour les pièces très délicates, en les plongeant dans une lessive bouillante de potasse ou de soude caustique, et rinçant à l'eau chaude ; c'est le dégraissage. Les objets sont alors recuits, plongés dans un bain acidulé à l'acide sulfurique (dérochage) et rincés encore à l'eau. Ayant été dégraissées et dérochées, les pièces sont décapées en les passant rapidement dans deux bains successifs : l'un d'acide azotique, chlorure de sodium et noir de fumée ; l'autre, d'acide azotique, acide sulfurique et chlorure de sodium.

Les surfaces une fois mises à nu par décapage, on vérifie soigneusement l'exécution de la pièce et souvent on la pèse pour savoir ensuite exactement par différence la quantité d'argent qui y aura été déposée.

Cela fait, les pièces sont fixées, au moyen d'un fil de laiton, au bout d'un mandrin ou crochet de cuivre rouge : celles qu'on ne peut ni enfiler ni attacher sont placées dans des paniers ou passoires en grès, en porcelaine, parfois en toile métallique de laiton.

B. Préparation du bain. — Le bain le plus habituel est formé de 500 grammes de cyanure de potassium très pur, cyanure d'argent provenant de 250 grammes d'argent vierge et enfin 10 litres d'eau. Les produits chimiques devant être de première qualité, il faut apporter certains soins à leur fabrication. Pour former le cyanure d'argent, on commence par dissoudre l'argent dans l'acide azotique, on fond l'azotate d'argent obtenu, on le redissout dans l'eau et on le précipite par l'acide cyanhydrique. Le cyanure d'argent est délayé dans l'eau avec le cyanure de potassium de manière à obtenir un cyanure double soluble.

Ce bain s'emploie généralement à froid.

C. Dépôt galvanique. — Le bain de cyanure étant préparé, on y plonge les pièces à argenter, qui sont généralement en cuivre ou en laiton, en les suspendant à une tringle de cuivre mise en communication avec le pôle négatif d'une pile de Bunsen : on place dans le même bain, vis-à-vis des pièces ainsi suspendues, une lame d'argent reliée au pôle positif qu'on appelle l'anode : la surface des anodes doit être à peu près égale à la surface totale des pièces à argenter ; la distance entre les anodes et les objets doit être au moins de 0ᵐ,10 (fig. 73).

Sous l'action du courant électrique qui traverse le bain, le cyanure d'argent est décomposé et donne, sur les objets, au pôle négatif, un dépôt d'argent naissant, tandis que le cyanogène mis en liberté va, au pôle positif, attaquer l'anode d'argent et reconstitue constamment une quantité de cyanure d'argent équivalente à celle qui a été détruite, de manière que la richesse du bain ne diminue pas.

Quand il s'agit d'argenter des couverts de table ou des pièces d'orfèvrerie, on emploie généralement de grandes cuves en bois doublées de gutta-percha et ayant des dimensions telles que les pièces à argenter aient, dans tous les sens, vers le haut, vers le bas, ou vers les parois, une enveloppe d'au moins dix centimètres de liquide.

Les couverts, obtenus d'abord par estampage (fig. 74), et décapés comme nous l'avons dit, sont placés par rangées suspendues à une tringle, de telle sorte qu'une rangée de couverts se trouve entre deux rangées d'anodes d'argent.

La couche d'argent est déposée en deux fois. Après un séjour d'environ un quart d'heure dans le bain, l'objet est retiré, brossé avec du tartre, rincé, plongé dans une solution chaude de cyanure de potassium, rincé à nouveau et replongé dans un bain, où il séjourne 3 à 4 heures.

Une précaution nécessaire est d'agiter le bain len-

Fig. 74. — Estampage des couverts.
Ateliers de Christofle et Cie.

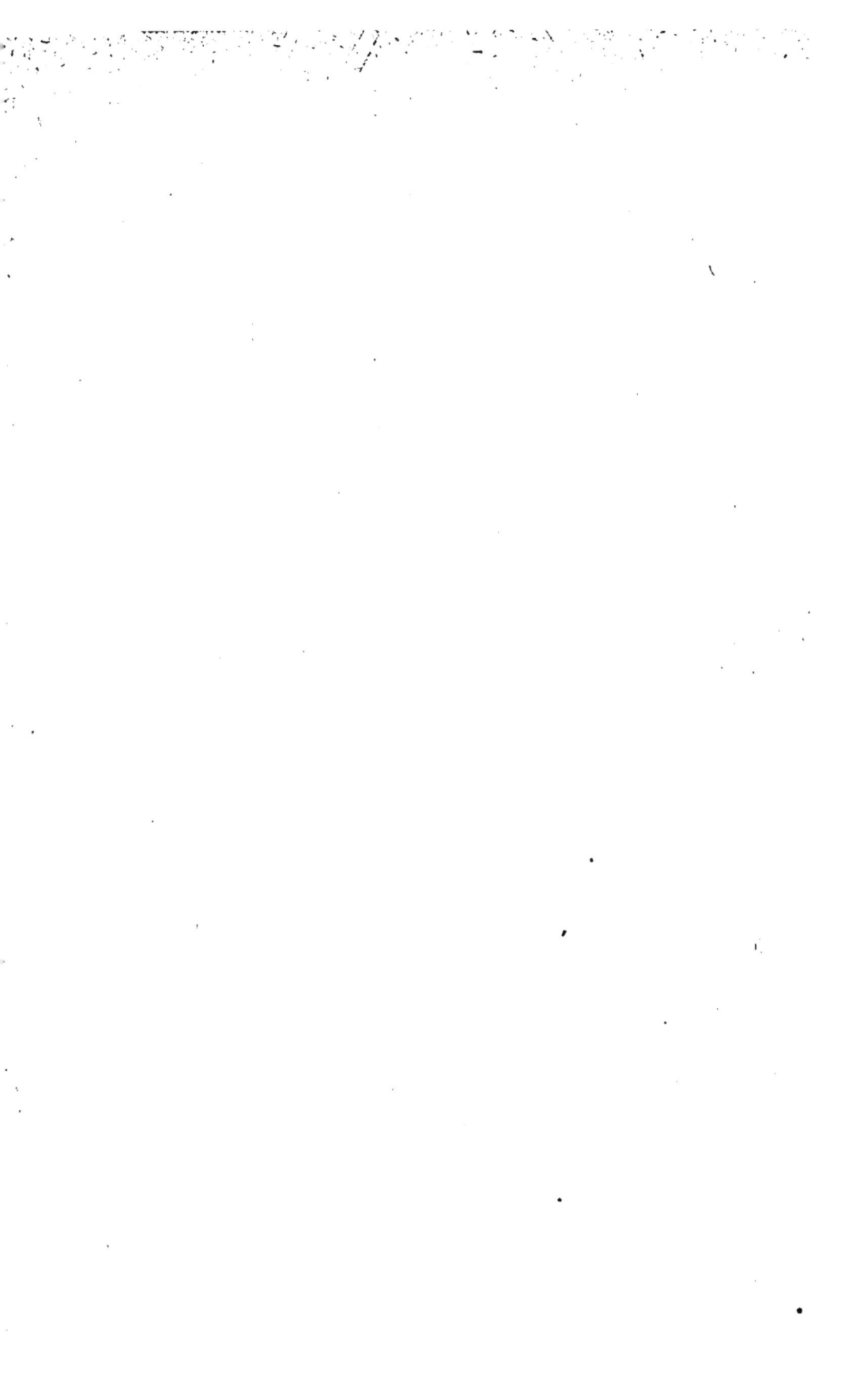

tement; sans quoi, le cyanure de potassium mis en liberté monterait peu à peu vers la partie supérieure, tandis que le cyanure d'argent plus lourd tomberait au fond et les pièces recevraient plus d'argent en bas qu'en haut. Cette agitation s'obtient en soulevant et abaissant par une transmission mécanique quelconque le châssis qui porte les pièces à argenter.

Le poids d'argent du dépôt doit être de 80 à 100 grammes par douzaine de couverts pour les services de table.

Les dépôts d'argent galvanique présentent souvent l'inconvénient de jaunir assez vite au contact de l'air. Cette altération tient à la présence d'un sous-cyanure d'argent déposé en même temps que l'argent et qui se décompose à la lumière. Pour éviter la production de ce sous-sel, on emploie l'une des méthodes suivantes :

Ou bien on laisse les pièces séjourner dans le bain quelques instants après l'interruption du courant, et alors le cyanure de potassium dissout le sous-cyanure d'argent sans altérer le métal;

Ou bien, intervertissant les pôles de la pile, on transforme, pour quelques secondes, les pièces en anodes, ce qui a le même résultat de dissoudre le sous-sel.

Pour s'assurer du moment précis où le poids d'argent convenable a été déposé sur les objets, on procède, en général, par pesées successives; on peut également opérer automatiquement en adaptant le support des pièces à l'une des extrémités d'un fléau de balance qui porte, à son autre bout, une tare convenable. On s'arrange pour que, lorsque ce fléau a pris du côté du bain une certaine inclinaison prévue d'avance, le courant électrique se trouve interrompu de lui-même.

D. Finissage des pièces argentées. — Les objets, après leur sortie du bain, sont plongés dans une solution faible de cyanure de potassium, rincés à l'eau bouillante et séchés dans de la sciure de bois.

Il faut alors les soumettre au *gratte-bossage* ou *brunissage* pour donner à la surface d'argent, qui est mate, l'éclat voulu.

Le gratte-bosse à main est formé d'un faisceau de fils de laiton bien récrouis et dressés, qu'on attache en forme de pinceau dans un manche en bois. On l'applique sur l'objet préalablement mouillé, soit simplement avec de l'eau vinaigrée, de la crème de tartre ou de l'alun quand il s'agit surtout d'adoucir la friction de l'outil, soit avec une solution de potasse bouillante quand on veut faire disparaître la teinte noire produite par la sulfuration.

Le brunissage consiste à frotter et à aplanir les aspérités de l'objet, de manière à ramener toutes les molécules de sa surface, autant que possible, dans un même plan qui réfléchit alors fortement la lumière. Cette opération augmente, en même temps, l'adhérence et la cohésion de la couche d'argent. Le brunissage se divise en deux parties distinctes : l'*ébauchage,* avec des outils à arête presque vive, dits *trancheurs,* et le finissage ou *lissage.* Il s'exécute, à la main, au tour ou au bras sur les objets préalablement mouillés avec de l'eau de savon (fig. 75).

Les pièces auxquelles on veut donner la couleur du vieil argent, ou argent oxydé, sont couvertes à l'aide d'un pinceau de sulfhydrate d'ammoniaque plus ou moins étendu, selon le foncé à obtenir. On peut employer, de la même façon, une dissolution de chlorure de platine dans l'eau, l'éther ou l'alcool.

Argenture des glaces ou miroirs. — Depuis quelques années, on a remplacé l'étamage des glaces au moyen de l'amalgame d'étain par l'argenture, c'est-à-dire par le dépôt d'une couche mince d'argent sur l'une des faces de la glace.

Ce procédé, beaucoup plus rapide et plus économique, a supprimé une des fabrications les plus dangereuses pour la santé des ouvriers.

Fig. 75. — Polissage de l'argent. Ateliers de Christofle et Cie.

Le principe, déjà indiqué par Liebig, consiste à réduire une dissolution ammoniacale de sels d'argent par une substance quelconque, de manière à obtenir un très mince précipité d'argent. Comme substance réductrice, Liebig avait indiqué l'adéhyde ; Drayton, vers 1843, s'est servi des essences de girofle ou de thym ; Liebig a employé une lessive de soude bien exempte de chlorure; Hill, du glucose; Massi, de l'acide citrique, etc. Tous ces procédés ont l'inconvénient que les glaces, au bout d'un certain temps, s'altèrent et se couvrent de taches rougeâtres provenant de ce que l'argent, en se précipitant à la surface du verre, entraîne avec lui des corps qui se résinifient à la longue au contact de l'air. Le procédé suivant, indiqué par M. Petitjean et appliqué à Saint-Gobain, n'a pas les mêmes inconvénients : il est fondé sur l'emploi de l'acide tartrique.

On prépare alors deux dissolutions argentifères : l'une contenant 100 grammes de nitrate d'argent traités par 62 grammes d'ammoniaque concentrée et additionnés goutte à goutte d'une solution de $7^{gr},05$ d'acide tartrique dans 30 grammes d'eau; l'autre renfermant, avec les mêmes éléments, une proportion double d'acide tartrique.

Après avoir décapé la glace avec de la potée d'étain blanche délayée dans de l'eau, que l'on étend sur toute la surface avec un tampon en peau de chamois, on laisse sécher; quelques instants après, on essuie avec une autre peau de chamois; puis, sur la glace horizontale, on passe un cylindre de caoutchouc baigné dans l'eau distillée pour enlever tous les atomes de poussière, et l'on verse la liqueur 1 qui, au bout de 10 minutes, commence à se précipiter. Quand le dépôt est formé, on incline la glace, on la lave à l'eau tiède, on la remet horizontale et l'on met la seconde liqueur; on termine en lavant de nouveau, laissant sécher et passant une couche de peinture composée de minium, d'huile siccative et d'essence.

L'inconvénient de l'argenture à l'acide tartrique est que les glaces ont une légère teinte jaune due à la couleur propre de l'argent soumis à la réflexion et que l'adhérence n'est pas très forte, en sorte que la dila-

tation de l'argent au soleil en détache parfois des
écailles. Pour y remédier, M. Lenoir a proposé de
verser, aussitôt après l'argenture, une dissolution étendue de cyanure de mercure dans du cyanure de potassium : ce qui donne un peu d'amalgame augmentant
l'adhérence. Enfin un dernier procédé, dû à M. Liebig,
consiste à réduire par une solution de tartrate de
cuivre additionné d'une lessive de soude.

Argenture des miroirs de télescope. — Ici l'on se
propose un but un peu différent de celui qu'on
recherche pour les glaces ; le verre n'est plus, en
effet, dans ce cas, qu'un support sur lequel on dépose
une couche extrêmement mince et brillante d'argent
dont la face réfléchissante est maintenant la face extérieure au lieu d'être, comme dans les glaces, la face
interne adhérente au verre. Le principe est, d'ailleurs,
toujours la réduction d'un sel d'argent par un composé
avide d'oxygène. Le procédé habituel est celui de
M. A. Martin, au sucre interverti.

On prépare quatre solutions qui, conservées isolément, ne subissent aucune altération :

1º Une solution de 40 grammes de nitrate d'argent
dans un litre d'eau ;

2º Une solution de 6 grammes de nitrate d'ammoniaque dans 100 grammes d'eau ;

3º Une solution de 10 grammes de potasse caustique dans 100 grammes d'eau ;

4º Une solution de 25 grammes de sucre dans 250
grammes d'eau, à laquelle on ajoute 3 grammes d'acide
tartrique, puis, après l'avoir portée à l'ébullition pendant dix minutes pour intervertir le sucre, 50 centimètres cubes d'alcool.

Prenant alors le miroir bien épousseté et nettoyé avec
la solution de potasse nº 3 additionnée d'alcool, on le
met dans une assiette pleine d'eau, la face propre en des-

sous soutenue par de petites cales ; on prépare un mélange des quatre solutions 1, 2, 3, 4, en proportions égales et l'on y porte rapidement le verre qui, au bout d'une demi-heure, commence à s'argenter d'une façon très régulière. Quant l'argenture est faite, il ne reste plus qu'à laver à l'eau distillée, sécher et enlever le léger voile, qui recouvre le brillant de l'argent, au moyen d'un tampon de peau de chamois portant un peu de rouge fin d'Angleterre.

CINQUIÈME PARTIE

ROLE ÉCONOMIQUE DE L'ARGENT.
SON COMMERCE. — STATISTIQUE DE SA PRODUCTION.
DE LA MONNAIE.

Comme nous l'avons dit en commençant cet ouvrage, il y a, quand on veut étudier un métal précieux tel que l'argent ou l'or, une question vers laquelle toutes les autres convergent et qui les prime toutes en intérêt, c'est son rôle économique, son emploi comme monnaie. Et l'économiste pourra, d'une part, considérer tout examen des gisements géologiques de l'argent, de son extraction minière ou de son élaboration métallurgique comme un simple préambule à l'étude des questions monétaires qui ont pris, en ce moment même, dans le monde entier, une telle acuité ; mais, d'autre part, le mineur et le métallurgiste devront avoir constamment présent à l'esprit ce problème de la monnaie, dont la solution dans un sens ou dans l'autre peut avoir une telle influence sur le prix de la substance qu'ils produisent, donc sur l'avenir de leur industrie.

L'emploi des métaux précieux n'est pas, en effet, réglé par une nécessité absolue et inéluctable comme celui des substances de première nécessité, le blé par exemple, ou la viande, ou la houille. Une forte partie de cet emploi (les bijoux, l'argenture, etc.), constitue un luxe, soumis, par suite, dans une certaine mesure au caprice ou à la mode, et l'autre utilisation, celle à l'état de monnaies, résulte d'une convention, assurément très légitime et même naturelle, mais qu'il dépend pourtant, jusqu'à un certain point, de la volonté humaine ou de la loi de modifier. La demande de ces métaux précieux et leur prix peuvent donc être considérablement influencés, pour un temps plus ou moins long, par des circonstances absolument contingentes et accidentelles : vote d'une assemblée politique, décision d'un souverain, etc. Quant à leur avenir plus éloigné, qui intéresse moins l'industriel que l'homme politique, il ne peut, malgré ces anomalies dues au hasard, auxquelles nous venons de faire allusion, échapper à l'application des lois naturelles et sociales, aussi inéluctables en définitive que des lois mathématiques, bien que l'effet en puisse être momentanément suspendu.

Dans toutes ces questions économiques et monétaires, nous remarquerons, dès à présent, qu'il ne s'agit pas pour ceux qui ont une action à exercer de viser à la réalisation de certaines conceptions théoriques, les plus parfaites possible, en faisant table rase du passé, mais qu'il faut, avant tout, tenir compte des intérêts et de l'attitude probable des parties en jeu. Cela n'empêche pas, du reste, de chercher, accessoirement, à concevoir quel serait l'idéal théorique vers lequel l'humanité peut avoir une tendance à se diriger ; car, lorsqu'une loi naturelle doit, un jour ou l'autre, dans un avenir plus ou moins lointain, amener certaines conséquences, il est bon d'en tenir compte dans ses calculs et de s'en rapprocher, pour ne pas, en voulant s'y opposer, avoir à subir plus tard l'irrésistible pression d'une force contre laquelle ni lois ni volontés humaines ne peuvent rien.

Si l'on examine donc l'état actuel de la question de

l'argent, tel qu'il résulte des conventions et des usages antérieurs, il faut noter, d'abord, que, par suite de son usage comme monnaie, l'argent se trouve un instrument d'échange et de circulation, dont tous ont intérêt à voir la valeur immuable, en même temps qu'il reste, comme une substance quelconque, une véritable marchandise soumise aux lois de l'offre et de la demande. D'où la presque inévitable contradiction qui amène aujourd'hui tant d'embarras monétaires et financiers : comme marchandise, l'argent baisse presque constamment de prix par rapport à l'or ; comme instrument d'échange, et, en quelque sorte, de mesure, la loi prétend, au contraire, au moins dans certains pays, et a prétendu longtemps dans la plupart, lui assigner une valeur constante. Nous aurons à examiner dans quelle mesure cette contradiction est imposée par la nature ou les besoins pratiques, et dans quelle mesure on peut, au contraire, y remédier.

En dépit de la restriction précédente, les éléments constitutifs d'une étude sur la question monétaire correspondent, comme dans tout problème économique, aux deux grands chapitres qui se font contre-partie à la façon du doit et de l'avoir dans les livres d'un commerçant, l'offre et la demande.

L'offre, c'est la quantité de métaux précieux mise à notre disposition par la nature (qui n'en a accumulé qu'une somme limitée dans les parties supérieures de l'écorce terrestre, seules accessibles à notre investigation), quantité dont une partie seulement est utilisable pour nous, celle qui a été extraite de ces gisements, soit par le travail de nos ancêtres, soit, chaque année, par le travail de nos contemporains. Nous aurons donc à examiner pour l'or et pour l'argent : I, l'évaluation de la quantité de ces métaux extraite de terre jusqu'à notre temps ; II, la production annuelle et les frais de cette production, et III, les lois probables de la production future, lois qui résultent, avant tout, des conditions géologiques du dépôt et des limites restreintes imposées par la nature à notre activité.

La demande, c'est la quantité de métaux précieux utilisés pour les besoins industriels ou les monnaies. Comme contre-partie à l'évaluation des productions anciennes qui ont formé le stock actuel, nous aurons, IV, à examiner quelles ont été les pertes et les consommations, et, par suite, ce qu'il peut subsister de ce stock métallique ; V, nous étudierons la consommation annuelle pour les besoins industriels ; VI, les besoins actuels pour les monnaies, et, à ce propos, les lois qui régissent les monnaies ; enfin VII, les probabilités pour l'emploi de ces métaux dans l'avenir.

Quand ces divers points auront été examinés, nous pourrons essayer d'en tirer les conséquences. La première, qui résulte immédiatement de la balance de l'offre et de la demande, ce sont les variations du prix jusqu'à aujourd'hui, VIII, et la seconde, IX, les probabilités pour l'avenir.

Dans toutes ces questions, l'or et l'argent se trouvent si étroitement liés l'un à l'autre que nous aurons souvent à nous occuper en même temps des deux métaux précieux.

I.

Évaluation de la quantité de métaux précieux extraite de terre jusqu'à notre temps. — Origine de ces métaux.

Nous commencerons par l'or. Dans l'antiquité, ce métal était relativement rare ; au moyen âge, on estime qu'il en restait en Europe à peine de 3 à 400 millions. De 1500 à 1848, la production a été de 15 milliards et demi (4,621 tonnes), dont 11 pour l'Amérique, 2,5 pour l'Afrique, 1,1 pour la Russie et la Sibérie, 0,5 pour l'Europe. De 1848, date de la découverte des grands gisements de Californie et d'Australie jusqu'en 1894, on a extrait, en outre, plus de 27 milliards (7,977 tonnes), ainsi que le montre le tableau ci-dessous :

PRODUCTION DE L'OR DANS LE MONDE
(D'APRÈS SŒTBEER)

ANNÉES	MOYENNE annuelle	TOTAL	ANNÉES	MOYENNE annuelle	TOTAL
	kilogr.	kilogr.		kilogr.	kilogr.
1493-1520	5.800	150.000	1848-1850	54.759	109.528
1521-1544	7.160	171.840	1851-1855	199.388	996.940
1545-1560	8.510	127.650	1856-1860	201.750	1.008.750
1561-1580	6.840	136.800	1861-1865	185.057	925.285
1581-1600	7.380	147.600	1866-1870	195.026	975.130
1601-1620	8.520	170.400	1871-1875	173.904	869.520
1621-1640	8.300	166.000	1876	165.956	165.956
1641-1660	8.770	175.400	1877	179.445	179.445
1661-1680	9.260	185.200	1878	185.847	185.847
1681-1700	10.765	215.300	1879	167.307	167.307
1701-1720	12.820	256.400	1880	163.515	163.515
1721-1740	19.080	381.600	1881	158.864	158.864
1741-1760	24.610	492.200	1882	148.475	148.475
1761-1780	20.705	414.100	1883	144.727	144.727
1781-1800	17.790	355.800	1884	153.193	153.193
1801-1810	17.778	177.780	1885	159.289	159.289
1811-1820	11.445	114.450	1886	159.741	159.741
1821-1830	14.216	142.160	1887	159.155	159.155
1831-1840	20.289	202.890	1888	159.809	159.809
1841-1848	54.759	438.072	1889	185.809	185.809
			1890	181.256	181.256
			1891	189.824	189.824
			1892	196.234	196.234
			1893	234.000	234.000
1493-1848		4.621.642k ou 15.896.000.000 fr.	1848-1895		7.977.599k ou 27.386.000.000 fr.

Total 1493-1895 : 12.599.241 ou 43.282.000.000 fr.

Lorsqu'on cherche la répartition de cette production entre les divers pays, on arrive, en adoptant pour les périodes anciennes les chiffres les plus accrédités, aux évaluations suivantes :

PAYS DE PRODUCTION	ANNÉES	KILOGRAMMES	MILLIONS de francs
États-Unis.	1801-1893	2.963.245	10.203
Australie.	1851-1892	2.805.219	8.754
Russie ⎰ Sibérie Orientale . .	1832-1892	963.293	⎱
Russie ⎨ Sibérie Orientale. . .	1829-1892	93.197	⎬ 4.710
⎱ Oural..	1814-1892	312.600	⎰
Colombie.	1537-1892	1.293.000	4.403
Brésil.	1691-1892	1.055.256	3.632
Autriche-Hongrie..	1493-1893	479.000	1.647
Mexique..	1521-1892	295.975	1.006
Chili..	1545-1892	280.136	963
Pérou.	1533-1892	166.689	566
Canada.	1858-1892	117.869	360
Afrique du Sud.	1887-1893	102.530	310
Venezuela.	1866-1893	74.973	239
Guyane française.	1853-1893	50.000	171
— anglaise.	1858-1893	9.615	33
— hollandaise.	1876-1893	9.818	34
Japon (mine de Sado). . .	1616-1892	38.250	130
Indes Anglaises.	1884-1893	17.260	54
		10.127.885^k ou 37.245	

Ou, en classant par continent, on obtient :

	KILOG.	MILLIONS	SUPERFICIE en kilomètr. carrés	MILLIONS par 100,000 kil. carrés
Europe (Autriche-Hongrie).	479.000	1.647	9.900.009	16,63
Asie (Russie, Japon, Indes)..	1.424.600	4.894	41.400.000	11,82
Afrique du Sud. . .	102.530	310	1.300.000	23,84
Amérique (États-Unis, Mexique, Colombie, Brésil, etc.). . .	6.316.576	21.610	39.300.000	54,90
Australie.	2.805.219	8.754	7.600.000	115,18

Ces chiffres se trouvent naturellement un peu faussés par ce fait que, pour l'Asie et l'Australie notamment, une partie seulement du continent concourt à la production, les régions inexplorées et dont l'exploitation ne donne lieu à aucune statistique étant considérables. Afin d'éviter le même inconvénient pour l'Afrique, nous nous sommes bornés, pour l'évaluation de la superficie de cette partie du monde, aux trois états du Cap, de la république d'Orange et du Transvaal, où il importe de remarquer que l'exploitation est toute récente et n'aura produit ses résultats que dans 15 ou 20 ans.

Malgré tout, ce tableau met bien en évidence la pauvreté en or du vieux monde (Europe et Asie) par rapport aux nouveaux continents ; ce qui tient, sans doute, avant tout, à la constitution géologique du sol, mais doit également résulter de ce que ces pays avaient été déjà fouillés à fond et épuisés avant le xv⁰ siècle.

Si l'on se borne à l'Europe, on remarquera que la production par 100,000 kilomètres carrés, qui a été de 16,60 millions pour les cinq derniers siècles, soit, en moyenne, de 33,260 francs par an a été, en 1892, sur la même superficie, de 77,570 francs : ce qui met en évidence l'activité fiévreuse avec laquelle notre temps fait sortir de terre les réserves de métaux qui y restaient encore accumulées.

Sur le total de 43 milliards d'or produits depuis 1493 (dont 28 milliards depuis 1854), nous verrons plus tard que le stock subsistant à l'état de monnaies dans les pays civilisés est au plus de 20 à 25 milliards, 10 milliards environ dans les grandes Banques et le reste (dont l'évaluation est très hypothétique et peut-être exagérée) dans la possession du public.

En France particulièrement, l'encaisse or de la Banque de France est d'environ 2 milliards. Il y a, en outre, d'après M. de Foville, 1,700 millions dans la circulation, ce qui porte le total à un peu moins de 4 milliards.

Quant à l'argent, on admet, au contraire, qu'il a été assez abondant en Europe pendant l'antiquité ; mais, durant le moyen âge, il a disparu progressivement, exporté dès lors (comme il a continué à l'être constamment depuis) vers l'Asie, l'Inde, la Chine, etc. Au commencement du xv° siècle, les mines d'Europe en produisaient à peine quelques millions. Mais la découverte de l'Amérique avec les mines du Mexique, du Pérou, de la Bolivie et l'invention du procédé d'amalgamation à froid, trouvé par un mineur de Pachuca nommé Medina, changèrent complètement cet état de choses. Depuis le xvi° siècle, des quantités d'argent de plus en plus fortes ont été jetées sur le marché européen et, malgré le drainage continuel opéré par l'Asie, ont amené une dépréciation progressive du prix de ce métal.

En 1851, Michel Chevalier estimait à 122 millions de kilogrammes la quantité d'argent extraite, depuis le xvi° siècle, dans l'Amérique espagnole ; à 10 millions, celle fournie par l'Europe ; soit, en tout, 132 millions représentant, au cours légal de 221,74, 27,052 milliards, dont 24 milliards passaient alors pour disponibles (monnaies ou bijoux ?) en Europe ou en Amérique.

A partir de ce moment, la production de l'argent s'est considérablement augmentée, notamment avec la mise en valeur des gisements des États-Unis. Tandis qu'au début du siècle elle n'était que de 800,000 kilogrammes (ou 180 millions) par an, elle est arrivée vers 1870 à 1,890,000 kilogrammes (420 millions) ; en 1889, à 4,242,000 kilogrammes ; en 1891, à 4,527,800 kilogrammes ; enfin, en 1893, à 5,120,194 kilogrammes

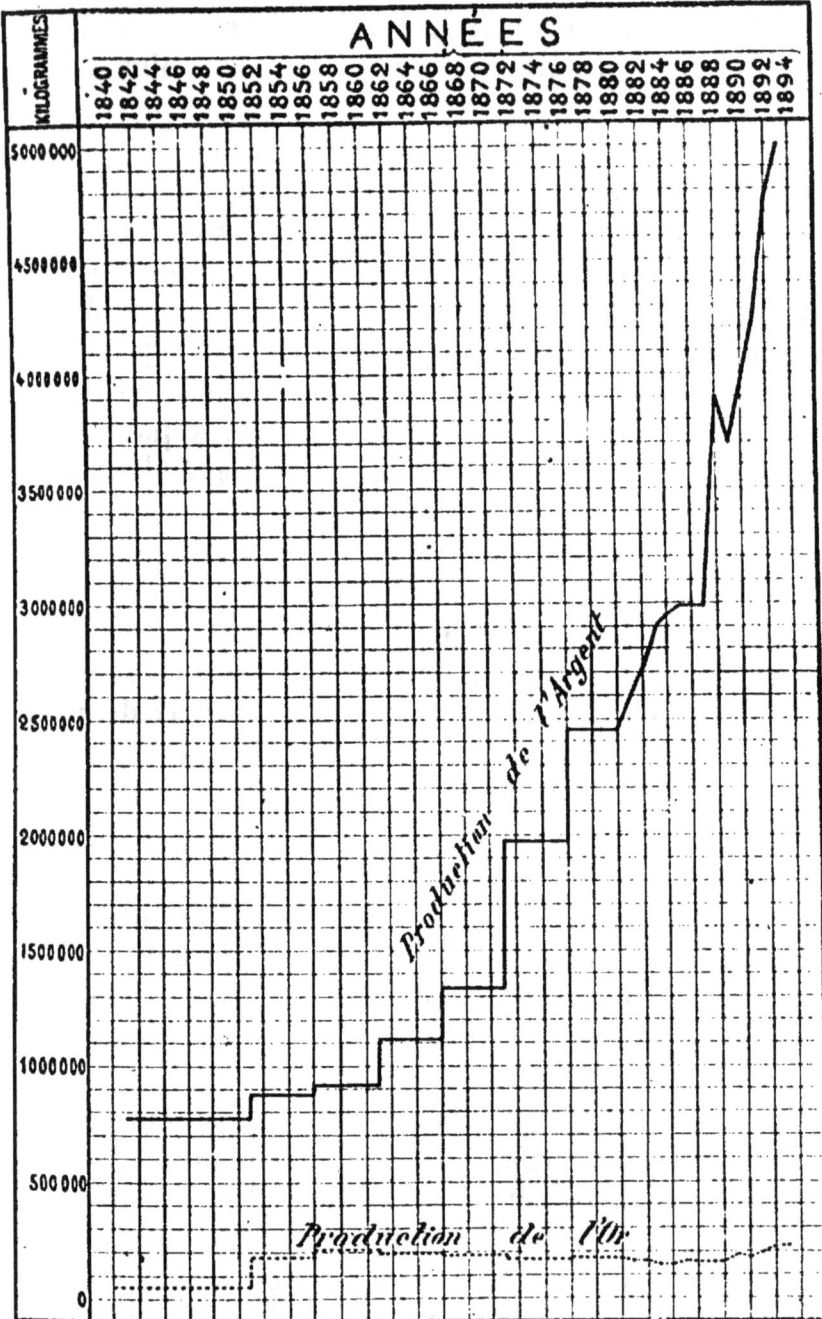

Fig. 76. — Production de l'or et de l'argent dans le monde, en kilogrammes, de 1840 à 1884, d'après Sœtbeer et de 1885 à 1893, d'après
le Directeur de la monnaie des États-Unis.

(688 millions au prix moyen de 130 fr.), c'est-à-dire
que, depuis vingt ans seulement, elle a presque
triplé.

De cette production énorme une bien faible partie
a passé à l'état de monnaies; car le stock monétaire
actuel du monde civilisé n'est pas estimé à plus de 16
à 17 milliards d'argent. Cela tient à une consommation industrielle extrêmement importante que nous
étudierons un peu loin.

Sur ce stock d'argent total, la France en possède de
2 à 3 milliards (dont 1,200 millions d'écus dans la cave
de la Banque de France), 800 millions d'écus et
400 millions de monnaie divisionnaire en la possession du public, ce qui représente environ la
moitié des pièces d'argent frappées depuis le commencement du siècle dans notre pays et conservant leur
cours légal; total montant (jusqu'en 1880), à 5,289
millions.

Un graphique ci-joint (fig. 76) montre la production
de l'or et de l'argent dans le monde depuis 1840.

II.

Production annuelle des métaux précieux et frais de cette production.

Nous avons, dans un graphique précédent, donné,
depuis cinquante ans, la production annuelle de l'or
et de l'argent pour le monde entier; les deux tableaux
suivants montreront comment cette production se répartit, pour chacun de ces métaux entre les divers
pays.

OR

Pays de production.	1888	1889	1890	1891	1892	1893
	kilog.	kilog.	kilog.	kilog.	kilog.	kilog.
États-Unis.	49.917	49.353	49.411	49.910	49.651	54.082
Australasie.. . . .	45.316	51.375	49.591	51 055	55.436	53.698
Transvaal.	6.782	11.864	15.372	22.678	37.655	41.096
Le Cap et possessions anglaises d'Afrique	5.467	8.861	13.906	»	»	
Russie.	35.000	37.281	39.644	36.310	42.582	37.325
Chine et Corée. . .	13.542	»	8 020	10.845	13.596	13.562
Indes (Mysore) . .	»	2.532	3.400	5.070	5.127	5.738
Colombie.	2.257	4.514	»	5.224	5.224	4.352
Guyane anglaise. . .	687	912	1.917	2.710	4.111	»
Autriche-Hongrie. . .	»	2.215	2.131	2.104	2.282	2.260
Chili..	2.953	2.162	»	2.162	2.162	2.162
Mexique..	1.554	1.565	1.635	1 505	1.699	1.964
Canada.	1.900	2.249	2.022	2.506	1.555	»
Guyane française.. .	»	»	1.342	1.502	1.478	»
Brésil.	331	670	»	1.291	1.308	»
Venezuela.	1.424	2.130	»	1.504	1.213	»
Guyane hollandaise..	853	680	668	668	911	1.074
Japon.	606	»	»	765	770	728
Madagascar.. . . .	»	»	»	»	300	»
Amérique centrale. .	226	»	»	216	216	216
Italie..	187	216	205	212	297	231
Grande-Bretagne.. .	332	178	63	101	100	120
Uruguay.	»	»	»	213	213	213
République Argentine.	47	»	»	123	123	211
Pérou.	158	»	»	113	110	»
Bolivie.	»	90	»	101	»	»
Allemagne.	»	110	127	100	»	100
Suède.	76	74	»	110	88	93
Equateur.	»	»	»	79	79	79
Espagne..	»	»	»	»	»	49
Total.. . . .	159.809	185.803	118.256	189.824	196.234	234.000 kilos = 807 millions

ARGENT

Pays	1889	1890	1891	1892	1893
	kilog.	kilog.	kilog.	kilog.	kilog.
tats-Unis	1.555.486	1.694.750	1.814.642	2.018.616	1.866.600
exique.	1.335.828	1.211.646	1.275.265	1.419.634	1.380.116
ustralie.	144.369	258.212	311.100	418.087	637.800
olivie.	230.460	301.112	372.666	372.666	372.666
spagne.	95.000	»	76.000	85.500	209.000
llemagne (Prusse, Saxe, etc.).	»	182.086	260.000	190.600	198.270
érou.	75.263	65.791	74.869	59.257	59.257
apon..	242.44	43.648	43.282	54.986	57.978
utriche-Hongrie.. . . .	52.644	52.913	52.019	55.082	55.768
hili.	185.851	123.696	72.185	70.794	54.809
olombie.	24.060	19.971	31.232	40.811	52.511
mérique Centrale. . . .	48.123	»	»	48.123	48.123
alie.	»	34.248	37.123	39.853	28.085
rèce..	»	»	27.000	»	27.000
rance.	15.552	»	15.000	»	22.675
épublique Argentine. . .	10.226	14.680	14.918	14.918	22.026
ussie.	16.382	14.562	13.847	13.234	10.117
uède et Norvège.	11.968	»	11.600	9.706	8.966
es Britanniques.	9.522	9.075	8.673	7.886	8.524
anada.	11.921	12.461	9.797	9.486	7.734
otal approximatif. . . .	4.242.018	4 380.143	4.527804	4.985.855	5.120.194

Le tableau ci-dessus de la production d'argent ne correspond pas, pour les grands pays européens, à la production des usines qui a été la suivante :

Pays européens	1889	1890	1891	1892	1893
	kilog.	kilog.	kilog.	kilog.	kilog.
Iles Britanniques.	»	»	»	»	653.602
Allemagne.. . .	103.037	110.824	118.826	189.350	119.433
France.. . . .	80.942	71.117	71.303	103.247	98.077
Espagne. , . .	65.000	»	48 000	»	63.605
Autriche-Hongrie.	52.641	52.913	»	»	»
Italie.	31.891	34.248	37.600	43.000	40.095
Belgique. . . .	21.622	30.083	33.950	30.267	26.717

Nous avons, en effet, retranché, pour l'Allemagne, la France, l'Italie, la Belgique et les Iles Britanniques, la proportion d'argent qui provient des minerais étrangers ; et, inversement, nous avons restitué à l'Espagne en 1889 et 1891, 25 à 30,000 kilogrammes d'argent extraits en France de plombs d'œuvre espagnols. En 1893, nous avons adopté le chiffre approximatif qui figure à la statistique française.

Poussons maintenant cette analyse plus avant et voyons comment se répartit cette production de l'argent dans chaque pays [1].

États-Unis. — Aux *États-Unis*, d'après les statistiques américaines, la production respective de l'or et de l'argent est marquée par un graphique ci-joint (fig. 77), où apparaît très nettement l'énorme développement de l'industrie argentifère dans ces dernières années. Cette production d'argent se décompose entre les divers Etats comme le montre un tableau suivant :

1. Un travail semblable pour l'or nous entraînerait trop en dehors de notre sujet. Comme il peut néanmoins présenter quelque intérêt au point de vue de l'estimation des richesses aurifères futures, nous nous permettrons de renvoyer le lecteur à notre *Statistique de la production des gîtes métallifères* (1 vol., chez Gautier-Villars) où nous l'avons esquissé.

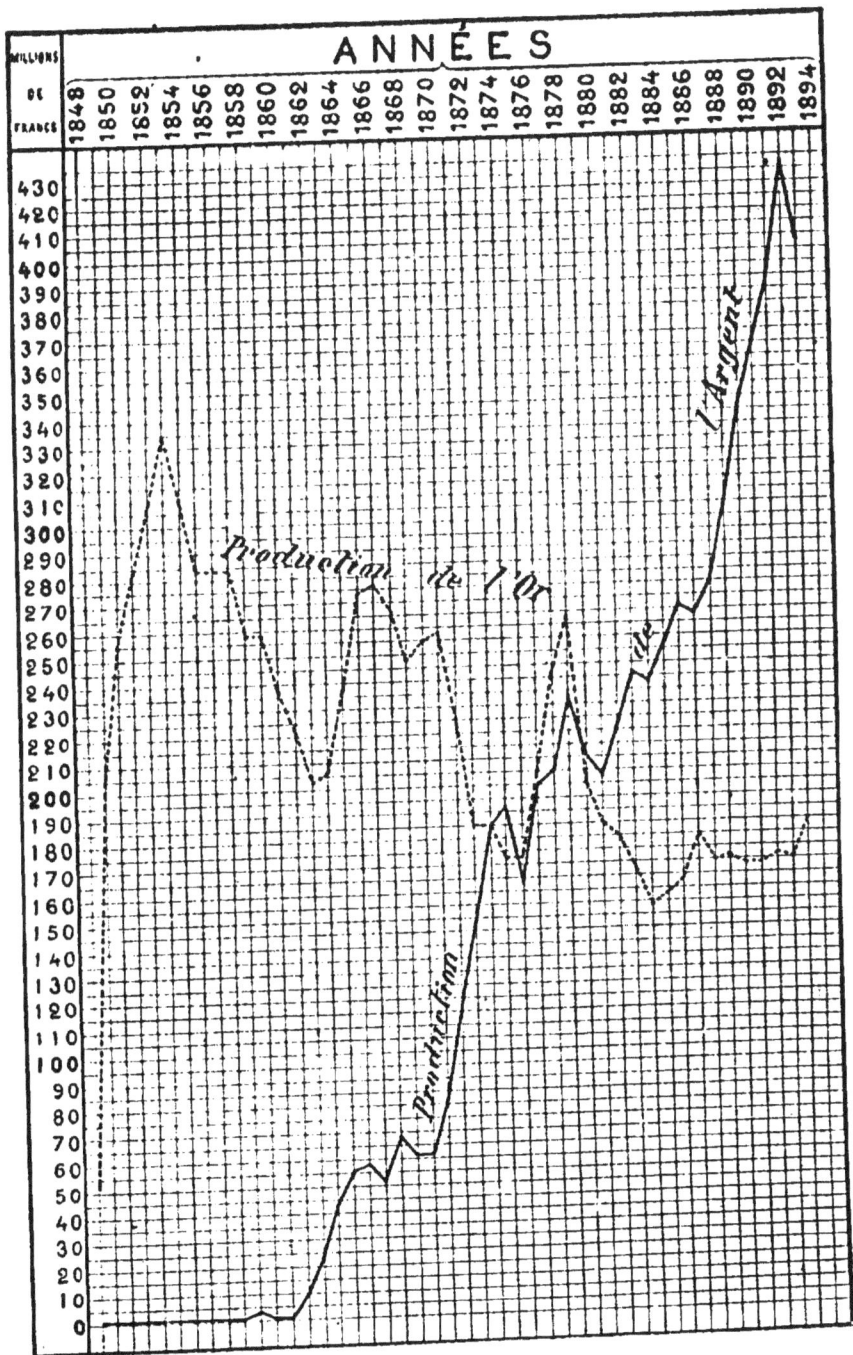

Fig. 77. — Graphique de la production de l'or et de l'argent aux
États-Unis.

FIG. 78. — Vue de la ville minière de Silverton au Colorado.

ÉTATS	1890	1892		1893	
	kilogrammes	francs	kilogrammes	francs	kilogrammes
Colorado.	584.600	176.000.000	819.485	173.000.000	808.600
Montana.	489.825	122.500.000	575.350	113.000.000	528.700
Utah.	248.800	60.000.000	279.067	48.500.000	225.556
Idaho.	115.000	30.000.000	139.950	26.000.000	111.623
Arizona.	31.100	7.100.000	33.028	20.000.000	92.855
Nevada..	138.300	16.700.000	77.750	11.300.000	52.870
New-Mexico.	40.400	8.400.000	38.875	3.000.000	14.256
Californie..	28.000	2.650.000	12.440	3.000.000	13.620
Texas.	9.300	2.300.000	10.885	2.350.000	10.866
Washington.	2.100	985.000	4.665	1.000.000	4.749
Total approximatif (y compris les États secondaires).. .	1.695.000	433.638.660	2.021.500	403.617.522	1.881.550.

Dans le *Colorado*, nous avons le district très important de Leadville[1], situé sur le flanc Ouest des Mosquito Range, district qui a produit, de 1877 à 1884, pour 500 millions de métaux (3,200 kilogrammes d'or, 1,589,283 kilogrammes d'argent et 278,231 tonnes de plomb). Les minerais y sont des galènes et des carbonates de plomb argentifères, et souvent, en même temps, aurifères. Ce district commence à se ralentir. Les anciennes mines de Fryer, Carbonate et Iron Hill s'épuisent peu à peu. L'activité principale y est actuellement entre Harrison Avenue et Carbonate Hill. De l'autre côté Ouest des monts Wasatch, la mine d'Aspen (Mollie Gibson) produit du minerai extrêmement riche ; celle de Creede est arrivée, en 1892, à 155,000 kilogrammes d'argent (5 millions d'onces). Enfin la région de San Juan a produit, dans ces dernières années, environ 12 pour 100 de l'argent et un quart de l'or du Colorado.

En outre, les filons aurifères du Colorado contiennent une certaine proportion d'argent.

Dans l'État de *Montana*[2], le groupe de mines principal est celui de Butte-City (Lexington mine, Granite Mountain, Drum Lummom, Jefferson, etc.), où le prix de revient moyen est de 4 fr. 10 par once d'argent (31^{gr},10).

Granite Mountain a, dans la dernière décade, produit environ 70 millions de métaux précieux, la majeure partie en argent ; Drum Lummon, 36 millions, moitié or, moitié argent.

Ces mines ne datent, pour la plupart, que de 1872 ; en 1881 encore, le district de Montana venait loin après le Colorado, l'Utah, le Nevada et l'Arizona ; il les a tous

1. Voir plus haut, page 109.
2. Voir plus haut, pages 59 et 100.

dépassés depuis, pendant une année : 1887 (en partie
à la suite du grand développement donné à la construction des voies ferrées) ; mais il est vite retombé
au-dessous du Colorado. La baisse croissante de l'argent y a fait arrêter bien des mines en 1892.

L'*Utah*, mis en valeur seulement vers 1878, produisait, dès 1881, 22,000 tonnes de galène argentifère.
On peut citer, dans le comté de Summit, les mines On-
tario et Daly à Park City, qui ont produit environ 135
millions, puis le Comté du Lac Salé avec celles d'Em-
ma, Flagstaff, Maxfield, Bingham, Silver Sandstone,
etc., enfin le district de Tintic, au Sud des monts
Oquirrh, qui a produit par an, dans ces derniers temps
de 6 à 30 millions (dont 3 pour 100 d'or).

Dans l'*Idaho,* la région principale est celle du Cœur
d'Alène, où l'on extrait du plomb argentifère. La production, de 1886 à 1891, y a été de 36 millions d'argent (au cours légal).

Dans l'*Arizona*, les mines sont répandues du Rio
Colorado au Gilda sur une zone large de 64 à 120 kilomètres. Les plus riches sont celles des comtés de
Yuma et de Cochise. Dans le comté de Cochise, au
S.-E. de l'État, le district de Tombstone avait produit,
en 1882, 25 millions d'argent et 3 millions d'or ; il est
tombé, en 1892, au dixième de ces chiffres.

Dans le *Nevada*, surnommé jadis Silverstate, le
centre principal est le fameux gisement du Comstock[1] ;
il y a quelques années, il aurait fallu lui adjoindre Eureka qui, de 1870 à 1880, a eu une grande prospérité.
Le district d'Eureka[2], qui produisait 31,000 tonnes de
plomb et 23 millions d'argent en 1878, est tombé à
3,400 tonnes de plomb et 6 millions de métaux pré-

1. Voir plus haut, page 85
2 Voir plus haut, page 108.

cieux en 1887 ; 3 millions de métaux précieux en 1892 (dont un tiers d'or), et s'est presque épuisé depuis ; la seule mine qui y ait encore une réelle importance est celle de Diamond. Le célèbre filon du Comstock, également un peu déchu de son ancienne fortune, après avoir été exploité sur 1,000 mètres de profondeur, est passé de 113 millions d'argent en 1877, à 20 millions en 1887, 23 millions en 1888 et 9,880,000 francs en 1891 [1].

Néanmoins, Eureka a fourni, de 1869 à 1883, 225,000 tonnes de plomb et plus de 300 millions de francs d'argent et d'or (l'or entrant pour un tiers dans ce total) ; le Comstock a produit, de 1860 à 1892, 732 millions d'or et 1 milliard 90 millions d'argent, soit 1 milliard 822 millions de métaux précieux.

On peut citer, en outre, dans le Nevada, les filons d'Austin.

Mexique. — Le *Mexique* a été, pendant longtemps, le plus grand centre de production de l'argent dans le monde. Très déchu depuis 1810, il s'est surtout relevé depuis 1871 ; en 1871, la production de l'argent était de 90 millions de francs ; en 1891, elle a atteint 1,275,265 kilogrammes. De 1521 à 1892, le Mexique passe pour avoir fourni 89,820,000 kilogrammes d'argent. Sa production, en 1893, a été de 1,380,116 kilogrammes.

Parmi les mines les plus anciennes [2], nous citerons : Catorce ; Fresnillo, qui, de 1859 à 1863, a donné 29 millions de francs d'argent ; Zacatecas, où la Veta Madre, un filon célèbre, a donné, de 1558 à 1832, plus de 3 milliards d'argent ; Guanajato, le district le plus fameux, où un filon, également nommé Veta

1. En 1891, il a produit, en outre, 6,200,000 francs d'or.
2. Voir plus haut, page 88.

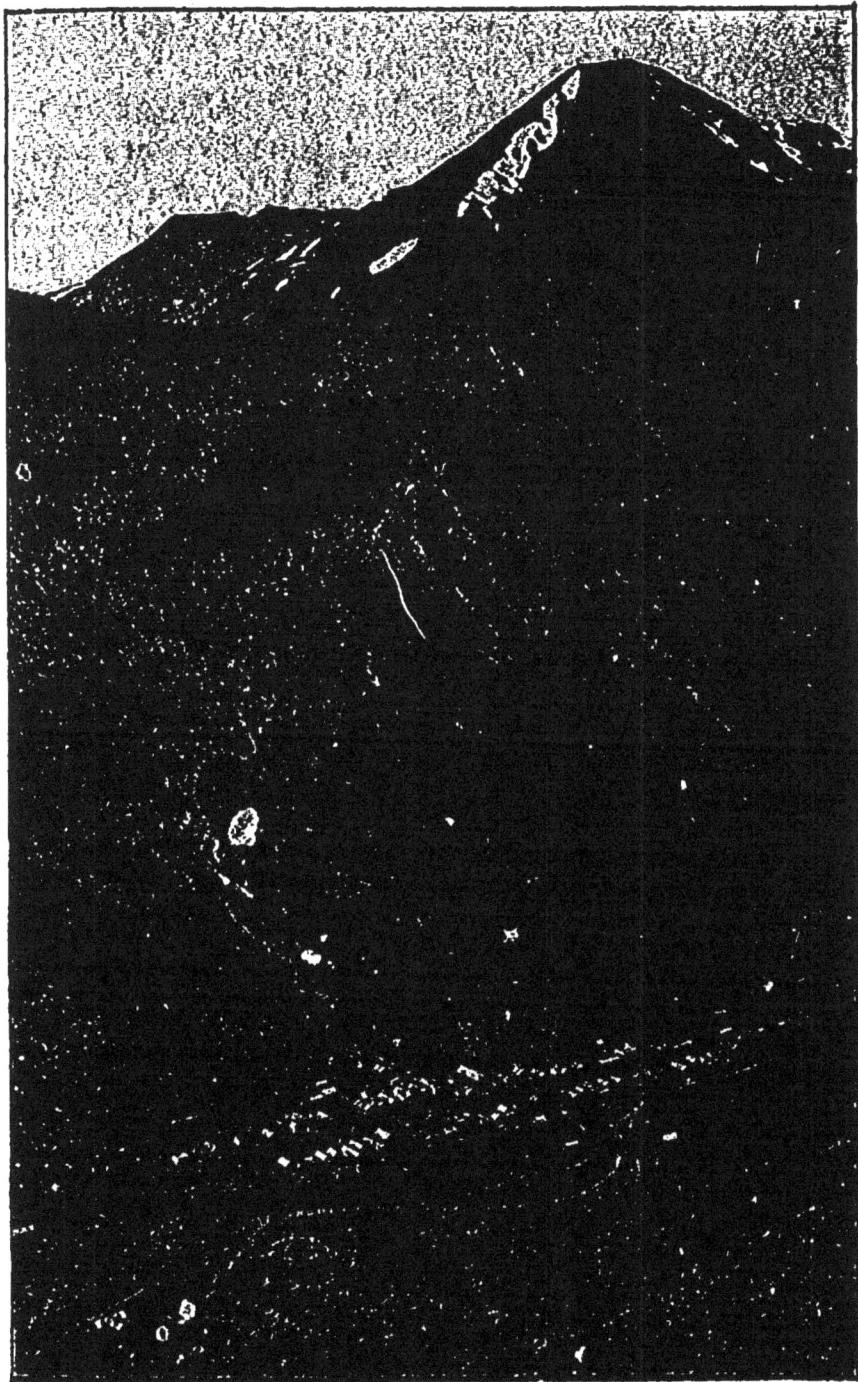

Fig. 77. — Vue de la mine de Monarch. Colorado.

Madre, a donné, de 1558 à 1810, près d'un milliard ; Pachuca et Real del Monte, où se trouve la mine de Rosario, ayant donné, de 1851 à 1862, 485,000 kilogrammes d'argent aurifère à 0,20 pour 100 d'or ; puis Sultepec, Carmen, etc. Parmi ces anciennes mines, celles de Pachuca et Real del Monte conservent une production considérable ; Zacatecas et Guanajato, au contraire, sont déchus. La découverte récente la plus remarquable a été celle des minerais oxydés de la Sierra Mojada en 1879. Toutes les mines de cette région ont produit, en 1893, 60,525 tonnes de minerais qui ont donné, à leur tour, 36,000 tonnes de plomb d'œuvre.

Australie. — L'*Australie* est devenue un centre de production important de l'argent depuis la découverte, faite en 1883, du district de Silverton (Brokenhill) dans la Nouvelle Galles du Sud[1]. Cette mine a donné, en 1890, 200,000 tonnes de miner. à 1,274 grammes d'argent à la tonne. En 1892, le district, malgré une grève de 18 semaines, a produit 366,980 kilogrammes d'argent.

Les principales compagnies sont Proprietary, British, Block 10 et Block 14. La compagnie Proprietary a, depuis le début de ses travaux en 1883, produit 1,200,000 tonnes de minerai tenant 161,431 tonnes de plomb et 1,203,000 kilogrammes d'argent.

Bolivie. — La *Bolivie* comprend les grandes mines de Potosi, Oruro, Huanchaca[2]. Potosi, découvert en 1545, passe pour avoir fourni, vers 1580, 100 millions par an de redevance au roi d'Espagne. La production, depuis l'origine, dépasse un milliard. Oruro, exploité deux

1. Voir plus haut, pages 82 et 92.
2. Voir plus haut, page 104.

siècles, de 1595 à 1781 et repris vers 1868, comprend aujourd'hui les compagnies suivantes : Minera de Oruro ayant produit, en 1891, 3 millions d'argent; San José Chico : 2,340,000 francs ; Itos : 1,440,000 ; Atocha : 540,000, etc. ; en tout : 12,500,000 francs. Huanchaca, moins anciennement connu, mais aujourd'hui très activement exploité, a fourni, en 1887, 131,000 kilogrammes d'argent valant 20 millions.

De 1871 à 1875, la production annuelle, estimée d'après des documents officiels (qu'il faudrait, paraît-il, de même qu'au Chili, augmenter dans une forte proportion pour tenir compte de la fraude), était de 220,000 kilogrammes par an. De 1545 à 1815, on l'estime à 37,717,000 kilogrammes valant 8 milliards 300 millions. En 1891, on a produit 372,666 kilogrammes.

Espagne. — En *Espagne,* l'argent provient uniquement de galènes argentifères, c'est-à-dire de gîtes de plomb, tels que ceux de Linarès, Carthagène, l'Horcajo, etc. Les mines d'argent proprement dites d'Espagne, autrefois célèbres, ont été ruinées par la découverte du Nouveau Monde.

La production annuelle moyenne a été, de 1849 à 1857, de 50,200 kilogrammes ; en 1889, elle s'est élevée à 65,000 kilogrammes ; en 1891, à environ 51,500, auxquels il faut ajouter au moins 30,000 kilogrammes extraits en France de plombs d'œuvre espagnols.

Allemagne. — En *Allemagne,* la production d'argent des usines, différente, comme nous l'avons dit plus haut, de celle des mines en raison de l'argent extrait des minerais importés, se décompose ainsi :

PROVINCES PRODUCTIVES D'ARGENT	1880	1890
Prusse Rhénane.	35.197kg	111.561kg
Mansfeld.	51.586	88.212
Royaume de Saxe.	44.658	83.512 (1891)[1]
Harz (Clausthal).	28.305	51.700
Nassau (Diez).	12.505	»
Silésie (Tarnowitz).	9.723	9.348
Westphalie (Arnsberg). . . .	2.908	»
Pays allemands, autres que la Prusse et la Saxe.	4.000	87.768 (1891)
	184.882kg	432.101kg

1. Dont 34,500kg venant de minerais de Saxe.

PROVINCES PRODUCTIVES D'ARGENT		1891	1892	1893
Prusse	Breslau..	7.885	8.477	8.668
	Halle.	80 643	85 984	75.308
	Clausthal.	45.326	49.342	37.742
	Bonn.	139.716	152.833	150.198
Total pour la Prusse. . .		273.571	296.636	271.916
Royaume de Saxe.		83 512	94 829	95.103
Autres pays allemands. . . .		87.768	97.885	82.314
Total pour l'Empire. . . .		444 852	489.350	449.333

Le centre le plus important est la Prusse Rhénane, où l'argent provient de mines de plomb. Le principal district minier est Commern Gemünd (près Aix-la-Chapelle) avec l'usine de Mechernich ; puis viennent ceux de Düren (Aix-la-Chapelle) et Deutz (Cologne).

Dans le Mansfeld, on exploite une couche de schistes bitumineux cuprifères[1], dont la teneur moyenne à la tonne,

1. Voir plus haut, page 116.

a été, en 1890, de 31^{kg},16 de cuivre et 0^{kg},1835 d'argent. Les mines du Mansfeld ont produit, en 1890, 88,125 kilogrammes d'argent et 16,390 tonnes de cuivre.

En Saxe[1], tout l'argent (83,512 kilogrammes) est fourni par les usines fiscales de Freiberg; mais, sur cette quantité, 34,500 seulement proviennent de minerais saxons.

Dans le Harz[2], on a les galènes argentifères et minerais d'argent proprement dits de Clausthal et Lautenthal, Saint-Andreasberg dans l'Oberharz (environ 10,000 kilogrammes d'argent) et le gîte, surtout cuprifère, du Rammelsberg dans l'Unterharz (7,515 kilogrammes d'argent en 1890).

Dans le Nassau, on exploite les galènes argentifères de Diez; en Silésie[3], celles de Tarnowitz et Beuthen (9,348 kilogrammes en 1890); en Westphalie (Arnsberg), celles de Brilon et Müsen.

Pérou. — Au *Pérou*, le principal centre de production est le Cerro de Pasco[4] qui passe pour avoir produit près de 2 milliards de francs d'argent.

Japon. — Au *Japon*[5], la production d'argent s'est élevée assez vite depuis quelques années; en 1874, elle était de 9,825 kilogrammes; en 1879, elle était retombée à 2,853; en 1883, nous la trouvons à 42,424; en 1891, à 43,282.

Les principales mines sont dans les provinces de Sado, Ugo, Richuku, Haronia et Sida.

---

1. Voir plus haut, page 97.
2. Voir plus haut, page 97.
3. Voir plus haut, page 115.
4. Voir plus haut, page 89.
5. Voir plus haut, page 89.

Dans la partie ouest de l'île de Sado, on exploite, depuis des siècles, les mines de Torigoï, Aoban et Iliakumaï ; dans la province de Ugo, est la mine Innaï ;. dans celle de Richuchu, la mine Kosaka ; etc.

Autriche-Hongrie. — En *Autriche-Hongrie,* nous avons les mines fameuses de Przibram, en Bohême[1], dont la richesse la plus grande a été trouvée, en ces dernières années, aux plus grandes profondeurs ; celles de Schemnitz en Hongrie[2], du Banat, etc.

L'Autriche proprement dite a fourni : en 1876, 23,750 kilogrammes ; en 1880, 30,257 kilogrammes ; en 1891, 36,037 kilogrammes dont 35,314 pour Przibram ; la Hongrie : en 1872, 17,136 kilogrammes ; en 1877, 21,236 kilogrammes ; en 1879, 18,661 kilogrammes ; en 1890, 17,049 kilogrammes.

La décomposition se fait comme suit :

AUTRICHE		1891	1893	HONGRIE	1890
		kilog.	kilog.		kilog.
Bohême	Przibram..	35.311	36.695	Schemnitz. . .	7.913
	Tyrol. . .	367	493	Nagybanya. . .	5.435
	Carniole. .	355	156	Szepes Iglo. . .	1.843
				Zalatľna.. . .	1.805
		36.037	37.344		17.049

Chili. — Au *Chili,* nous citerons principalement les grandes mines de Chanarcillo et Caracoles, qui ont fourni le plus d'argent dans ce pays. Chanarcillo[3], de 1832 à 1879, a donné environ 1 milliard et demi d'argent.

1. Voir plus haut, page 96.
2. Voir plus haut, pages 63 et 84.
3. Voir plus haut, page 93.

Caracoles, découvert en 1870, a fourni, de 1870 à 1880, 120,000 kilogrammes d'argent par an.

Le Chili a produit de 1721 à 1871, 2,198,000 kilogrammes d'argent ; puis, de 1871 à 1875, officiellement, 82,200 kilogrammes par an ; en 1891, 72,185 kilogrammes ; en 1893, 54,809 kilogrammes.

Colombie. — En *Colombie,* ou Nouvelle-Grenade, nous citerons les mines de l'État de Tolima, qui donnent environ un million d'argent par an.

Italie. — En *Italie,* presque tout l'argent vient de Sardaigne, en particulier du massif du Sarrabus[1] connu seulement depuis 1870 et qui a atteint, en 1885, un maximum de production de 2,400,000 francs pour retomber, en 1889, à 1,500,000 francs. Quelques mines de galène argentifère, Monte-Vecchio, etc., sont également fort riches. En 1880, la Sardaigne a produit 23,590 kilogrammes d'argent ; en 1887, 34,000 ; en 1891, 2,006 tonnes de minerai d'argent à 983 fr. 79 ; en 1892, 1,680 tonnes à 1,029 fr. 46 ; en 1893, 1,236 tonnes à 953 fr. 05.

Le continent ne fournit qu'une très faible proportion d'argent, extraite de galènes argentifères. La mine de Bottino, en Toscane, a produit : en 1800, 870 kilogrammes d'argent ; en 1879, 452 kilogrammes.

Tout l'argent métal obtenu en Italie (34,248 kilogrammes en 1890, 37,600 kilogrammes en 1891, 43,000 kilogrammes en 1892, 40,095 kilogrammes en 1893), vient de la fonderie de Pertusola, près Gênes. Sur ce total, la statistique italienne n'attribue aux minerais italiens que 28,085 kilogrammes en 1893.

Grèce. — En *Grèce,* la Société française du Laurium[2] a produit, en 1891, 7,104 kilogrammes de plomb à

1. Voir plus haut, page 80.
2. Voir plus haut, page 112.

1,720 grammes d'argent, soit 12,000 kilogrammes d'argent, auxquels il faut ajouter l'argent contenu dans 41,600 tonnes de minerais complexes; en 1894, elle a obtenu 8,500 tonnes de plomb à 1,720 grammes d'argent par tonne. La Société hellénique aurait, d'après M. Cordella, produit, de 1887 à 1893, 84,340 kilogrammes d'argent, soit une moyenne de 14,000 kilogrammes par an. On arrive, au total, à plus de 27,000 kilogrammes.

France. — En *France*, l'argent produit vient, soit de galènes argentifères (Pontpéan, Pontgibaud, Bormettes, etc.), soit surtout de minerais importés.

En 1891, sur 71,303 kilogrammes produits, 30,474 seulement ont été extraits de galènes et minerais argentifères, le reste a été séparé de plombs d'œuvre étrangers, venant surtout d'Espagne, un peu aussi de Grèce. En 1889, la statistique distingue plus complètement : 15,552 kilogrammes extraits de galènes françaises ; 30,000 kilogrammes de minerais étrangers et déchets argentifères, 35,390 de plombs d'œuvre étrangers. C'est ce chiffre de 15,000 kilogrammes que nous avons adopté. En 1893, la production d'argent dans les usines françaises a été de 98,077 kilogrammes ; l'argent extrait des minerais nationaux s'est élevé à 22,675 tonnes.

République Argentine. — Dans la *République Argentine*, nous citerons le district de Rioja, ceux de Catamarca, de Famatina, etc.

Russie. — En *Russie*, et *Russie d'Asie*, l'argent est extrait de quatre groupes principaux de mines :

1° Celui de Kolivan ou de l'Altaï dans le gouvernement de Tomsk ;

2° Celui de Nertschinsk, le plus important, ou district du lac Baïkal ;

3° Celui de Kirgis, districts de Akmollinsk, Semi-palatinsk ;

4° Celui du Caucase, district de Tersk.

La production moyenne a été, de 1867 à 1876, de 13,150 kilogrammes ; en 1879, de 11,200 ; en 1890, de 14,562 ; en 1893, de 10,117.

Scandinavie. — En *Suède* et *Norvège,* l'argent vient surtout des mines d'argent natif de Kongsberg[1] et de galène argentifère de Sala[2].

Kongsberg, découvert en 1623, avait produit, en 1840, 917,557 kilogrammes d'argent, dont les quatre cinquièmes en argent natif. La production a été, en 1888, de 5,963 kilogrammes. La production de la Suède a été, en 1891, de 5,748 kilogrammes.

Angleterre. — L'*Angleterre,* comme la Belgique, extrait surtout l'argent de minerais importés ; cependant les galènes produites par ses mines en fournissent également une faible quantité :

PRODUCTION DE L'ANGLETERRE (d'après les rapports des inspecteurs des mines du Royaume-Uni)	MINERAI DE PLOMB	ARGENT
1882.	66.040 tonnes	11.583 kilog.
1883.	57.391 »	10.700 »
1884.	55.357 »	10.130 »
1885.	52.123 »	9.958 »
1886.	54.275 »	10.121 »
1887.	52.388 »	9.963 »
1888.	52.079 »	9.996 »
1889.	49.240 »	9.581 »
1890.	46.381 »	9.073 »
1891.	44.561 »	8.702 »
1892.	40.664 »	8.436 »
1893.	41.451 »	8.525 »

1. Voir plus haut, page 78.
2. Voir plus haut, page 114.

Canada. — Au *Canada*, on peut citer : les mines de Suffield, près de Sherbrooke, découvertes en 1860 ; celles de Victoria trouvées en 1875, etc. La production était, en 1880, de 18,000 kilogrammes ; en 1888, elle a été de 13,384 kilogrammes ; en 1893, de 7,734 kilogrammes.

Frais de production de l'argent. — Quant aux frais de cette production, nous en avons déjà indiqué le détail, chemin faisant, dans la partie métallurgique de cet ouvrage. Nous allons seulement en résumer les résultats, dont l'importance est évidemment capitale si l'on veut essayer de concevoir les lois auxquelles obéira dans l'avenir la production de l'argent. Nous aurons, en effet, à nous demander quelle baisse de l'argent amènerait la fermeture d'assez de mines pour être interrompue par ses propres effets et cette baisse est évidemment limitée en théorie par le prix de revient.

Néanmoins il importe de noter que, plus une industrie traverse une phase difficile, plus on s'ingénie à diminuer les frais, à trouver des procédés nouveaux plus perfectionnés et plus, les découvertes de ce genre se multipliant, les conditions mêmes de l'industrie se modifient.

	QUANTITÉS	PRIX DE REVIENT approximatif	
	onces	fr.	le kil.
1. Argent extrait de l'or . .	508.000		
2. Argent extrait de galènes.	30.726.000	2,35 l'once	80 fr.
3. Argent extrait de minerais cuivreux. . . .	7.200.000	2,23 »	75 fr.
4. Argent extrait de minerais d'argent (dürrerze). .	49.920.733	environ 1,90 »	60 fr.
	88.354.733		

En fait de chiffres généraux sur le prix de revient du métal blanc, le professeur Austen, en 1887, se bornant aux mines fructueusement exploitées, a distingué, dans le tableau ci-dessus, les quatre sources de l'argent, dont il nous paraît avoir évalué le prix de revient, d'une façon générale, à un prix un peu faible.

Sans chercher des moyennes aussi générales, qui ont le défaut de ne plus s'appliquer à aucun cas particulier, nous voyons, dans l'Engineering, qu'en 1891, la mine de Granite Mountain, en Montana, a produit 2,900,000 onces à 2 fr. 65 (51 cents), soit 85 francs le kilogramme ; les riches mines d'Aspen et du district de San Juan (Colorado), ainsi que celles de Park City dans l'Utah travaillent au-dessous de 2,60 (50 cents) (84 francs le kilogramme); la mine Mollie Gibson (Colorado) a, paraît-il, jusqu'à la fin de 1891, produit 2 millions d'onces à 2 fr. 50 (71 francs le kilogramme) ; à Broken Hill, on compte 2,72 (52,6 cents) ou 89 francs le kilogramme sans amortissement.

III.

Évolution probable de la production des métaux précieux dans l'avenir.

Deux ordres de faits de nature très différente sont destinés à influencer, dans l'avenir, la production des métaux précieux : d'un côté, et avant tout, les conditions géologiques de leur dépôt ; de l'autre, l'état économique de leur commerce, c'est-à-dire le prix de vente et le prix de revient, dont les modifications relatives pourront amener un développement ou un ralentissement dans l'industrie minière. Nous nous bornerons, d'abord, au premier ordre de considérations, le second ne pouvant être traité complètement que lorsque nous aurons examiné, dans la seconde partie de ce chapitre, la demande commerciale d'or et d'argent et tout ce que nous dirons s'appliquera, à la fois, aux deux métaux, que l'on peut malaisément séparer l'un de l'autre, quand il s'agit d'un étude économique.

Les quantités de métaux précieux, mises à la disposition de l'homme par la nature et accessibles à son effort, sont très loin d'être illimitées ; elles ne sont même pas tellement grandes qu'on ne puisse en prédire, au moins pour l'or, l'épuisement assez prochain.

Il suffit, pour s'en rendre compte, de considérer ce qui se passe pour un continent où l'activité industrielle est déjà ancienne comme l'Europe : on est à peu près en droit d'affirmer qu'il n'existe pas, dans notre vieux continent, un filon d'or, ou même d'argent, inconnu présentant une certaine importance ; depuis bien des années, malgré des recherches persévérantes et minutieuses, on n'en a pas rencontré un seul et les soit-disant découvertes (d'ailleurs, pour la plupart, de peu d'avenir), auxquelles nous assistons de temps en temps, ne sont généralement que des reprises d'anciennes tentatives plus ou moins justement abandonnées.

Il faut donc s'y contenter de descendre en profondeur sur des gisements déjà connus et c'est ce qu'on fait, depuis des siècles, dans les districts miniers producteurs d'or ou d'argent, tels que la Hongrie, la Saxe, la Bohême, Kongsberg en Norvège, etc. Or, cette descente en profondeur ne peut pas durer indéfiniment ; outre que les frais d'extraction et d'épuisement augmentent sans cesse, il est un obstacle beaucoup plus grave, auquel on vient fatalement se heurter à une certaine distance de la surface, c'est l'accroissement constant de la température. On l'a bien vu dans l'histoire de ce fameux filon du Comstock aux États-Unis, qui peut passer pour la plus grande accumulation d'or et d'argent sur laquelle l'homme ait jamais mis la main. A une certaine profondeur, atteinte très vite par suite de l'exploitation intensive, la température a dépassé 50 degrés ; alors on a eu beau aérer les chantiers énergiquement, fournir aux ouvriers des kilogrammes de glace, verser des torrents d'eau froide sur les fronts de taille, changer les postes de mineurs toutes les heures, les hommes ont commencé à être frappés de congestions, il fallait les emporter au plus vite ; ce n'était plus une question, ni de dépense, ni d'énergie, mais une impossibilité physique : on a dû s'arrêter en profondeur et reporter ailleurs les travaux.

Ce qui est arrivé très rapidement au Comstock, où l'accroissement de température, par suite du voisinage de roches éruptives, a été remarquablement prompt, doit arriver, un peu plus tôt ou un peu plus tard, dans tous les gisements, presque toujours sans doute avant une profondeur de 2,000 mètres, qu'on est, d'ailleurs, jusqu'ici, bien loin d'avoir atteinte. Il ne faut donc pas compter sur un enfoncement indéfini en profondeur et, d'autre part, le nombre des filons que l'on peut aborder à partir de la surface est très limité pour l'or et également assez restreint pour l'argent.

C'est là un phénomène dont nous ne nous rendons pas bien compte aujourd'hui parce que, coup sur coup, les découvertes de gisements gigantesques de métaux précieux, comme ceux de Californie, d'Australie, puis du Transvaal, se sont succédées, mais qui n'en est pas moins réel, bien que des trouvailles du même genre soient encore sans doute appelées à se produire au siècle prochain. Nous vivons, en effet, dans une période de temps qu'il est bien permis de considérer, sans illusion d'optique, comme capitale et critique dans l'histoire du peuplement du globe par l'humanité, aussi bien que dans celle des inventions scientifiques permettant de tirer parti des richesses naturelles de ce globe. Cette phase, que l'on peut considérer comme s'étant ouverte au xvie siècle avec la découverte de l'Amérique, s'est précipitée d'une extraordinaire façon depuis 50 ans ; et, d'abord, nous avons vu les États-Unis se peupler progressivement, puis le continent australien être abordé par sa périphérie ; depuis vingt ans, c'est l'Afrique et l'Asie qui s'ouvrent à leur tour. Chacun de ces pas en avant de la civilisation dans des régions où elle n'avait pas pénétré jusqu'ici, a été accompagné par la découverte de grands dépôts miniers d'or et ensuite d'argent ; car, suivant une remarque bien connue de de Humboldt, l'or, à toutes les époques, est venu des confins de la civilisation, les gisements dans les parties déjà habitées par l'homme ayant été depuis longtemps épuisés. Mais ces énormes gisements que l'on a ainsi rencontrés coup sur coup ont, tant la soif de l'or est intense, été bien vite taris.

En moins de cinquante ans, la Californie touche à son terme ; en Australie, les anciens districts faiblissent et c'est vers l'Australie Occidentale, vers la région désertique jusque là inabordée, qu'on commence à se tourner. Que restera-t-il, dans 25 ou 30 ans, des superbes mines du Transvaal, dont nous voyons, depuis 5 ou 6 ans, l'essor inouï ? etc.

Ce qui s'est produit aux États-Unis paraît, à cet égard, bien typique. Les États-Unis, pays neuf et plein de richesses inexplorées il y a moins de cinquante ans, sont déjà, presqu'au degré de notre vieux continent, obligés de se débattre et de lutter, dans tous les ordres de production minière ou industrielle, contre l'épuisement qui commence, eux aussi, à les menacer, bien que dans un avenir encore lointain.

La plupart des territoires vacants s'y sont peuplés ; la pléthore humaine y attise déjà les féroces luttes pour la vie et, quant à ce qui est des métaux, nous avons vu les districts les plus extraordinairement prospères s'épuiser et se vider en un clin d'œil. La Californie va bientôt manquer d'or ; l'État de Nevada ne mérite plus son surnom d'État de l'argent (Silver State). Le filon du Comstock, après avoir donné des trésors inouïs, touche à sa fin ; il n'est plus question d'Eureka, dans le Nevada ; Leadville, dans le Colorado, comme centre de production du plomb et de l'argent, baisse sensiblement. Déjà les prospecteurs ont dû se rejeter vers des régions plus inconnues, vers le Montana, l'Utah, l'Idaho, la Sonora, qui vont s'appauvrir à leur tour, etc.

Sans doute, on découvrira encore des réserves semblables dans les pays vierges que nous commençons à peine à connaître : dans l'Afrique au Nord du Transvaal, dans l'Asie Centrale, dans certaines parties encore mal fouillées de l'Amérique du Sud, etc., et, pour l'argent notamment, l'abondance du métal est telle dans l'écorce du globe que l'épuisement futur doit être considéré comme encore singulièrement éloigné de nous ; mais les taches blanches, qui représentent sur nos cartes ces parties inexplorées de la terre, se resserrent de jour en jour ; et, quand, dans un siècle ou deux peut-être, on en sera arrivé à ne plus trouver de gisements nouveaux, quand, d'une main étourdie et prodigue, comme on le fait aujourd'hui dans tous les pays neufs, on aura gaspillé les gisements connus, il faudra bien se rendre compte que l'homme est soumis à la nature et ne lui commande pas : il faudra se résigner, malgré des procédés d'extraction et de traitement sans cesse perfectionnés, à ne plus accroître que très peu le stock d'or et même, dans une moindre mesure la somme d'argent, accumulés pendant les générations

antérieures et trouver le moyen de vivre dans ces conditions nouvelles, avec un renchérissement progressif
des métaux que nous avons été habitués à utiliser
comme monnaies.

Cet avenir, qui, pour l'or, est peut-être plus proche
qu'on ne le croit, correspondra, d'ailleurs, avec une
autre crise qui se prépare en s'accentuant déjà de jour
en jour dans tous les pays d'ancienne civilisation et qui
résultera de la surabondance des hommes sur la terre.
La concurrence humaine, qui devient de plus en plus
intense, à mesure que la place manque aux nouveaux
venus, ne peut qu'être aggravée par ce fait que les fortunes anciennes, représentées, ou gagées en or, s'accroîtront fatalement d'elles-mêmes par suite du renchérissement de ce métal et rendront de plus en plus difficile,
à moins de spoliations probables, l'enrichissement du
travailleur.

Et cet avenir, qui ne laisse pas que d'apparaître assez
sombre, on l'a précipité de nos jours par l'exploitation
intensive qui, jusqu'alors, n'a pu réussir que parce que
l'homme se ruait sur des pays où ses ancêtres n'avaient
jamais mis le pied, exploitation encouragée, excitée
par le génie américain qui ne connaît pas nos ména-
gements de père de famille pour l'avenir et va droit
au minerai « payant », quitte à gâcher pour jamais tout
le reste ; il a fallu aussi compter avec la fièvre des
dividendes, le but de l'exploitation devenant, non
plus de tirer en définitive le meilleur parti d'un gîte,
mais d'en obtenir le plus rapidement possible le plus
fort intérêt pour les capitaux engagés, et pressés, après
amortissement, de se reporter ailleurs. C'est ainsi
qu'on a vu, pour l'argent, certains procédés de traitement, tels que le procédé de Washoe au Comstock,
adoptés de préférence à d'autres qui donnaient de
moindres pertes en métal et n'étaient pas plus coû-

teux, uniquement parce qu'ils étaient plus expéditifs ;
le temps, suivant le proverbe anglais, étant compté
pour de l'argent. Dans cet ordre d'idées, tous les
peuples tendent malheureusement, aujourd'hui, à devenir américains.

Sans insister davantage sur ces idées générales,
nous allons examiner un peu plus en détail et comparer
les conditions géologiques des dépôts aurifères et argentifères, ces conditions étant, en fait, très différentes
pour ces deux métaux et, par suite, devant amener un
écart de temps très considérable dans la réalisation des
conceptions théoriques que nous venons d'énoncer.
Préjugeant d'avance ce que nous allons nous attacher à
prouver, nous dirons de suite que l'argent est destiné
à disparaître infiniment moins vite que l'or et, par
suite, que le rapport des stocks accumulés de ces deux
métaux doit s'accroître presque constamment, amenant
une dépréciation forcée et à peu près continue de
l'argent par rapport à l'or, dépréciation arrêtée, seulement, si on lui laisse suivre son cours normal, par
le prix de revient de l'argent, estimé, non par rapport
à l'or, mais par rapport à l'ensemble des substances de
première nécessité[1].

Si nous commençons par l'or, ses dépôts se présentent, au point de vue pratique, dans deux conditions
différentes : dépôts récents et superficiels d'alluvions ;
dépôts anciens et profonds affectant les deux formes
habituelles des gîtes métallifères, filons et sédiments.
Il est facile de voir : que c'est la première forme, celle
des alluvions ou des placers, qui a produit la plus forte
proportion de l'or accumulé dans le monde ; que c'est,

---

1. Il est évident que la mise en valeur d'énormes gisements d'or,
comme ceux du Transvaal, peut amener, pendant quelques années,
une interruption momentanée dans cette baisse de l'argent ; mais
nous considérons ici la marche générale du phénomène.

jusqu'ici, la découverte de gisements de ce genre qui a amené la plupart des brusques recrudescences dans la production aurifère et enfin que ces alluvions sont destinées à s'épuiser très rapidement.

À cet égard, les chiffres suivants, qui montrent, d'après M. Suess, la répartition de la production d'or du monde entre ces trois classes de gîtes, sont fort instructifs.

1848-1875	1848-75	1876	1890
Alluvions.	87,78 pour 100	65,28	44,2
Filons.	12,02 —	34,76	47,8
Sédiments (conglomérats du Transvaal).	»	»	8,00[1]

Ces chiffres suffisent à montrer avec quelle rapidité les alluvions se sont épuisées, les filons jouant un rôle de plus en plus important. Les sédiments, qui constituent toujours une classe de gîtes métallifères particulièrement avantageuse (par rapport aux filons) à cause de leur régularité relative, de leur constance dans la teneur, de leur approfondissement généralement moins brusque et amenant un moindre accroissement dans les frais d'extraction ou d'épuisement, n'ont commencé à jouer un rôle pour l'or que depuis 1889, lorsqu'on a découvert les gisements du Transvaal d'une forme jusque-là inusitée. Actuellement la production de ces gîtes s'accroît avec une rapidité extraordinaire et continuera, sans doute, à le faire jusque vers 1897; puis il est probable qu'elle diminuera peu à peu et que, dans 25 ou 30 ans, ces mines, après avoir produit une quantité d'or que

1. En 1894, les sédiments du Transvaal ont produit environ 25% de l'or extrait dans le monde.

M. Schmeisser a évaluée au minimum à 7 milliards environ, toucheront à leur terme.

Quant aux alluvions, il est évident qu'elles fourniront une quantité de métal de plus en plus réduite ; car celles déjà connues constituent des ressources essentiellement limitées, destinées à disparaître bientôt, et les probabilités d'en découvrir de nouvelles deviennent de plus en plus faibles.

Toutes les fois, en effet, que l'homme aborde un pays nouveau, c'est dans les alluvions qu'il y trouve d'abord l'or, isolé pour lui d'avance et concentré par la nature et ce n'est que plus tard qu'il remonte de ces alluvions à leur source première, c'est-à-dire aux filons ; mais, précisément parce que l'or d'alluvions est la première chose qui attire le regard de l'homme lorsqu'il pénètre dans un pays nouveau, il suffit qu'il soit, depuis quelque temps, installé dans une région, pour qu'il ait sorti de ces alluvions tout l'or qu'on en pouvait extraire et alors c'est sur les gîtes profonds, les filons et accessoirement les sédiments, qu'il est obligé de reporter son effort.

Or, si nous en venons aux filons, c'est une règle géologique bien connue, très générale et facilement explicable, que les filons d'or s'appauvrissent quand on s'y enfonce. Cela peut tenir, pour certains d'entre eux qui occupent de véritables fissures de retrait au milieu de roches éruptives, à un coincement de ces fissures limitées en profondeur ; mais cela tient surtout à ce que tous les phénomènes d'altération superficielle, qui exercent une action si importante au voisinage de la surface, laissent l'or indemne en dissolvant une grande partie des éléments associés, en sorte que la proportion relative de l'or se trouve augmentée aux affleurements et surtout que cet or s'y trouve à un état isolé rendant les traitements métallurgiques beaucoup plus faciles.

En profondeur, en effet, l'or se présente généralement associé ou combiné avec un certain nombre d'autres métalloïdes ou métaux, avec lesquels il forme des groupements plus ou moins réfractaires, plus ou moins complexes : en premier lieu, la pyrite de fer, puis l'arsenic (intervenant, par exemple, dans les mispickels), d'autres sulfures métalliques, le sélénium, le tellure, le bismuth, etc. Les divers sulfures associés, et surtout le plus fréquent, le sulfate de fer, donnent, en général, par l'action des eaux oxygénées superficielles, des sulfates solubles qui sont emportés ; il se forme ainsi un chapeau de filon contenant un quartz carié, vacuolaire (en raison de la disparition des sulfures métalliques qui y étaient inclus) quartz renfermant de l'or natif (visible ou non) qui parfois semble suinter de ses pores ou de ses fissures, avec souvent une portion du fer reprécipitée à l'état d'oxyde. Comme ce sont les parties hautes des filons qui, détruites par les eaux, ont donné, par une véritable préparation mécanique, les alluvions aurifères, il est résulté : d'une part, que ces alluvions doivent présenter une richesse toute spéciale et, de l'autre, que, dans les filons dont elles dérivent, les parties les plus riches nous échappent.

En vertu de la théorie précédente, on remarquera qu'au-dessous du niveau hydrostatique, qui correspond à la limite de circulation des eaux superficielles, les gisements d'or n'ont plus aucune raison pour varier de teneur d'une façon régulière en s'approfondissant ; on entre là soudain dans une zone de teneur théoriquement constante, sauf, bien entendu, les inévitables localisations de minerais, propres à un filon quelconque, qui constituent les bonanzas des mineurs américains. Mais, même à teneur constante, le gîte s'appauvrit pratiquement, puisque tous les frais croissent avec la profondeur, sans que la valeur du minerai extrait augmente.

D'autre part, il faut observer — et c'est un élément qui peut, un jour, remédier en partie à l'épuisement des gîtes aurifères — que les difficultés métallurgiques du traitement de certaines combinaisons rencontrées en profondeur sont de l'ordre de celles où l'ingéniosité humaine peut se donner libre carrière et dont elle est vraisemblablement appelée à triompher tôt ou tard. Déjà de grands progrès ont été réalisés dans ces dernières années, notamment par les rôtissages chlorurants (qui entraînent toutefois une certaine volatilisation de l'or), par la cyanuration, etc., et leur influence s'est déjà fait sentir en ce sens que, si on ne les avait pas inventés, nombre de mines, qui ont continué à vivre et à produire dans ces dernières années, auraient été obligées de fermer. Des perfectionnements ultérieurs permettront, sans doute, de traiter un jour des quantités de minerais aurifères aujourd'hui négligés.

Si l'on veut se faire une idée de cet épuisement rapide des mines d'or, il suffit de se reporter au très instructif graphique qui donne la production de l'or et de l'argent aux États-Unis[1]. La production générale du monde entier a suivi des fluctuations comparables.

Cette production générale qui était, par an, en moyenne, de 54,000 kilogrammes entre 1841 et 1850 et qui s'était élevée un moment à près de 202,000 entre 1856 et 1860, avait, depuis lors, baissé constamment jusqu'en 1883, où elle était arrivée à 144,727 kilogrammes. Les années 1884 à 1889 ont marqué un léger relèvement jusqu'à 159,809 kilogrammes; mais c'est seulement avec la découverte des mines du Transvaal qu'a commencé en 1889 un nouvel âge de l'or. Non seulement le Transvaal a produit de plus en plus; mais d'autres pays, tels que les États-Unis, ont également accru leur pro-

---

1. Voir plus haut fig. 77, page 292.

duction et l'on est arrivé ainsi, en 1893, à 234,000 kilogrammes représentant environ 800 millions; en 1894, la production, dont nous n'avons pas les chiffres précis, a été encore plus forte.

Mais cette production considérable n'a pu être atteinte que par de grands progrès industriels et grâce, il faut bien le dire, à l'attraction constante et déraisonnable qu'inspire l'idée de mines d'or sur l'esprit public.

Si l'on considère, en effet, l'ensemble de toutes les mines d'or, on arrive à cette conclusion que, tout compte fait et en dépit de l'extraordinaire prospérité de quelques-unes, leur collectivité travaille à perte. Si l'on réfléchit, dès lors, aux gros bénéfices que procurent cependant quelques mines prospères et, par suite, à toutes les ruines qu'entraîne l'exploitation de la majorité des autres, on adhèrera, sans doute, à cette remarque d'un économiste anglais quelque peu humoristique, Topley [1], que les besoins monétaires de l'humanité se trouveraient singulièrement compromis le jour (inutile à prévoir, tant sa réalisation serait invraisemblable) où la masse des actionnaires de mines d'or reviendrait subitement au bon sens.

Les conditions géologiques que nous venons d'analyser pour l'or ne se présentent pas absolument les mêmes et surtout, comme nous l'avons dit dans la partie géologique de cet ouvrage, sont loin d'avoir une influence comparable pour l'argent, bien que les filons de ce métal traversent aussi, en général, à une certaine distance au-dessous de la surface du sol, une période de richesse maxima ou de bonanza.

Tout d'abord, nous remarquerons que, des trois

---

1. Gold and Silver. Rep. Brit. Assoc. for the advancement of Science, 1887, p. 535.

catégories de gisements de moins en moins riches que le mineur rencontre successivement dans l'exploration d'une région aurifère (les alluvions, les affleurements de filons et les zones sulfurées profondes), la première, qui introduit de si brusques relèvements dans la production aurifère, manque complètement pour l'argent, les sulfures qui renferment ce métal en profondeur donnant avec l'eau des sulfates relativement solubles et entraînés, tandis que l'or est, soit simplement roulé mécaniquement, soit reprécipité, sous la moindre action réductrice, des solutions chlorurées ou nitreuses, où il n'est entré qu'avec peine.

Quant aux variations des gîtes d'argent en profondeur, nous renvoyons pour leur appréciation à l'étude que nous leur avons consacrée antérieurement[1].

Au point de vue métallurgique, quand on est arrivé dans les gîtes d'argent du Nouveau Monde, à la zone sulfurée, aux métaux froids ou réfractaires (metales frios, dry ores, dürrerze) qui constituent, comme nous l'avons dit, le remplissage des filons en profondeur, il y eut d'abord un certain embarras : l'antique procédé d'amalgamation s'appliquait mal, en effet, à moins d'un grillage préalable avec sel marin, sulfate de cuivre, etc., et la méthode était assez coûteuse, en outre dépendante de la production du mercure, qui est très monopolisée en un petit nombre de mains. Mais, dans ces dernières années, on s'est mis en Amérique (comme on le faisait depuis longtemps en Europe) à fondre ces minerais froids avec addition de galènes et carbonates de plomb argentifères, qui ont trouvé là la source d'un bénéfice inattendu et il en est résulté ce fait, dont les conséquences économiques sont capita.   , que la baisse récente et si considérable de l'argent a été, pour les

---

1. Pages 64 à 68.

mines américaines, à peu près compensée par l'amélioration du traitement métallurgique, en sorte que ces mines ont pu résister à la crise causée par la surproduction du métal blanc et que la production d'argent aux États-Unis n'a pas diminué, comme on aurait pu logiquement le supposer. La baisse pourrait même, sans doute, s'accentuer encore sans amener une diminution notable dans l'extraction.

D'après les derniers renseignements parvenus de l'ouest américain, il semble même que la production d'argent américaine soit plutôt destinée à s'accroître qu'à se réduire pendant les prochaines années, les perfectionnements métallurgiques compensant, et au delà, la diminution de valeur du produit. C'est ainsi qu'il se monte aujourd'hui un très grand nombre d'usines pour traiter, par le procédé dit combination process, des stocks considérables de minerais de seconde classe laissés jusqu'ici sans emploi par nombre de mines.

En résumé, tandis que, pour l'or, on doit prévoir déjà, au bout d'un laps de temps qui peut paraître long à une génération, mais n'est rien dans l'histoire de l'humanité, l'épuisement probable des gîtes connus et la difficulté croissante d'en trouver de nouveaux, les richesses en argent semblent encore considérables et destinées à durer longtemps : on en a aussitôt l'idée en observant qu'en Europe, où la plupart des mines sont déjà si anciennes, la production d'argent est loin d'être insignifiante, tandis que celle d'or, sauf en Hongrie, est à peu près nulle. Quand on voit des mines, comme celles de Kongsberg en Norvège ou de Przibram en Bohême continuer à donner de l'argent après trois siècles au moins d'exploitation ininterrompue et à des profondeurs qui, dans un cas, atteignent 600 mètres, dans l'autre dépassent 1,000 mètres, on peut se rendre compte des trésors que nous réservent encore les grands gîtes du Nouveau Monde, des Montagnes Rocheuses, du Mexique, du Pérou, du Chili ou encore ceux d'Australie. Il est probable aussi que les pays récemment ouverts à l'industrie minière, comme l'Afrique du Sud, obéiront à la loi de développement qu'on observe presque toujours, c'est-à-dire qu'après une phase aurifère plus ou moins longue, quand cet or commencera à s'épuiser, les prospecteurs se retourneront vers la recherche des gîtes d'argent et en trouveront assez pour donner lieu à des exploitations notables. L'humanité n'est donc vraisemblablement pas près de manquer d'argent, tandis qu'on peut envisager, dès à présent, le moment où son stock d'or ne s'augmentera plus et il faut en conclure que le prix de l'argent est destiné encore dans l'avenir à baisser par rapport à celui de l'or.

Si l'on veut essayer de concevoir dans quelles limites, on est d'abord tenté de mettre à profit une ingénieuse remarque due à M. Suess. Suivant le célèbre géologue viennois, la proportion plus ou moins grande d'un métal existant dans les parties supérieures de l'écorce terrestre serait une conséquence directe de sa densité plus ou moins faible, les métaux les plus lourds paraissant être restés plus généralement dans les parties profondes et ne s'être élevés vers nous que dans des conditions plus rares. C'est ainsi que le groupe platine, iridium, or, dont le plus léger, l'or, a une densité de 19,253 est particulièrement rare, tandis que l'argent (10,474), le plomb (11,352) et surtout les métaux suivants : fer, calcium, alcalis, etc., sont beaucoup plus fréquents.

L'observation est curieuse et paraît vraie en thèse générale ; néanmoins le simple rapprochement que nous venons d'indiquer entre l'argent et le plomb au point de vue des densités, montre que d'autres phénomènes influent, notamment la solubilité plus ou

moins grande des sels ; car, si la densité seule était
en jeu, le plomb devrait être plus rare que l'argent,
tandis que c'est précisément, et de beaucoup, l'inverse.
Il faudrait donc se garder d'attribuer à cette loi une
précision trop grande et surtout de vouloir établir
une certaine proportionnalité entre les quantités d'un
métal accessibles à nos efforts et son poids spécifique.
La combinaison plus ou moins facile du métal avec les
minéralisateurs (chlore, soufre, etc.) a eu une influence
au moins égale à celle de sa densité.

Il n'en est pas moins vrai qu'il existe, entre les
poids d'or et d'argent que l'homme parviendra, en un
temps plus ou moins long, à extraire de la terre, un
certain rapport R qui, le jour où nos exploitations
de métaux précieux seront épuisées, déterminera défini-
tivement, les usages des deux métaux étant à peu près
les mêmes, leur valeur relative en raison inverse de
leur rareté, et que, plus nous allons, plus nous devons
nous en rapprocher.

Ce rapport R théorique est, cela va de soi, impossible à calculer d'avance, bien que les deux facteurs,
dont nous venons d'indiquer l'influence sur la répartition plus ou moins abondante d'un métal au voisinage
de la surface terrestre : facilité de combinaison avec les
minéralisateurs et densité, se trouvent avoir eux-mêmes
entre eux une certaine relation et varient le plus
souvent dans le même sens (comparer, par exemple,
le platine ou l'or au potassium ou au sodium) ; mais
ils ne sont reliés par aucune loi mathématique.

Laissons donc indéterminé ce rapport :

$$R = \frac{\text{Prix de l'argent.}}{\text{Prix de l'or.}} = \frac{\text{Total de l'or disponible.}}{\text{Total de l'argent disponible.}}$$

nous pouvons cependant, sans le préciser en aucune
façon, affirmer qu'il est incomparablement supérieur

à celui des prix actuels de ces métaux, infiniment supérieur par suite au rapport officiel que, dans la théorie
bimétalliste, on avait essayé autrefois de leur imposer.
Nous avons vu, en effet, que, les filons d'or étant beaucoup plus riches aux affleurements qu'en profondeur,
tandis que les filons d'argent se maintiennent, dans une
certaine mesure, comme teneur et deviennent seulement
plus difficiles à traiter, comme les exploitations sont
toutes parties de la surface pour s'enfoncer peu à peu, on
a dû, au début, rencontrer un proportion d'or beaucoup
plus forte qu'on n'était appelé à en trouver plus tard.
Et longtemps cette circonstance s'est encore trouvée
accentuée par ce fait que, pour l'or, la nature s'était
chargée de nous préparer, depuis des siècles, d'admi-
rables champs d'enrichissement artificiel dans les
alluvions, les placers, tandis qu'il n'existe pas d'alluvions argentifères.

En outre, plus un métal est rare, plus, sa valeur étant
grande, on le recherche et on en extrait jusqu'aux
moindres parcelles, en sorte que, le jour où on est
contraint de s'arrêter pour un métal, aussi précieux
que l'or, l'épuisement est beaucoup plus réel que pour
un métal moins recherché.

Ce coefficient psychologique aidant, on a donc vu,
de jour en jour, et l'on verra, de plus en plus, le stock
d'argent s'accroître par rapport à celui de l'or, jusqu'à
ce qu'il arrive au rapport R qui lui est imposé par la
nature.

Il est facile de voir que, plus on ira, plus cette tendance à une pléthore relative de l'argent se précipi-
tera, malgré quelques ressauts brusques tels que celui
qui peut résulter en ce moment de la mise en valeur
de grands gisements aurifères à tous les coins du globe,
au Transvaal, en Australie Occidentale, au Montana,
en Guyane, etc.

En effet, si j'appelle a et b les nombres respectifs de nouveaux filons aurifères et argentifères que l'activité humaine a pu découvrir dans un certain laps de temps, si cette activité vient à doubler (et sa tendance actuelle est de se développer constamment), dans ce même laps de temps elle trouvera $2a$ et $2b$. Or, si le nombre total des filons à découvrir est A et B, $\frac{A}{B}$ correspondant dans une certaine mesure (et sauf un coefficient tenant à la richesse moyenne de chacun des groupes de filons) au rapport R précédent, les quantités restant à trouver qui, après le premier laps, étaient A—a, B—b, seront, après le second, A—3a, B—3b. Mais $\frac{a}{b}$ sera, par suite de l'attraction en quelque sorte psychologique qu'exerce l'or, supérieur à la proportion réelle des filons à découvrir, $\frac{A}{B}$; le rapport $\frac{A-3a}{B-3b}$ sera donc plus petit que $\frac{A-a}{B-b}$, plus petit lui-même que $\frac{A}{B}$, en sorte que les filons d'or se trouvant, par suite de l'ardeur même mise à les découvrir, exploités beaucoup plus tôt qu'ils n'auraient dû l'être, leur épuisement se produira, par suite, bien avant qu'il n'eût eu lieu dans les conditions naturelles et cela malgré des chiffres de production se maintenant à un niveau qui longtemps ne trahira pas cette disette prochaine, ou plutôt à cause même de cette production exagérée.

Maintenant, puisqu'en somme la question qui nous occupe est surtout une question pratique et qu'il ne s'agit pas, dans le règlement des questions monétaires ou financières, de prévoir des siècles très lointains, dans quel laps de temps cette raréfaction prévue de l'or arrivera-t-elle à se manifester d'une façon inquiétante, c'est ce qu'il est fort difficile de déterminer. Il semble bien toutefois que nous entrions, en raison de l'ardeur avec laquelle se produisent aujourd'hui l'expansion coloniale et la prise de possession de la terre par les blancs, dans une période où le rapport $\frac{a}{b}$, dont nous signalions

tout à l'heure le côté psychologique, va se gonfler dé-
mesurément, peut-être même au point de masquer les
lois réelles du phénomène. Il est probable que, dans
tous ces pays neufs où l'on se précipite aujourd'hui,
on va découvrir de grands gisements d'or et que, pendant 25 ans, 50 ans peut-être, la production d'or s'en
trouvera augmentée par rapport à celle de l'argent
bien au delà de ses limites rationnelles, en sorte que
la baisse de l'argent sera un peu enrayée pour reprendre,
bien entendu, avec une intensité d'autant plus grande
dans la suite.

Voici, en effet, quelles peuvent être, pour la production de l'or, les prévisions les plus prochaines :

Parmi les gisements déjà reconnus, le Witwatersand
(Transvaal), qui passe aujourd'hui en première ligne,
est arrivé, en 1894, à 2,024,159 onces, soit 62,748
kilogrammes ou 213 millions, alors que les Etats-Unis
ont produit seulement 54,085 kilogrammes en 1893,
et l'Australie 53,698 ; il atteindra prochainement
300 millions de francs par an, chiffre que la Californie
seule, parmi les régions aurifères, a dépassé un moment (336 millions en 1853), et l'on estime que sa production peut se maintenir à ce chiffre pendant 8 ou 9 ans.

Or ces gisements sédimentaires du Transvaal peuvent
avoir une relation d'origine avec des filons aurifères
dont on connaît déjà un certain nombre de types dans
la région, notamment dans le district de Kaap, et dont
beaucoup d'autres seront, sans doute, découverts un
jour ou l'autre.

Plus au Nord, vers le Mashona Land, le Matabeland,
vers l'Est, à Madagascar, etc., on a signalé déjà des
placers aurifères (dont on n'a, il est vrai, que bien som-
mairement reconnu la valeur réelle), et la rapidité inouïe,
avec laquelle se produit depuis 20 ans la pénétration
des blancs dans l'Afrique Centrale, ne peut manquer

d'y amener la découverte prochaine de grands gisements d'or.

Il en est de même du centre de l'Asie, où M. Bogdanowitch, d'après M. Suess, a déjà reconnu de riches placers au Sud du désert de Gobi; les Russes commencent actuellement une exploration méthodique des richesses aurifères de la Sibérie et la mise en valeur des régions sibériennes et chinoises est appelée, sans doute, à se produire bientôt.

En Australie Occidentale, voici qu'il commence à se produire une fièvre de l'or analogue à celle du Transvaal en 1889 et bien que les gisements, étant filoniens, aient un avenir infiniment moins assuré, il peut en sortir aussi des quantités d'or notables.

Enfin, parmi les vieux pays, nous voyons en Californie un commencement d'entente entre les agriculteurs et les mineurs, qui pourrait amener la reprise des gigantesques exploitations hydrauliques.

La disette de l'or, que nous croyons vraisemblable dans l'avenir, ne peut donc pas être considérée comme un phénomène menaçant, au moins pendant un demi-siècle.

IV.

Stock d'argent et d'or subsistant.

Nous avons évalué précédemment la production ancienne des métaux précieux. Ces métaux, dans la plupart de leurs applications, notamment dans les monnaies, restant à peu près inaltérés et leur grande valeur faisant qu'il s'en égare une très faible portion, on pourrait supposer que la majeure partie de ce stock métallique demeure en possession de l'humanité, à peine

diminuée par l'usure, par les sinistres ou par quelques
autres causes de déchet, et l'on est généralement disposé
à croire que la presque totalité se trouve à l'état de
monnaies. En réalité, ce métal subsiste bien d'une façon
absolue, mais une très forte quantité en est absolument
immobilisée et ne peut plus entrer en ligne de compte
actuellement pour les besoins monétaires. C'est, en
effet, comme nous le verrons, que les besoins industriels
consomment beaucoup plus d'or et d'argent qu'on ne le
suppose généralement et ces métaux, transformés en
bijoux, ne viennent plus à la refonte que dans des cas
tout à fait extrêmes ; particulièrement ceux qui ont
passé en Asie (où, par suite de la balance constamment
favorable du commerce, nos métaux précieux vont,
depuis des siècles, s'accumuler), y sont gardés dans des
trésors que chaque famille tient à honneur de tenir
intacts et d'où, par suite, on a beaucoup de mal à les
faire sortir, à moins de quelque grand cataclysme
comme a été la famine de 1877-79 dans l'Inde. Nous
dirons cependant, plus tard, que cet état de choses,
cette habitude de conserver sa fortune sous une forme
matérielle et tangible, qui a existé au début chez tous
les peuples primitifs ou chez ceux qui vivaient dans un
état social trop troublé pour confier avec tranquillité
leur argent à un emprunteur chargé de leur servir
intérêt, peut, un jour ou l'autre, se modifier par le
développement de la civilisation européenne et qu'alors
une grande partie des trésors de l'Inde ou de la Chine
rentreront, sans doute, en ligne de compte.

En attendant, le stock d'or monnayé du monde
civilisé peut aller, suivant des évaluations d'autant
plus divergentes entre elles qu'elles manquent en
réalité de bases sérieuses, de 19 à 25 milliards, et celui
d'argent de 16 à 18, 10 milliards d'or environ et
5 milliards d'argent étant dans les caves des grandes

banques et le reste, dont l'appréciation est très délicate, en la possession du public.

Pour obtenir une estimation approximative de ce dernier chiffre dans un pays comme la France, on a, à diverses reprises, notamment en 1891, fait compter le même jour, dans nos 20,000 caisses publiques, toutes les pièces d'or et d'argent en les classant par nature, par nationalité et par millésime. On a ainsi obtenu, pour chaque catégorie de pièces, ce qu'on a appelé le *taux comparatif de survie*, défini par la proportion des pièces rencontrées à la proportion du même genre ayant été frappées. Par exemple, sur 11,652,857 pièces de 5 francs frappées en 1869, si l'on en a compté 31,276, le taux de survie est de 2,68 pour 1,000.

PÉRIODES	NOMBRE D'ÉCUS FRAPPÉS	TAUX COMPARATIFS de survie	PROPORTION MAXIMA des pièces pouvant encore exister	NOMBRE MAXIMUM des pièces pouvant encore exister
	millions d'écus	pour 100	pour 100	millions d'écus
I. 1867-1878...	125	2,70	100	125
II. 1847-1856...	139	0,85	31,5	44
III. 1831-1846...	315	1,00	37	116 1/2
IV. 1830...	24	0,65	24	6
V. 1826-1829.	99	0.40	15	15
VI. 1808-1825.	263	0,20	7,5	19 1/2
VII. An IV-1807.	47	0,22	8	4
Totaux et moyennes.	1.012	0,85	31,5	330

Ce résultat ayant été obtenu, l'hypothèse consiste à admettre que la proportion des diverses catégories entre elles est la même pour tout le numéraire circulant dans le public que pour les pièces comptées dans ces caisses. En supposant, dès lors, que rien n'a été perdu de la dernière émission 1867-78, c'est-à-dire que 100 pour 100 en subsistent, si le taux comparatif de survie est de 2,70 pour 1,000, on obtient, en divisant 100 par 2,70, un certain coefficient 37, par lequel il suffit de multiplier les taux de survie correspondants aux autres pièces pour obtenir la proportion maximum pour 100 des pièces de ce genre pouvant encore exister.

C'est de cette manière qu'a été obtenu, en 1891, le tableau précédent relatif aux écus français :

En opérant ainsi, M. de Foville[1] a estimé, en 1891, la circulation de l'or en France à 3,700 millions, dont 3 milliards en pièces de 20 francs et le reste en pièces de 10 francs. Suivant lui, ce total comprendrait 35 pour 100 des pièces d'or frappées en France depuis 1803, 50 pour 100 des pièces belges, 37 pour 100 des pièces italiennes, 33 pour 100 des pièces autrichiennes, etc. 1,364 millions à cette date étaient à la Banque de France, et le reste entre les mains du public.

Quant à l'argent, on arrive à cette conclusion, que, sur 5 milliards d'écus français frappés depuis un siècle, il en restait seulement, en 1891, 1,400 millions, dont 800 dans les réserves de la Banque de France. Les écus étrangers subsistant en France représentaient alors 695 millions, dont 417 millions à la Banque de France. D'où, pour le stock de pièces de 5 francs en France, 1,400 + 695 ou environ 2,100 millions.

En outre, il peut y avoir en France 400 millions de monnaie divisionnaire[2].

---

1. *Économiste français*, 5 et 19 septembre 1891. La circulation monétaire de la France en 1891.

2. Le stock monétaire (or et argent) de la France était donc, en 1891, d'environ 6 milliards et demi (valeur nominale) sur 11 milliards frappés depuis un siècle.

Malheureusement, dans les autres pays, il n'a été fait aucune opération du même genre ; c'est très approximativement, par exemple, qu'on estime à 2 milliards l'or monnayé circulant en Angleterre ; et, faute d'aucun moyen d'évaluation pour le stock métallique en possession du public, nous devons nous borner à celui des grandes Banques. Ce dernier est représenté à la date du 1er janvier 1895, par le tableau suivant :

		OR	ARGENT	TOTAL
		millions	millions	millions
Europe.	Allemagne.	887	381	1.268
	Angleterre.	827	»	827
	Autriche.	327	293	620
	Belgique.	103	·28	131
	Danemarck..	80	»	80
	Espagne..	200	278	478
	France.	2.100	1.200	3.300
	Italie { Banque d'Italie. . .	293	6b	362
	— de Naples. .	105	10	115
	— de Sicile. . .	35	2	37
	Pays-Bas.	103	174	277
	Roumanie.	47	4	51
	Russie (Banque d'État). .	2.373	17	2.390
	Suisse.	81	13	94
États-Unis d'Amérique	Banques associées de New-York	332	37	369
	Trésor.	698	2.520	3.218
	Banques nationales des États-Unis (au 1er octobre 1894).	985	201	1.186
		9.576	5.226	14.802

En dehors de ce stock des Banques, nous avons vu que le public en France détenait environ 1,600 millions d'or et 900 millions d'argent; en Allemagne, on peut supposer 1,600 millions d'or; en Angleterre, 1,200 millions.

Il est, en outre, souvent question, dans les publications spéciales, des trésors de guerre européens. A l'exception de 175 millions gardés à Spandau sur l'indemnité payée par la France en 1870, ces trésors de guerre ne sont qu'une pure fiction. La France s'est, en effet, contentée de déclarer (d'une façon peut-être un peu imprudente) que l'encaisse de la Banque de France constituait son trésor de guerre, et l'Italie a fait de même pour sa Banque nationale, où elle s'efforce, en conséquence, de retenir, par tous les moyens possibles, l'or toujours prêt à s'échapper.

Sans donc chercher une précision dont, avec les éléments actuels, la question n'est pas susceptible, on voit, par les calculs précédents, que le stock d'or monnayé du monde civilisé doit être environ de 20 à 25 milliards.

Comme, de 1851 à 1895, la production d'or a été de 28 milliards, il en résulte que le stock actuel est notablement inférieur à la seule production depuis cinquante ans, toute la production antérieure qui, du moyen âge à 1846, s'est montée à près de 16 milliards ayant totalement disparu, par suite de la consommation industrielle, des pertes et du drainage vers l'Asie.

Pour l'argent, le même phénomène est encore plus sensible et c'est au maximum 50 à 60 pour 100 de l'argent extrait dans le dernier demi-siècle que l'on retrouve dans les monnaies. En France notamment, nous avons vu plus haut qu'il existait, en 1891, 2,100 millions d'écus, alors que la frappe avait été de 5 milliards, soit une proportion de 42 pour 100.

V.

Utilisation industrielle et disparition en Orient des métaux précieux.

La consommation industrielle des métaux précieux est si considérable[1] que, d'après les évaluations les plus autorisées, elle atteint, pour l'or, au moins 70 pour 100 de la production. On en a la preuve indirecte dans le peu d'augmentation du stock monétaire en dépit des masses considérables d'or extraites du sol depuis cinquante ans. Pour l'argent, ce débouché est moindre et, la réduction de la frappe des monnaies aidant, depuis quelques années, il y a, au contraire, pléthore et surabondance de la production, entraînant la baisse du métal et tous les inconvénients contre lesquels se débattent aujourd'hui les pays à étalon d'argent.

Cette consommation industrielle, qui consiste dans la fabrication des bijoux, bagues, boîtiers de montres, vaisselles d'argent, dans la dorure, l'argenture, etc., présente cette particularité que, destinée uniquement au luxe, elle n'est pas influencée aussi directement qu'elle devrait l'être par les variations de prix des deux métaux. Son évaluation est très difficile. Voici cependant, pour l'or, quelques chiffres empruntés à M. Suess, qui permettront de s'en faire une idée.

Aux *États-Unis*, en 1890, d'après la direction des

---

1. Indépendamment de la consommation et des pertes, le frai n'est pas insignifiant. Les expériences de Dumas et Colmont, faites sur 400,000 pièces de 5 francs en argent, ont montré que chacune de ces pièces perd 4 milligrammes par an, ce qui équivaut à 16 francs par an pour 100,000 francs ou 0,8 pour 100 en 50 ans.

Monnaies, les diverses raffineries, hôtels des monnaies, etc., ont livré à l'industrie pour 75,658,000 francs de lingots d'or, dont 16 millions en vieux matériel, qui, retranchés, donnent 59,658,000 francs ou 17,348 kilogrammes, le reste provenant des mines ou de monnaies (nationales ou étrangères). Mais, en outre, les orfèvres fondent directement eux-mêmes une forte proportion de monnaies d'or, quantité qu'on évalue approximativement à 18,200,000 francs : soit, en tout, 77,858,000 = 22,614 kilogrammes d'or nouvellement produit ou de monnaies passant dans l'industrie. En 1889, le chiffre correspondant était de 20,922 kilogrammes.

A *Birmingham*, on peut évaluer la quantité d'or, y compris les livres anglaises et les dollars d'or américains, employés dans l'industrie, à au moins 400,000 onces par an, soit 11,340 kilogrammes.

En *Suisse*, la quantité d'or utilisée en 1890 a été évaluée par M. Ch. Lacroix, directeur de la raffinerie de Genève, à 14 ou 15,000 kilogrammes d'or allié, ou 9,800 kilogrammes d'or fin, dont 7/9 pour l'horlogerie et 2/9 pour la bijouterie. La même année, on a employé 60,000 kilogrammes d'argent fin, uniquement en boîtiers de montre. Il est vrai qu'il y a à défalquer de ces chiffres une certaine quantité d'or et d'argent provenant d'anciens objets refondus.

En *Allemagne*, on estime la consommation d'or à un minimum de 15,500 kilogrammes, dont 20 pour 100 en vieux objets et 12,400 retirés de la circulation monétaire. Rien qu'à Hannau, en 1890, on a employé 3,000 kilogrammes d'or et 8 à 10,000 kilogrammes d'argent.

La *France* peut également consommer 15 à 16,000 kilogrammes.

Si l'on tient compte, en outre, du reste de l'Angleterre, en dehors de Birmingham, de l'Autriche-Hongrie, de l'Italie, de l'Espagne, de la Russie, de la Belgique, de la Hollande, etc., on arrive, pour l'Europe et l'Amérique du Nord, au moins à 90,000 kilogrammes.

A ce chiffre, il faut ajouter la consommation, toujours considérable, de l'Asie et particulièrement de l'Inde.

Dans l'Inde, l'or importé a été évalué en 1889, à 20,600 kilogrammes; en 1890, à 34,986; en 1891, à 41,259 kilogrammes (5,636,000 roupies), auxquels il faut ajouter la production d'or du pays : 2,261 kilogrammes en 1889; 2,970, en 1890; 3,000, en 1891 : ce qui donne une moyenne de 35,000 kilogrammes.

En additionnant avec les 90,000 kilogrammes précédents, on arrive à un minimum de 125,000 kilogrammes pour une production qui, dans ces mêmes années, a oscillé de 181 à 189,000 kilogrammes; c'est-à-dire que près des trois quarts de l'or nouvellement produit dans le monde passent aux usages industriels, chaque jour développés avec les progrès du bien-être et que la fraction venant grossir le stock monétaire est de plus en plus faible.

Cette considération explique comment, la plus grande partie du stock monétaire ancien se trouvant déjà localisée dans un petit nombre de pays riches comme l'Angleterre, la France, l'Allemagne et la Russie, les autres ne peuvent arriver à se procurer l'or nécessaire à leurs besoins commerciaux et sont réduits à se servir d'argent ou de papier monnaie.

Une autre conséquence, sur laquelle nous aurons à revenir, c'est qu'une quantité aussi grande d'argent et d'or allant à des emplois industriels, dans ce cas-là surtout, ces deux métaux sont deux marchandises bien distinctes, ayant chacune leurs applications pour lesquelles ils ne peuvent se suppléer, en sorte que, même si tous les États arrivaient, comme le veulent les bimétallistes, à fixer le rapport des prix de l'or et de l'argent dans les monnaies, ils se heurteraient toujours à cette loi de l'offre et de la demande qui ferait varier l'un par rapport à l'autre les cours des deux métaux dans l'industrie [1].

On peut ajouter que, même comme monnaies, l'or et l'argent, par suite de la différence considérable de leur poids spécifique et de leur valeur, ne se remplacent pas l'un l'autre, pas plus que l'argent ne peut remplacer le cuivre ou le nickel ; chaque catégorie de paiements nécessitant l'emploi d'un genre de monnaie différente. Il y a là un côté pratique et, en quelque sorte, industriel de la question monétaire, dont nous voulons dire un mot dès à présent.

L'argent, étant la véritable monnaie courante, est celui des deux métaux dont le besoin se fait journellement le plus sentir et la quantité qui en circule dans un pays croît nécessairement avec le développement du bien-être dans les classes inférieures, avec l'accroissement des salaires, etc., qui influent aussitôt sur le commerce de détail. En Angleterre, on a dû mettre en circulation, en 1889, 39,470,000 francs d'argent, 26 millions en 1890 et, dans le même ordre d'idées, le besoin de monnaies de bronze a été tel qu'en 1890 la Mint-Company de Birmingham n'a pas acheté moins de 105 tonnes de cuivre pour en frapper des monnaies.

En Allemagne, on a calculé que, jusqu'en 1892, la somme des monnaies d'or frappées avait seulement une valeur 5 fois plus forte que celle des monnaies en autres métaux et que le nombre des pièces d'or était, par suite, 13 fois plus petit que celui des autres pièces.

---

1. Thèse développée par Rob. Giffen en 1889. — In Suess., *loc. cit.*, p. 103.

Il suffit, d'ailleurs, d'avoir voyagé dans un pays, comme la Turquie, où la monnaie divisionnaire fait défaut et où chaque paiement de la plus petite somme nécessite une opération de change pour connaître les graves inconvénients d'un semblable état de choses.

Étant donné que la monnaie divisionnaire est surtout nécessaire pour des petites opérations commerciales, il est tout naturel que la circulation des pièces de monnaie ou billets de banque soit d'autant plus restreinte et circonscrite autour de certains grands centres à vive activité transactionnelle que leur valeur est plus élevée. D'après Will. Herbage, le rapport des livres aux demi-livres payées au public est: à Londres de 81 à 19 ; en pays de Galles, de 75,6 à 24,4 ; en Irlande, de 10 à 90 et à Wick, en Écosse, de 3 à 97.

En France, l'opération de statistique faite le 22 avril 1891 dans toutes les caisses officielles a donné, pour un chiffre total de 100 millions, les résultats suivants :

$$80 \text{ 0/0 billets de banque, } 20 \text{ 0/0 en métal } \left\{ \begin{array}{l} 14 \text{ 0/0 en or.} \\ 6 \text{ 0/0 en argent.} \end{array} \right.$$

En 1885, la proportion des billets était sensiblement moins forte $\frac{68}{32}$: ce qui montre que l'usage s'en est développé ; mais le rapport de l'or à l'argent était à peu près le même $\frac{70}{30}$.

Plus on s'éloigne de Paris, plus on voit augmenter la proportion du métal par rapport aux billets et, en fait de métal, de l'argent par rapport à l'or[1].

Ce qui revient à dire que, dans l'usage courant, les monnaies de bronze, d'argent, d'or ou de papier ont chacune leurs usages distincts et leur rayon d'action différent.

Sans insister davantage sur ces questions, il con-

---

1. Nous reviendrons plus loin sur cette question à un autre point de vue, page 350.

vient de donner quelques détails sur ce point, absolument capital, et seulement indiqué plus haut, de la consommation des métaux précieux en Orient.

Les nations riches du globe se trouvent divisées en deux grandes catégories :

Dans les unes, l'activité industrielle est plus ancienne et plus intense, l'organisation plus perfectionnée, l'utilisation des forces naturelles plus complète, en sorte qu'elles ont pu devenir les créancières de toutes les autres, et que, par suite, malgré des besoins de dépense plus grands et des ressources en matières premières plus faibles, qui amènent une balance commerciale constamment défavorable, elles vivent d'un tribut prélevé sur le reste du monde : tel est le cas des grandes nations européennes, Angleterre, France, Allemagne, etc. ;

Les autres, au contraire, ont un sol plus fertile, un climat plus favorable, des gisements miniers plus riches; mais elles n'ont su organiser, par elles-mêmes, ni industries ni voies de communication et, le jour où elles ont éprouvé le besoin de ces avantages, il leur a fallu s'endetter vis-à-vis de l'Europe, à laquelle elles doivent payer l'intérêt des capitaux empruntés : tel est le cas d'une grande partie de l'Amérique, de l'Australie, de l'Inde, etc.

Cette division, qui correspond, dans une certaine mesure, à l'antique opposition du capital et du travail, est destinée, selon toute apparence, à se modifier peu à peu au bénéfice des emprunteurs, dont la richesse naturelle sera de plus en plus utilisée sur place. Le mouvement s'accentue dans ce sens par les réductions d'intérêt, parfois même par les faillites de ces débiteurs peu scrupuleux qui, le jour où ils n'ont plus besoin d'emprunter à nouveau, trouvent commode de s'affranchir de leurs dettes anciennes, en même temps que les industries d'élaboration se transportent de plus en plus dans les pays de production des matières premières. La vieille Europe peut chercher à résister — et elle a, pour cela, un puissant appui dans la force croissante que prendra, avec la raréfaction de l'or sur la terre, son or anciennement accumulé; — mais il faut bien se résigner à voir s'accomplir, plus ou moins tôt, par le développement des facilités d'échanges et de consommation, cette loi naturelle qui veut qu'on demande à chaque sol ce qu'il est le plus apte à produire et cela seulement.

Parmi les nations à grandes richesses naturelles, mais à activité industrielle encore faible, il faut citer, en premier lieu, l'Inde, pays prospère qui, par suite de ses exportations végétales (thé, coton, jute, etc.), présente constamment une balance commerciale favorable, un excédent des exportations sur les importations ayant atteint 750 millions de francs en 1890, et cela aussi bien du côté de l'Est, vers les pays de l'argent, que du côté de l'Ouest, vers les pays de l'or; mais tandis que, par rapport à l'Europe, l'excédent est faible (négatif même pour l'Angleterre), il est considérable vers la Chine, le Japon, Ceylan (environ 350 millions[1]).

L'importation nette de métaux précieux dans l'Inde a été, en lakhs de 100,000 roupies (ou de 250,000 francs),

	1875	1880	1885	1886	1887	1888	1889	1890	1891
Or..	187,3	175,0	167,1	267,2	217,2	298,9	281,4	461,5	563,6
Argent.	461,2	786,9	724,5	1160,6	715,5	921,8	924,7	1100,2	1421,2

[1]. Exactement 14,362,000 Rx², la pièce de dix roupies d'argent Rx² ayant, avec la livre sterling, la différence correspondante à la dépréciation de l'argent, tandis que celle d'or Rx⁰ vaut exactement une livre sterling.

La différence entre le total de ces chiffres et l'excédent de la balance commerciale mentionné plus haut tient à ce que l'Inde doit payer à Londres environ 475 millions de francs par an.

En 1890, suivant la direction des monnaies, sur 461 lakhs d'or (115 millions) arrivés dans l'Inde, 2 seulement ont passé en monnaies, le reste ayant disparu dans la population. C'est le même phénomène qui se reproduit pour les diamants : bien que l'Inde en produise, elle en importe surtout.

On a essayé d'évaluer la somme d'or et d'argent enfouie dans l'Inde et l'on est arrivé à 7,5 milliards, moitié en or, moitié en argent, que, jusqu'à présent, on n'a pu mobiliser. On sait d'ailleurs que, depuis 1859, il est entré dans l'Inde au moins 3,150 millions d'or et deux fois autant d'argent.

Par contre, le commerce de l'Inde subit le contrecoup direct des variations du cours des métaux, puisque l'or et l'argent y arrivent de côtés opposés représentant, pour une même valeur exportée du pays, une valeur de métal importé très différente et amenant, par suite, des soubresauts déplorables pour l'établissement d'un commerce honnête et sans spéculation.

Toutes ces diverses circonstances ont amené dans l'Inde un antagonisme entre le gouvernement et les banques anglo-indiennes, le premier voulant vendre ses traites le plus cher possible, le second dépenser le moins possible pour ses remises et les difficultés sont devenues telles qu'en 1893, on a interrompu la frappe libre de la monnaie d'argent aux Indes, supprimant au métal blanc un de ses débouchés principaux, en même temps qu'on privait le pays de son seul étalon monétaire, l'étalon d'argent.

Le but de cette mesure était d'augmenter artificiellement la valeur de la roupie argent par sa rareté relative. Mais la conséquence a été une crise sur toutes les valeurs du monde libellées en argent, sur les mines et usines d'affinage dont beaucoup fermèrent, au moins momentanément, etc.

Etant donnée l'importance que présente ce débouché des pays orientaux (Inde et Chine) au point de vue du placement des masses d'argent et d'or extraites chaque année de terre, on peut se demander — et nous nous sommes demandé déjà[1] — s'il fallait considérer comme immobilisée à jamais et même comme destinée à s'accroître chaque année la somme de métaux précieux enfouis dans ces pays sous forme de bijoux, trésors, etc., ou si l'on n'arriverait pas un jour à faire disparaître ou à atténuer cette habitude de garder sa fortune à l'état de métal, commune aux peuples orientaux.

Il faut bien considérer qu'en somme, dans nos pays civilisés, la plupart des fortunes sont, au contraire, uniquement fondées sur le crédit ou sur une propriété collective mise en valeur par des sociétés en actions. Au rebours de ce qui se passe dans les pays primitifs à sécurité douteuse, à régime instable, où chacun thésaurise et accumule sa richesse sous une forme matérielle et palpable, notre fortune à nous ne se compose ni d'or, ni d'argent, ni d'étoffes, ni de blé, ni même, en majeure partie, de maisons et de champs, mais uniquement de quelques morceaux de papier auxquels la loi et certaines conventions, respectées jusqu'à nouvel ordre dans l'intérêt commun, attribuent une valeur représentative. Il n'y a chez nous que fort peu de métal immobilisé et si, à un jour donné, on cherche, dans la maison d'un homme possédant un million, ce qu'il peut se trouver d'or, tout au plus en trouvera-t-on quelques

1. Voir plus haut, page 331.

milliers de francs, même si l'on assimile au métal les billets de banque, couverts en grande partie par un encaisse métallique dans les caves de la Banque de France et l'argent déposé en compte courant dans quelque établissement de crédit.

Au contraire, chez la plupart des peuples orientaux, le crédit n'existant qu'à l'état rudimentaire, la fortune, qui n'est pas sous forme de biens au soleil, l'est presque tout entière sous forme de métal ; mais il est permis de présumer qu'on arrivera, plus ou moins vite, à modifier cet état d'esprit et que ces peuples, passant par la série des phases successives auxquelles on a pu assister en Occident, s'habitueront un jour à transformer leur métal d'abord en champs, puis peut-être même en valeurs mobilières, ce qui rendrait aux besoins du monde civilisé des masses considérables de métal.

VI.

De la monnaie, son rôle, sa nécessité, ses lois. Choix du métal étalon, bimétallisme, etc.

La monnaie est l'instrument qui, dans les échanges commerciaux, sert de mesure ; elle symbolise la valeur des objets, au même titre que le mètre leur longueur, ou le kilogramme leur poids, en ayant, par elle-même, une certaine valeur propre, à laquelle on rapporte toutes les autres pour les évaluer.

Cette monnaie, en pratique comme en théorie, peut fort bien n'être pas un métal et, de fait, chez certaines peuplades primitives, on compte par têtes de bétail ; chez d'autres, on fera les paiements en sel (dans certaines provinces de la Chine, etc.), ailleurs en pièces d'étoffe ou en verroterie. Cependant, arrivé à un certain degré d'activité commerciale, l'homme, multipliant ses échanges à distance, a éprouvé le besoin d'avoir une monnaie facilement transportable et, par suite, d'une valeur maxima sous un poids et un volume minima ; il fallait, en outre, que cette monnaie, pour être adoptée en des pays éloignés par des inconnus, eût une valeur bien déterminée et constante, qu'elle fût inaltérable et toujours identique à elle-même, enfin, pour faciliter les paiements, qu'elle fût infiniment divisible. A ces divers titres, l'usage des métaux était tout naturellement indiqué et c'est, en effet, les métaux que, depuis des temps très anciens, l'homme a adoptés comme monnaie. Il convient cependant d'examiner, dès le début de cette étude consacrée avant tout à l'emploi des métaux précieux dans les monnaies, si l'usage de ces métaux est imposé par une loi naturelle immuable et s'il n'est pas possible de concevoir un instrument d'échange d'une valeur aussi bien déterminée, constante et inaltérable, encore plus facilement divisible et plus aisément transportable que le métal, instrument qui serait le papier, signe représentatif du crédit ou de la richesse sous toutes ses formes, chèque, billet de banque, etc. ; nous voyons, en effet, ce papier, à mesure qu'un pays progresse dans la civilisation, entrer dans la pratique courante et tendre, au moins pour une certaine catégorie d'échanges, à remplacer le métal[1]. Nous devons donc logiquement, avant de chercher si les ressources minières en or ou en argent pourront suffire aux besoins monétaires de l'humanité, examiner d'abord dans quelle mesure un autre instrument d'échange, tel que le papier, serait appelé plus tard à se substituer à eux.

1. Voir plus haut page 340.

A ce point de vue, nous ferons aussitôt une distinction essentielle.

La monnaie doit, en effet, dans l'usage actuel, remplir deux rôles bien distincts : instrument d'échange
intérieur, instrument d'échange international. Dans
l'intérieur du pays et tant que le gouvernement, représentant légal de l'ensemble des individus, qui
impose son estampille aux pièces, conserve la confiance
et le crédit, la valeur intrinsèque et, par suite, la
nature de la monnaie ne semblent avoir qu'une importance restreinte, puisque la valeur de cette monnaie (comme celle d'un titre de rente sur l'État ou du
billet d'une banque nationale), consiste surtout dans
l'engagement pris par l'État de donner en échange
sur présentation certains avantages stipulés d'avance.
Cette monnaie a exactement la même valeur, qu'elle
soit d'or ou de papier, ce qui arrive en réalité en
France pour les pièces d'or et les billets de Banque[1].
Mais, comme aucun gouvernement n'est stable et qu'il
est toujours naturel au parti le plus faible de le considérer comme représentant la volonté oppressive du parti
dominant, par suite de chercher à le rejeter, lui, ses
dettes et ses charges, ainsi qu'une bête de somme
secoue son fardeau ; comme en fait, ni les révolutions
ni les faillites des États ne semblent plus un événement
extraordinaire, l'estampille officielle serait impuissante
à maintenir bien longtemps à une valeur constante une
monnaie purement fiduciaire, si cette monnaie fidu-

---

1. Les billets de Banque sont assurément, comme nous allons le
rappeler, gagés par un encaisse métallique ; mais c'est encore là
une question de confiance, puisqu'on peut prévoir telle circonstance
où cette encaisse serait pillée ou soustraite par l'Etat d'une façon
quelconque aux créanciers. Le fait que les billets de la Banque de
France sont au pair montre que les chances d'une pareille éventua-
lité sont considérées comme assez faibles pour être compensées par
les avantages pratiques du billet dans les payements importants.

ciaire n'avait pas comme gage une valeur réelle plus
ou moins grande, un stock métallique qui, sans circuler directement et par lui-même dans le public,
joue cependant un rôle essentiel et nécessaire en
restant enfoui dans les caves d'une Banque.

Le billet de Banque ne supplée donc au métal que
dans une faible mesure et, pour la plus grande partie,
se superpose à lui.

On doit ajouter que, pratiquement et dans l'usage
courant, le papier, pour les faibles sommes, a toute
espèce d'inconvénients, qu'il serait difficile de lever
absolument en lui substituant une monnaie de crédit
en métal, une sorte de jeton, parce que, si la valeur
réelle de cette monnaie était par trop disproportionnée
à sa valeur officielle, il en résulterait une prime et
un encouragement trop grands pour les faux-mon-
nayeurs.

Mais la nécessité inéluctacle d'une monnaie métallique à valeur réelle se fait encore plus sentir, par suite
des relations commerciales si étendues, qui aujour-
d'hui rendent un pays quelconque solidaire de tous
les autres, et répercutent immédiatement dans le monde
entier l'effet d'une élévation du taux de l'escompte à
la Banque de France ou à la Banque d'Angleterre ou
d'un siver bill du gouvernement américain. Il faut du
métal pour régler les différences résultant de la
balance commerciale et pas un établissement de crédit
n'est assez solide pour résister aux demandes d'or qui
peuvent se produire un jour ou l'autre, de ce fait, s'il
n'a pas une très forte réserve métallique. La crise
récente de la Banque d'Angleterre en 1890 l'a bien
démontré.

Nous pouvons même remarquer que, pour les grands
pays d'Europe, ce besoin de métal, et spécialement
d'or, pourrait un jour ou l'autre apparaître d'une façon

aiguë et critique s'il n'y avait pas été paré d'avance.
Ces pays se trouvent, en effet, dans cette situation
spéciale, d'avoir une balance commerciale constamment défavorable, en sorte qu'ils ne vivent, comme
des héritiers prodigues, que de la richesse acquise
dans le passé, par le tribut que leur payent, sous forme
d'intérêts, les pays nouveaux au sol plus fécond ou
forcés à travailler d'avantage. Or, on peut se demander
ce qui arrivera le jour où ces pays nouveaux seront
émancipés et, soit amortiront leur dette ancienne vis-
à-vis de nous, soit même, avec la mauvaise foi que se
permettent volontiers les peuples débiteurs, refuseront
tout simplement de s'acquitter, comme l'ont déjà fait
quelques-uns, comme en France même une certaine
école propose d'en donner l'exemple en mettant sur la
rente un impôt. Il y aura alors, vers tous les États du
Nouveau Monde, un afflux d'or analogue à celui qui,
depuis longtemps, se produit déjà d'une façon constante de l'Europe vers l'Inde et la Chine et aucun
papier de crédit ne pourra, à ce moment, remplacer
le métal.

Il serait donc, en résumé, fort peu rationnel de
prévoir une époque où l'usage des métaux comme
monnaie, usage emprunté manifestement aux peuples
primitifs, disparaîtra complètement ; mais on peut
néanmoins supposer que l'emploi courant de la monnaie de crédit, analogue à notre billon actuel, quelle
qu'en soit la substance, se généralisera, comme l'usage,
très rapidement répandu en Angleterre, puis en
France, des billets de banque et des chèques peut le
faire supposer, en se substituant, dans certains cas, à la
monnaie de valeur réelle et où il en résultera, par
suite, une atténuation à la disette d'or que prévoient
les économistes et les géologues.

Dans une série d'enquêtes faites en France et en

Algérie en 1868, 1878, 1885 et 1891, on a, en comptant à un jour donné la monnaie de toute sorte qui se trouvait dans les diverses banques et établissements publics, constaté le progrès continu du billet de banque par rapport au métal. Le rapport de l'un à l'autre, qui était de $\frac{64}{33}$ en 1885 s'était élevé à $\frac{80}{20}$ en 1891, c'est-à-dire dans l'espace de six ans[1] : ce qui montre bien avec quelle rapidité l'usage de ces billets se répand. Et l'on peut remarquer que l'usage du billet de banque part des grands centres, où il devient presque exclusif dans les affaires importantes, pour rayonner de proche en proche dans le pays, à mesure que le commerce s'y développe et que les payements y deviennent plus considérables.

C'est ainsi que, dans le compte fait le 22 avril 1891, la proportion du métal ayant servi aux payements n'était que de 4,51 pour 100 à la Banque de France et de 3,64 à la Banque d'Algérie, tandis qu'elle s'est élevée à 45,65 dans l'Ain; 48,33 dans le Morbihan; 50,89 dans la Corse; 59,47 dans la Haute-Savoie.

Même dans les relations avec l'étranger, on constate souvent, pour les pays qui ont à faire de forts envois d'argent à la France, que le billet de banque, plus facilement transportable, y fait légèrement prime sur l'or.

On peut donc prévoir un développement notable dans l'usage courant du papier-monnaie.

Le papier, signe représentatif du crédit d'un état ou même de particuliers, soit isolés, soit groupés entre eux, ne fera, d'ailleurs que s'adjoindre, pour les sommes un peu élevées, à un autre signe symbolique du même crédit, également presque sans valeur propre et tirant toute sa valeur fiduciaire de l'effigie

---

1. La compos. de la circul. monétaire en France (*Bull. de statistique et de législation comp.*, XV, Paris, 1891, p. 121-150.)

qui lui a été imprimée, mais avec lequel une longue habitude nous a familiarisés, la monnaie d'appoint, le billon en argent, cuivre, nickel, etc. — Aujourd'hui, entre le billet de banque ou le chèque usités de plus en plus pour les forts payements et le billon exclusivement adopté pour les petits, la monnaie à valeur propre, or et argent, peut être comparée à une épave subsistant des temps anciens, destinée peut-être à restreindre peu à peu ses emplois, si l'unification des diverses parties de l'humanité, qui, en dépit de certaines apparences contraires, a fait tant de progrès dans notre siècle, continue à se poursuivre avec la même rapidité.

Il faut du métal, cela est certain, et l'on ne peut pas plus remplacer partout l'or par du papier qu'on ne peut suppléer, ainsi que nous l'avons dit, au défaut de cuivre ou d'argent par de l'or; mais il n'est pas exact de dire, comme on l'a fait, que l'activité commerciale d'un pays est proportionnelle à sa quantité de numéraire en circulation, donc que le besoin de métal soit appelé à s'accroître indéfiniment avec le développement du commerce. Il suffirait, pour prouver le contraire, de citer le cas de l'Angleterre, qui fait trois fois plus d'affaires que la France avec deux fois moins de numéraire.

Il y a, d'ailleurs, en dehors des instruments de crédit, dont nous venons d'examiner le rôle, un élément qui peut compenser la rareté du métal, c'est sa vitesse de circulation qui, si elle double, permettra d'obtenir les mêmes effets avec une quantité de métal deux fois moindre.

Cette vitesse, on peut, d'après M. des Essarts, en avoir, sinon une évaluation, au moins une image, en considérant la demi-somme des débits et des crédits inscrits aux comptes courants des grands établissements financiers tels que la Banque de France (la demi-somme, parce qu'un même mouvement des fonds doit, en principe, être figuré deux fois, au crédit de l'un, au débit de l'autre). On constate ainsi que la vitesse est sensiblement plus grande dans les pays à finances saines que dans les pays à finances avariées.

Jusqu'ici, nous n'avons, dans cette discussion, considéré l'usage des métaux comme monnaies que d'une façon toute théorique et générale sans spécifier sur quels métaux pouvait porter notre choix.

Un très petit nombre de ceux-ci présentent, à la fois, les deux qualités essentielles d'inaltérabilité et de forte valeur sous un poids réduit (c'est-à-dire de rareté) qu'on exige d'une monnaie. Les seuls métaux auxquels on ait pu songer sont l'or, l'argent, le platine et, accessoirement, le cuivre et le nickel[1]. Encore le platine n'a-t-il jamais été adopté dans l'usage et, quant au cuivre ou au nickel, ils ne servent que comme billon, comme appoint pour les très faibles sommes. Les métaux précieux, en usage comme monnaies, à valeur propre, se réduisent donc à deux : l'or et l'argent.

Arrivé à ce degré de sélection, une question s'est posée qui, en pure logique, semble d'abord bien singulière : Voici deux métaux, l'or et l'argent, qui paraissent également aptes à devenir une monnaie, c'est-à-dire un instrument de mesure, à la valeur duquel on rapportera celle de toutes les autres substances en convenant, par une pure fiction commode en pratique, que la sienne propre sera fixe, en adopterons-nous un comme étalon ou les prendrons-nous tous les deux ?

---

1. On aurait pu également faire en aluminium des monnaies divisionnaires, des sortes de billets de banque de faible valeur, ayant l'avantage d'être moins salissants, plus durables et plus difficilement combustibles.

Je suppose que, dans une forêt, on ait l'idée d'estimer la grandeur des divers arbres par rapport à un certain arbre choisi comme type, cela pourra avoir des inconvénients pratiques puisque, cet arbre croissant ou au contraire dépérissant, l'instrument de mesure ne sera pas constant à diverses époques ; mais enfin, à un instant déterminé, cela permettra d'établir la proportion des divers arbres entre eux ; si, au lieu de cela, on prétendait évaluer cette grandeur par rapport, non à un arbre, mais à deux, un chêne et un sapin par exemple, il ne pourrait arriver que deux choses : ou bien, à chaque instant, on commencerait par évaluer la taille du sapin par rapport à celle du chêne et alors cela reviendrait exactement à n'avoir qu'un seul arbre comme instrument de mesure ; ou bien, si les uns mesuraient par rapport au chêne, les autres par rapport au sapin, en affirmant à priori que la proportion des deux arbres devrait rester constante, comme il n'en serait rien en réalité, il en résulterait la plus épouvantable confusion et, entre les mesureurs divers, des discussions continuelles.

De même, si deux astronomes, ayant évalué la position de certaines étoiles par rapport à deux planètes distinctes, voulaient comparer leurs évaluations en affirmant arbitrairement que la position réciproque de ces deux planètes est restée fixe pendant la durée de leurs opérations, on leur rirait au nez. C'est cependant ce que l'on a essayé de faire longtemps dans la plupart des pays et ce que les bimétallistes prétendent réaliser encore aujourd'hui dans quelques-uns pour la monnaie.

Mais, disent les partisans du double étalon, il s'agit ici de pratique et non de théorie ; or, pour la prospérité d'un pays, il faut la facilité des échanges et cette facilité n'existe qu'avec l'abondance de la monnaie ; d'autre part, la quantité d'or existante dans le monde est déjà et deviendra de plus en plus insuffisante pour les besoins croissants du monde civilisé. Seule l'addition des deux métaux, or et argent, réalise ce desideratum, et une entente entre tous les hommes qui peuplent la terre peut fort bien fixer à jamais le rapport de ces deux métaux de manière à permettre leur emploi simultané.

Il est, comme nous le disions plus haut, très exagéré d'affirmer que l'activité commerciale d'un pays soit proportionnelle à la somme de numéraire ; car il faut faire entrer en ligne de compte la vitesse de circulation de ce numéraire et l'emploi plus ou moins grand des instruments de crédit. Dans ces conditions, les besoins d'or ne s'accroîtront peut-être pas aussi rapidement qu'on le suppose et, de plus, il est possible qu'un jour ou l'autre le gouffre où va s'engloutir actuellement une si forte proportion de métaux précieux, l'Inde et la Chine, rende ces métaux à la circulation.

Nous traversons, notons-le, une période assez spéciale, où les besoins d'or se font cruellement sentir chez certains pays obérés parce que, d'une part, d'autres pays riches en immobilisent des quantités de plus en plus fortes, sous forme d'encaisses métalliques et parce que, d'autre part, un certain nombre de pays neufs ont besoin de s'outiller en monnaie métallique.

Les besoins d'or des pays neufs sont considérables. On constate, par exemple, ce fait surprenant que, de 1865 à 1890, il a été importé plus d'or dans la ville du Cap (202.900.000 francs) qu'on n'en a exporté (103.400.000 francs).

Il est vrai qu'en 1890 on était à peine au début des exploitations du Witwatersrand et qu'il y a lieu, sans doute, de tenir compte, dans une forte proportion, de l'or exporté sans déclaration.

Mais la période actuelle de prise de possession de

la terre par la civilisation européenne, avec ses procédés et ses habitudes, ne durera pas indéfiniment et,
quand tous les pays seront arrivés à peu près au même
degré de civilisation, il est probable que leurs relations exigeront un déplacement de numéraire moindre,
d'autant plus que ce déplacement s'opérera beaucoup
plus vite.

D'ailleurs, quand même des besoins croissants amè-
neraient une raréfaction de l'or, c'est-à-dire en somme,
une augmentation de sa valeur ou, si l'on veut, une
diminution de celle de toutes les autres substances
premières, on n'en voit pas bien, la première période
de crise une fois passée, l'inconvénient général : cela
reviendrait, en effet, en supposant la valeur de l'or
doublée, à attribuer à la pièce d'or actuelle de 10 francs
une valeur de 20 francs et le seul inconvénient d'ordre
général qu'on en aperçoive au premier abord, serait
une difficulté toute pratique tenant aux limites restreintes de poids et de dimensions entre lesquelles une
pièce de métal doit rester pour être d'un emploi
commode comme monnaie.

Il est certain que ces limites sont très strictes et
l'on a pu s'en rendre compte par l'impossibilité où l'on
a été de maintenir dans l'usage les pièces de 5 francs
ou de 5 marks en or : ces limites correspondent environ
aux dimensions des pièces de 50 centimes et de 5 francs
en argent, ou de 10 et de 100 francs en or, réduites,
en fait, pour l'or, par l'usage des billets de banque, à
deux types uniques : 10 francs et 20 francs en France ;
12,50 et 25 en Allemagne, et Angleterre (1/2 livre et
livre ; 10 marks et 20 marks).

Seulement cette difficulté n'est vraiment pas bien
difficile à lever, puisqu'on est toujours le maître d'augmenter les dimensions et le poids d'une pièce d'or à
valeur égale en la faisant d'un alliage un peu plus riche.

Nous ne croyons donc pas, en résumé, qu'il y ait lieu de se préoccuper d'un manque de numéraire métallique après l'adoption générale d'un étalon unique et il reste seulement à choisir le métal étalon.

Arrivé là, on peut assurément, avec M. Suess (qui, étant autrichien, parlait dans l'intérêt de son pays), ou comme certains silvermen du Nevada, du Colorado, du Mexique, demander l'adoption générale d'un étalon d'argent ; la chose est logiquement et en théorie parfaitement soutenable ; peut-être même vaudrait-elle mieux si l'humanité, encore au premier jour de son existence, avait à choisir sa monnaie sans tenir aucune espèce de compte du passé ; nous considérons, par contre, que l'intérêt de tous les grands pays déjà riches en or, France, Russie, Angleterre, Allemagne, est que cet étalon unique reste l'or ; mais ce qui n'est guère soutenable, c'est l'idée de revenir partout à la vieille notion du double étalon et la principale objection que nous y voyons n'est pas que théoriquement le bimétallisme est irrationnel — ce qui, à la rigueur, importerait peu — mais que pratiquement il est irréalisable.

Jamais, bien que protectionnistes et bimétallistes arrivent aujourd'hui à ne faire qu'un, les divers peuples, enfermés de plus en plus derrière leur muraille de Chine, ne trouveront un terrain d'entente commun pour régler, à jamais, — entre pays qui produisent uniquement de l'argent comme le Mexique, pays qui ne produisent que de l'or comme le Transvaal, pays qui produisent l'un et l'autre en proportions variables comme les États-Unis, ou encore pays qui ne font que les consommer mais qui en ont accumulé dans le passé des quantités diverses, — le rapport des valeurs de ces deux marchandises, l'or et l'argent et, quand même ils y arriveraient un jour par une fiction analogue au fameux équilibre européen, chaque pays resterait, sur ce terrain monétaire, à l'état de paix armée, accumulant, en vue d'une rupture possible et qui ne manquerait pas de se produire tôt ou tard, le métal auquel il attribuerait une valeur prépondérante ; ce qui ne ferait qu'en accroître la disette.

La solution bimétalliste, qui a beaucoup perdu de ses partisans dans ces derniers temps, paraît donc condamnée et destinée à être partout abandonnée. Quant à prévoir sur quel métal se portera le choix de l'humanité, l'or ou l'argent, la question est délicate et nous allons l'examiner. Actuellement ces deux métaux se divisent le monde : l'Angleterre et ses dépendances (Australie, Cap, Canada, etc.), avec la plupart des pays européens (en fait, sinon en théorie) tiennent pour l'or, tandis que l'Inde, la Chine, le Mexique, une partie de l'Amérique du Sud sont fidèles à l'argent. Voyons ce qui peut se passer dans l'avenir.

VII.

Probabilités pour l'emploi monétaire de l'or et de l'argent dans l'avenir.

Dans une question touchant à des problèmes aussi complexes que celle de la monnaie, tous les intéressés, le mineur qui produit l'or et l'argent et le métallurgiste qui élabore les minerais, comme l'établissement de crédit qui les accumule dans son encaisse ou le gouvernement qui choisit l'un ou l'autre comme étalon, doivent se demander dans quel sens il est rationnel de prévoir les mouvements futurs et chacun d'eux interroge curieusement les autres afin de chercher à préjuger leurs décisions. La solidarité qui, lorsqu'il s'agit de monnaies, rattache tous les pays les uns aux autres, ne fait, d'ailleurs, qu'accentuer le conflit de leurs intérêts contraires et rendre extrêmement difficile, sinon impossible, l'adoption d'une solution universelle.

Dans ces dernières années, il est incontestable que le métal argent a perdu beaucoup de ses champions, surtout lorsqu'il est devenu manifeste que sa baisse, malgré tous les efforts tentés, aux États-Unis notamment, pour l'arrêter, ne faisait que s'accentuer.

Le fait capital, en cet ordre d'idées, a été la suppression de la frappe libre de l'argent aux Indes. De même, l'ouverture aux Européens d'une partie de l'extrême Asie, du Japon d'abord, puis, sans doute, à la suite de la défaite actuelle des Chinois par les Japonais, d'une partie de la Chine, peut, en raison de relations commerciales et industrielles devenues plus fréquentes avec nos pays, augmenter en Orient le rôle de l'or.

Par contre, les États-Unis, malgré la crise intense que des mesures monétaires inconsidérées y ont récemment provoquée, s'entêtent dans leurs efforts pour maintenir le cours de l'argent et l'on peut aujourd'hui prévoir qu'ils finiront par en établir la frappe libre, déterminant ainsi une surproduction nouvelle, qui ne pourra qu'accentuer la pénurie du Trésor et bientôt, quand il deviendra impuissant à continuer ses achats, la baisse du métal blanc.

Il semble donc que, longtemps encore, le monde restera, comme il l'est aujourd'hui, divisé en deux zones, l'une à étalon d'or, l'autre à étalon d'argent, les relations entre ces deux parties du monde se réglant, non sans inconvénients sans doute, suivant le cours changeant des deux métaux.

Il est vraisemblable, en effet, ou, du moins, rationnel d'admettre que les pays qui ont déjà de l'or en quantité suffisante pour leurs besoins garderont cet or comme monnaie, tandis que les autres, ayant besoin de se fournir de numéraire, choisiront le métal à meilleur marché, c'est-à-dire l'argent : en sorte que les deux groupes antagonistes, entre lesquels se partage l'humanité, correspondront : d'une part, aux pays anciens, pour la plupart consommateurs, à étalon d'or ; d'autre part, aux pays neufs, pour la plupart producteurs, à étalon d'argent.

Comme, en vertu d'une loi générale, les producteurs finissent toujours par être forcés de se plier aux besoins des consommateurs, il est parfaitement possible, surtout quand on verra l'or se raréfier de plus en plus, que l'on arrive, un jour, d'une façon générale et contrairement aux apparences actuelles, à l'étalon d'argent unique ; mais, même si cette hypothèse était réellement appelée à se réaliser, les pays, aujourd'hui détenteurs de grandes masses d'or, ne devraient pas, croyons-nous, s'en inquiéter, ni chercher à négocier leur métal jaune au meilleur cours possible ; car les besoins industriels de l'or, si considérables comme nous l'avons vu, ne cesseront pas pour cela, et la raréfaction progressive de l'or par rapport à l'argent, que la géologie nous fait prévoir, ne pourra qu'amener, comme nous allons le dire, une augmentation de valeur du premier métal.

VIII.

Prix de l'or et de l'argent.

De tout l'ensemble de faits que nous venons d'examiner résultent, par une conséquence logique, les prix relatifs de l'or et de l'argent, prix qui, par contre-coup, réagissent à leur tour sur la production et la consommation de ces métaux.

Quand on parle des variations du prix de l'or, il est nécessaire de préciser ; car, partout où l'or est l'étalon monétaire, ces variations n'apparaissent pas directe-ment et l'on est, en conséquence, tenté de les considérer comme négligeables ; mais, en réalité, le prix d'aucune substance n'est fixe : pas plus celui de l'or ou de l'argent que celui de la laine ou de la soie ; car ce prix n'est que le signe représentatif d'un échange entre cette substance et une autre, le rapport $\frac{a}{b}$ des quan-tités a et b de ces deux substances qui s'équivalent au moment de l'échange, l'équivalence dépendant, bien entendu, des offres du producteur et des besoins du consommateur. Et, quand le rapport $\frac{a}{b}$ se modifie, c'est tout à fait arbitrairement qu'on suppose un de ses termes b constant pour reporter toute la variation sur l'autre a. En particulier, quand le prix des diverses substances par rapport à la substance étalon vient à varier pour toutes ou presque toutes dans le même sens, il est logique d'admettre que c'est la substance étalon qui a varié elle-même en sens contraire. Ainsi l'abaissement de prix de la plupart des substances de première nécessité par rapport à l'or dans ces der-nières années peut avoir et a certainement des causes très multiples : développement des relations interna-tionales, facilité plus grande des transports, réduction des frais par des perfectionnements industriels, surpro-duction, etc.; mais il est bien possible aussi qu'il corresponde en partie à une raréfaction de l'or (pré-sumable, d'ailleurs, d'après d'autres signes), c'est-à-dire à une élévation du prix de l'or. Supposer que le prix de l'or reste fixe, tous les autres variant, c'est com-mettre une erreur du même genre que celle des anciens imaginant un mouvement de toute la sphère céleste autour de la terre immobile.

Or, cette baisse de prix a été considérable pour certaines substances, depuis vingt ans : pour le blé, le coton, le thé, la laine, le cuivre, l'argent, le pétrole, elle a atteint, d'après M. Suess, 50 pour 100 sur les prix de la période 1867-71; pour la viande, le beurre, le fromage, 15 pour 100 ; et elle n'a été nulle que pour la houille, le sel, le tabac, le café, le poivre, le caoutchouc.

Le fait est d'autant plus remarquable que, dans le même laps de temps, le prix de la main d'œuvre, qui aurait dû diminuer pour une cause semblable, a, au contraire, augmenté par suite d'une série de mouvements sociaux tout à fait indépendants.

Si le prix d'aucune substance n'est fixe, encore moins le rapport de deux de ces prix, par exemple celui de l'argent à l'or, peut-il le rester, chacun d'eux tendant à varier de son côté pour des causes complexes et, en partie du moins, indépendantes.

C'est là une question grave de l'heure actuelle qui, pendant longtemps, ne s'est même pas posée ; le rapport des prix de l'or et de l'argent demeurant à peu près constant, on avait pu, sans trop de difficulté ni d'inconséquence, le fixer d'un consentement mutuel à 15 1/2 et, dès lors, la quantité totale des deux métaux était largement suffisante pour des besoins commerciaux qui, d'ailleurs, étaient beaucoup moins importants que ceux de notre temps.

Les choses changèrent seulement le jour où, en 1849, commencèrent à arriver les grandes quantités d'or découvertes en Californie et en Australie ; le début de cet « âge de l'or » causa une panique comparable à celle qui, depuis quelques dix ans, résulte de la surproduction de l'argent. On s'effraya, on craignit une baisse de l'or, un accroissement démesuré des prix, etc. ; mais bientôt les alluvions aurifères s'épuisèrent et, après elles, les affleurements des filons qui, pour des gisements d'or, sont toujours les parties les plus riches ; puis on conçut l'idée d'adopter, dans tous les pays, une même monnaie d'or universelle, qui aurait

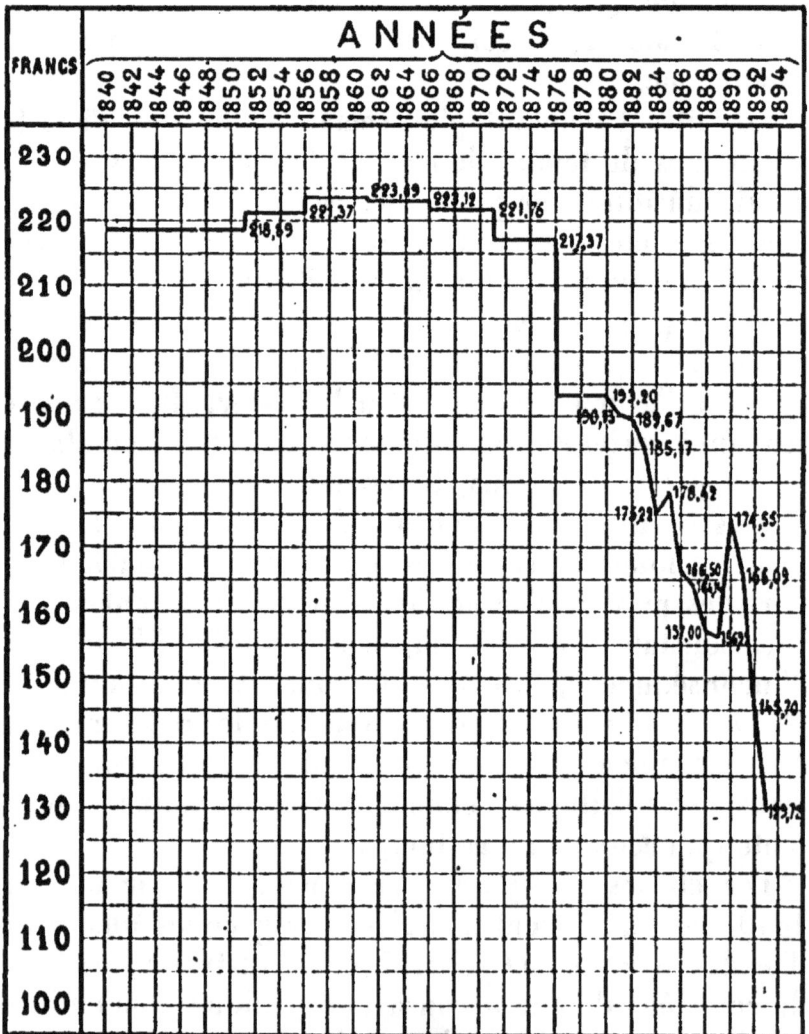

Fig. 79. — Graphique. Prix du kilogramme d'argent, en francs, de 1840 à 1893.

à jamais mis fin aux variations du change et la réalisation partielle de cette idée assura une grande consommation du métal jaune dont le prix s'éleva très
vite par rapport à celui du métal blanc.

Dans ces dernières années, le prix du kilogramme
d'argent (tandis que le kilogramme d'or valait invariablement 3,437 francs), a varié de 50 pour 100 comme
le montre un graphique ci-joint (fig. 79) ; le rapport des
prix des deux métaux s'est par suite, de plus en
plus rapidement écarté du chiffre théorique de 15,50.
En 1866, il était un peu au-dessous, à 15,43 ;
bientôt en 1874, il est monté à 16,17 ; en 1876, à
17,88 ; en 1879, à 18,40 ; en 1885, à 19,41 ; en 1886,
à 20,81 ; en 1887, à 21,15 ; en 1888, à 22,01 ; en
1889, à 22,10. En 1890, le rapport a été artificiellement diminué par les achats du trésor américain ;
mais bientôt les choses ont repris leur cours normal
jusqu'à la mise en valeur des mines d'or sud africaines
qui amène aujourd'hui un très faible et sans doute
très momentané relèvement du métal blanc.

Quant aux chiffres de production, ils sont dans le
rapport de 24 ; c'est-à-dire que l'on produit trop
d'argent et trop peu d'or pour les besoins actuels.

IX.

Variations probables du prix des métaux précieux dans l'avenir. Conséquences économiques à en déduire.

Les variations du prix des métaux précieux dans
l'avenir dépendent de trois éléments divers, que nous
avons déjà plus d'une fois indiqués au cours de cette
étude : l'extension et la richesse de leurs gisements
géologiques, les perfectionnements à prévoir dans

leur traitement métallurgique, enfin les conditions économiques et légales. Nous allons successivement examiner ces trois points.

Au point de vue géologique, nous croyons avoir suffisamment mis en lumière qu'il fallait s'attendre, surtout à partir du moment prochain où la civilisation européenne aura pris possession de toute la terre, à une diminution de plus en plus rapide de l'extraction de l'or, par rapport à l'extraction de l'argent.

Nous en avons donné les raisons principales, qui sont surtout : l'enrichissement superficiel, donc l'appauvrissement très marqué en profondeur des gisements d'or filoniens, tandis que les gîtes d'argent se maintiennent beaucoup mieux ; l'épuisement très prompt des alluvions aurifères, qui seules constituent de grandes accumulations d'or faciles à extraire et amenant, par leur découverte, un essor imprévu de la production ; enfin la loi générale, conséquence des deux précédentes remarques, qui veut que les grandes quantités d'or arrivent toujours des confins de la civilisation.

De ce chef, on peut donc prévoir, sauf quelques retours en arrière comme il s'en est produit au moment de la mise en valeur des gîtes de Californie et d'Australie, ou plus récemment du Transvaal, une raréfaction continue et de plus en plus marquée de l'or.

Au point de vue métallurgique, l'argent a également aujourd'hui des raisons de baisser de valeur ; car on commence à savoir traiter (notamment par le Combination Process) des minerais pauvres et complexes jusque là inutilisés et, comme il existe, auprès de bien des mines, de grands stocks de ce genre de minerais qui ne coûteront aucun frais d'extractions, comme en outre, l'extraction des minerais riches entraîne tou-

jours comme complément celle d'une certaine proportion de ces minerais de seconde classe, il faudrait
une baisse de l'argent encore bien plus sensible que
celle à laquelle nous venons d'assister pour que le traitement de ces minerais pauvres cessât d'être fructueux.

Par contre, il existe, pour l'or, des catégories très
nombreuses et très largement représentées de minerais complexes, particulièrement arsenicaux ou antimonieux, qui se sont montrés, jusqu'ici, plus ou moins
absolument rebelles au traitement. Or, quand il s'agit
d'une difficulté de ce genre, il est toujours rationnel de
penser que l'ingéniosité humaine, surtout si elle se
trouve favorisée par une augmentation de prix de la
substance à extraire, finira par en venir à bout. Les procédés de cyanuration permettent déjà aujourd'hui de
traiter tout un groupe de minerais sulfurés qu'il
fallait rejeter jadis. Il est infiniment vraisemblable
que l'on découvrira, dans un avenir plus ou moins prochain, le moyen d'extraire l'or économiquement de
ses minerais réfractaires, qui sont proportionnellement
plus nombreux que pour l'argent, et ce jour-là, comme
ce genre de minerais s'est trouvé jusqu'ici constamment ménagé par l'humanité, il offrira une ressource
nouvelle, certainement très considérable, qui atté-
nuera la disette à prévoir pour d'autres causes.

Les conditions économiques et légales sont beaucoup plus complexes et plus difficiles à démêler. Il
importe, en effet, de distinguer entre les intérêts,
souvent opposés, des divers pays. C'est ce que nous
allons essayer de faire en étudiant tour à tour le
groupe des pays à monnaie d'or et celui des pays à
monnaie d'argent.

Actuellement l'or est, légalement ou pratiquement,
l'étalon monétaire adopté dans la plus grande partie de
l'Europe.

Or, les principaux pays d'Europe se trouvent aujourd'hui, nous l'avons déjà dit à diverses reprises, dans des conditions toutes spéciales, en ce qu'ils sont les créditeurs des autres parties du monde, et vivent en grande partie du tribut que celles-ci leur payent, avec un excédent constant des importations sur les exportations.

En Angleterre par exemple, cet excédent des importations a été : en 1889, de 178,7 millions de livres ; en 1890, de 157,4 ; en 1891, de 188,4. Il est vrai qu'il y a à en déduire les bénéfices de tous les transports maritimes faits sous pavillon anglais, qui représentent des sommes considérables.

Si donc la France ou l'Angleterre autorisaient demain la frappe libre de l'argent, en admettant un rapport quelconque avec l'or, au bout de très peu de temps elles ne seraient plus payées qu'en argent et, comme il y a toutes les raisons géologiques pour que ce métal se déprécie de plus en plus, elles perdraient du coup et bénévolement une grande partie de leur richesse, outre que leur numéraire or, aussitôt drainé par les pays à balance commerciale favorable, arriverait rapidement à leur faire défaut.

Il est donc très peu probable, en dépit des sophismes sur lesquels nous reviendrons bientôt et par lesquels protectionnistes ou agrariens prétendent démontrer qu'une dépréciation de la monnaie nationale constitue une prime à l'industrie d'un pays, que l'Angleterre ou la France renoncent au privilège de leur situation monétaire en rétablissant le double étalon.

La France se trouve cependant dans une situation particulièrement favorable, en ce que, à côté de son stock d'or, elle a aussi un stock d'argent considérable. Ce stock d'argent subit assurément aujourd'hui une perte sèche qu'il y a peu de chances pour regagner un jour. Mais, d'autre part, il peut être, comme nous le faisions remarquer plus haut[1], prudent de prévoir le triomphe possible, ou au moins la généralisation de la monnaie d'argent qui, déjà aujourd'hui, règne dans une très large portion du monde, et ce jour-là, l'encaisse argent constituerait une réserve utile.

A l'Europe s'ajoutent, comme partisans de l'or, le Canada, l'Afrique du Sud et l'Australie.

En face des pays européens à monnaie d'or, il y a les pays à monnaie d'argent exclusive, parmi lesquels il faut citer, en première ligne, l'Inde, la Chine et le Mexique et une partie de l'Amérique du Sud.

Sur la situation de l'Inde et de la Chine, nous avons déjà assez longuement insisté[2]. Ce sont des pays riches à balance commerciale favorable, où l'or et l'argent viennent constamment s'entasser, où la production des matières premières est très abondante et où leur élaboration commence à s'organiser, en sorte qu'il arrivera peut-être assez vite un jour où ces pays n'auront plus besoin de l'Europe qui continuera à avoir besoin d'eux, et où, par suite, l'Europe sera forcée de se soumettre, pour les payements à y effectuer, à leurs exigences monétaires. En attendant, l'Inde est encore débitrice à l'Angleterre de fortes sommes payables en or; ce qui, les recouvrements dans le pays se faisant en argent, a entraîné pour ce gouvernement les difficultés considérables, à la suite desquelles on a dû renoncer à la frappe libre de l'argent. Et, dans un avenir prochain, avant que le développement de ces pays riches soit complet, on peut prévoir, surtout pour la Chine qui va, sans doute, entrer dans une voie nouvelle après sa défaite par le

1. Page 359.
2. Voir plus haut, page 342.

Japon, la nécessité de contracter en Europe, pour la construction de chemins de fer, usines, etc., des emprunts à intérêts payables en or : d'où, pendant un temps plus ou moins long, un reflux relatif de l'or de ces pays vers nous, peut-être une certaine mobilisation de leurs trésors accumulés et, en tous cas, un trouble dans leur habitude invétérée de ne compter qu'en argent.

Quant au Mexique, il est dans une situation toute spéciale, comme le pays qui a produit la plus grande quantité de l'argent existant dans le monde.

Les minerais d'argent mexicains sont, pour la plupart, des minerais froids et pauvres (Dürrerze) en gisements d'une grande puissance, appelés vraisemblablement, avec les procédés nouveaux, à donner encore de fortes quantités de métal dans l'avenir. Ces minerais continuent à être traités, en grande partie, par le vieux procédé d'amalgamation; cependant on commence à employer la fusion au réverbère et la production s'accroît considérablement.

Or, l'argent, ainsi produit, n'a pas, dans le pays même, subi la dépréciation qui l'a atteint un peu partout. Même en ces dernières années, les Mexicains ont eu intérêt à faire rentrer leurs piastres qui, ayant cours dans tout l'Orient, finissaient par manquer dans leur propre pays. Pour un mexicain du peuple, un peso vaut toujours 8 reaux. Cet argent garde donc toute sa puissance d'achat et l'industrie indigène se développe au détriment des commerçants européens, qui ne peuvent lutter contre la prime d'exportation résultant de la baisse du change. Par contre, les intérêts, d'environ 2 millions de pesos par an, que le Mexique doit payer en or à l'étranger causent, comme dans l'Inde, les plus grands ennuis au gouvernement.

Cet état de choses, que nous venons de rencontrer

dans l'Inde et au Mexique, est, d'ailleurs, général dans tous les pays à change déprécié ou à monnaie inférieure (comme est la monnaie d'argent), et il n'est peut-être pas inutile de réfuter à ce propos le sophisme d'après lequel cette dépréciation serait favorable au pays qu'elle affecte.

Cette thèse, que nous voyons développée aujourd'hui par tous les protectionnistes de France et d'Allemagne, c'est-à-dire, bien que les étiquettes politiques soient différentes, par cette catégorie de gens qui attribuent à l'Etat toutes les vertus sociales et lui confieraient volontiers le soin de transmuter les métaux, repose sur quelques arguments qui, au premier abord, ne semblent pas sans valeur.

Dans les pays à change déprécié, il est évident, en effet, que toute industrie d'exportation se trouve toucher une véritable prime, qui constitue un encouragement sérieux (donc une concurrence redoutable pour les industriels et agriculteurs européens); car la marchandise exportée est payable en or, tandis que les matières premières, salaires, etc., qu'il a fallu débourser pour l'obtenir, ont été soldées en papier; et, sans doute, il résulte de la perte au change une certaine hausse sur la valeur nominale des salaires, matières premières, etc., dans le pays; mais cette hausse est loin de compenser le bénéfice en question et surtout elle est longtemps en retard sur la hausse des substances exportées. On peut alors voir, dans un pays dont les finances s'obèrent chaque jour de plus en plus, une certaine classe de particuliers s'enrichir et toute une industrie prendre un essor imprévu. Mais ces conditions ne peuvent durer indéfiniment; car, en admettant même que la balance commerciale soit favorable au pays considéré et qu'il n'ait à faire de ce chef aucun payement en or, il faut aussi qu'il n'ait aucune dette extérieure : ce qui, dans l'état actuel du monde civilisé, serait tout à fait extraordinaire. Si cette dette existe, on voit alors le gouvernement, qui doit en faire le service en or tandis qu'il perçoit les impôts en papier, arriver par l'accumulation des déficits à une faillite ou, au moins, à une crise qui y paralyse singulièrement toutes les industries, même celles d'exportation. Indépendamment de cette dette d'état, il devient impossible à aucune industrie locale de faire appel aux capitaux étrangers.

Enfin, le prix de la vie, quoique s'élevant seulement avec un retard dont profitent au début les producteurs, finit, au bout d'un certain temps, par se retrouver en équilibre avec le prix de la monnaie et, si alors ce dernier se relève, les variations du cours des denrées ayant toujours un certain retard sur lui, ce prix de la vie reste un moment trop fort : ce qui amène une crise inévitable.

Ce que nous venons de dire pour le papier peut s'appliquer aussi aux pays qui usent, comme étalon monétaire, d'un métal déprécié tel que l'argent et l'admettent à la frappe libre, c'est-à-dire le revêtent d'une estampille qui lui donne aussitôt, dans le pays, une valeur plus considérable que sa valeur réelle à l'étranger. On voit aussitôt l'argent affluer vers ce pays de toutes les parties du monde, tandis que l'or y est drainé peu à peu et s'en va au grand détriment de tous ceux qui ont à faire à l'étranger des payements en or et notamment de l'état chargé du service de la dette.

Il est vrai, l'on peut objecter que, dans ce cas, l'argent a beau être le métal officiel, comme la valeur de l'or ne lui est pas indissolublement liée par un rapport légal, c'est cet or qui paraît alors subir les fluctuations commerciales que nous attribuons à l'argent.

Où nous disons : l'argent baisse, un indou ou un mexicain diront simplement : l'or monte.

Et, réduite à ces termes, la question pourrait paraître de peu d'importance, puisque l'argent, tout en
gardant nominalement un cours constant, suivrait, en
réalité, les lois du marché universel ; elle le serait
même, en effet, si ce pays n'était pas en relation avec
d'autres pays ayant l'étalon d'or. Mais, en réalité, il
n'est aucun pays qui soit ainsi isolé dans le monde et
l'on peut voir aisément, par l'exemple d'un des principaux pays à étalon d'argent, l'Inde, ce qui en résulterait.

Là les conditions, nous l'avons vu, se trouvent pourtant être particulièrement avantageuses ; car la balance
commerciale est constamment favorable à l'Inde qui
absorbe des quantités considérables de métaux précieux ; et cette faculté d'absorption de l'Asie est particulièrement marquée pour l'argent, dont un asiatique
n'admettra pas que le prix puisse varier. En conséquence, tant que l'argent est resté au-dessus d'un certain
cours, on a pu apporter des lingots d'argent à la monnaie des Indes sans trouver de difficultés à les écouler. Et, comme les payements étaient faits en argent
dans l'intérieur du pays, il en résultait une prime à
l'exportation, qui encourageait fortement le développement de la culture du coton, du jute, etc..... Ceux-là
seuls se plaignaient qui avaient à faire venir d'Europe
certains produits manufacturés payables en or et, comme
l'industrie manufacturière s'est beaucoup développée
dans le pays par suite des avantages mêmes qui en
résultaient pour elle sur les manufactures étrangères,
ces plaignants devenaient de plus en plus rares. Mais
les choses n'ont pu toujours durer ainsi, il est arrivé
des cours de l'argent tellement bas et l'argent a afflué
en quantités telles que l'absorbtion est devenue insuf-

fisante. Alors surtout on s'est aperçu combien devenaient onéreux les liens conservés avec la mère patrie, l'Angleterre, qui elle avait gardé l'étalon d'or, puisque c'est en or qu'il fallait lui payer les intérêts des emprunts contractés pour les chemins de fer et travaux de toutes sortes ; et ces difficultés qui, s'il se fût agi d'une colonie autonome et séparatiste comme l'Australie, auraient peut-être amené une rupture complète, ont tout au moins déterminé à suspendre la frappe de l'argent. Si les Etats-Unis venaient à adopter l'étalon d'or, l'Inde serait peut-être obligée de faire de même.

Au Mexique, les difficultés sont moindres jusqu'ici, la monnaie d'argent ayant, dans le pays, conservé toute sa valeur ; mais elles peuvent, d'un jour à l'autre, se produire également.

Entre ces deux groupes de pays, les États-Unis, comme grands producteurs à la fois d'or et d'argent, en même temps que comme derniers champions du bimétallisme, se trouvent dans une situation tout à fait spéciale, qui fait que le reste du monde a les yeux fixés sur eux et que l'avenir prochain de la question monétaire se trouve être, dans une certaine mesure, lié à un vote du parlement américain, déterminé lui-même, avec la corruption qui caractérise ouvertement cette démocratie, par les arguments plus ou moins sonnants, des propriétaires de mines du Nevada, du Montana, de l'Utah ou du Colorado.

Or, la solution adoptée par les États-Unis, quelle qu'elle soit, mais surtout si elle est en faveur de l'argent, aura certainement des conséquences très graves ; car, en face de la division et de la paix armée des états européens, la chimère du panaméricanisme peut, un jour ou l'autre, avoir quelques chances de se réaliser en accentuant l'isolement de l'Europe. Déjà les États-Unis ont fait des avances au Mexique en favorisant l'entrée de ses minerais chez eux ; au Brésil, à l'Argentine, etc., en autorisant le président à accorder l'entrée libre pour le sucre, la mélasse, le café, le thé, les peaux, moyennant certaines compensations ; on a encouragé la création de nouveaux services de bateaux à vapeur entre l'Amérique du Nord et celle du Sud ; l'exemple des États-Unis peut, pour cette raison, ajoutée à bien d'autres, entraîner la décision de certains des états de l'Amérique du Sud, surtout si, comme on le croit aujourd'hui, ils se décidaient pour l'argent, que le Mexique et l'Amérique du Sud toute entière ont une tendance à adopter comme monnaie. Dans le cas contraire, bien moins probable, celui de l'adoption d'un étalon d'or unique, ces états seraient peut-être également forcés de les suivre et il en résulterait en Europe une raréfaction de l'or d'autant plus forte que, dans ces dernières années, où la lutte pour l'or a pris dans bien des pays européens une forme aiguë, c'est aux États-Unis seulement qu'ou a pu aller chercher le métal désiré.

Or, actuellement, voici où en est la question dans ce grand pays.

Au début de l'année courante 1895, le président Cleveland, se rendant compte des difficultés très grandes de la situation financière, avait proposé aux Chambres de faire un emprunt 3 pour 100 or, souscrit d'avance. Celles-ci ayant refusé, l'emprunt a dû être fait au cours pratique de 3,75 pour 100 sous forme de 4 pour 100 métal, emprunté en or, remboursable en or ou en argent.

En présence de ces incertitudes et surtout des résistances du Sénat qui, en octobre 1893, n'a accordé qu'après une longue lutte le rappel de la loi Sherman, la crise, déjà intense auparavant, est arrivée, au début de 1895, à une gravité toute spéciale, chacun étant dans la crainte de voir le gouvernement cesser ses paye-

ments en or, et cela malgré de bonnes rentrées budgé-
taires, uniquement par suite d'une crise monétaire, qui
cesserait aussitôt si l'on promettait de payer en or.

C'est en face de cette crise, qui, logiquement, aurait
dû conduire à l'adoption de l'étalon d'or, que les besoins électoraux vont, au contraire, peut-être faire
adopter l'étalon d'argent, donc accentuer la division
du monde en deux moitiés hostiles et probablement
amener une surproduction nouvelle, donc une baisse
plus accentuée du métal blanc : le tout, au grand
détriment du commerce honnête que paralysent les
fluctuations du change, au grand bénéfice au contraire
des spéculateurs et du commerce spécial de l'argent.

Maintenant, cet état de choses étant prévu, la France,
avec ses 4 milliards d'or et ses 2 milliards et demi
d'argent, est particulièrement bien placée pour rester
dans le statu quo et attendre les événements. En tout
cas, elle n'a aucun intérêt à acheter, comme l'y
poussent les bimétallistes, une plus grande quantité
d'argent, destinée presque fatalement à perdre de sa
valeur.

Quant à essayer d'arrêter l'accomplissement des lois
naturelles — c'est-à-dire, suivant nous, la hausse de
l'or, la baisse de prix des substances que la terre peut
reproduire indéfiniment par rapport à celles qui s'épuisent, le déplacement de l'industrie et de la richesse
vers les pays neufs, — en admettant même qu'il dût
nous être défavorable, ce serait évidente folie. Il faut
bien que le vieux monde s'habitue à voir arriver un
état de choses nouveau résultant du développement
des moyens de communication et de l'essor de l'industrie dans les autres continents, état de choses dont,
s'il le veut, il est encore en mesure de profiter, mais
qu'il ne dépend pas de lui d'empêcher.

Or, la conséquence logique de ces progrès scienti-

fiques et industriels, c'est, malgré l'accès de fièvre
protectionniste auquel nous assistons et à moins qu'on
ne se décide un jour à supprimer bateaux à vapeur et
chemins de fer, que, peu à peu, la collectivité humaine
se trouvera avoir, en quelque sorte, à sa disposition l'ensemble du globe pour y produire le plus économiquement et avec le moindre travail possible l'ensemble
des substances nécessaires à ses besoins ; en sorte que
la production de ces substances se déplacera peu à peu,
par suite de la concurrence, vers les pays où elle est
logiquement le mieux située, au détriment de ceux
qui, antérieurement, étaient arrivés à produire dans
des conditions plus difficiles et qui ne trouveront plus
de débouché.

Au fond, de semblables crises sont inévitables et rationnelles ; car le consommateur n'est pas fait pour le
producteur ni pour les intermédiaires, mais, au contraire, ceux-ci sont faits pour lui ; et si l'humanité,
dans son ensemble, arrive à accroître son bien-être et
à diminuer l'effort nécessaire pour sa subsistance en
utilisant certaines circonstances nouvelles plus favo-
rables, elle a le même intérêt à le faire qu'à substituer
les machines aux bras et les chemins de fer aux transports à dos de bête. Mais une semblable évolution dans
les conditions essentielles de la vie humaine ne peut
évidemment se produire sans amener un trouble pro-
fond dans tous les organismes habitués à fonctionner
dans d'autres conditions, même chez ceux qui sont destinés à en profiter plus tard et elle est certainement
pour beaucoup dans le malaise dont souffre aujour-
d'hui le monde entier ; car il se trouve que, guidés par
un raisonnement valable ou dupes au contraire d'une
première apparence, tous se retournent contre les conditions de vie nouvelles et viennent demander à cette
entité qui, aujourd'hui, a pris les fonctions du destin

ou de la Providence, l'État, de remédier par des mesures protectionnistes ou des lois sociales à ce qui ne dépend ni de lui ni de personne, c'est-à-dire aux conséquences inéluctables du déloppement naturel de l'humanité.

L'infériorité, qui pourra en résulter pour les pays européens dont le sol est moins fertile et le climat moins favorable que celui de certaines autres régions privilégiées, se trouvera, sans doute, contrebalancée par l'augmentation de puissance qui, pour leur capital ancien, résultera de la hausse prévue sur la valeur de l'or; cet or, en effet, nous l'avons dit, est appelé un jour à se raréfier et le besoin qu'en a l'industrie fera, même si l'étalon d'argent venait à être universellement adopté, mais surtout si une moitié du monde au moins conserve l'étalon d'or, que sa valeur s'accroîtra, augmentant à la fois sa puissance d'achat et, peut-être même, contrairement aux tendances actuelles, le taux de son loyer.

FIN.

TABLE DES MATIÈRES

FIN DE LA TABLE DES MATIÈRES.

CHARTRES. — IMPRIMERIE DURAND, RUE FULBERT.